GÉNÉALOGIE DE LA MATIÈRE

MICHEL CASSÉ

GÉNÉALOGIE DE LA MATIÈRE

Retour aux sources célestes des éléments

L'auteur adresse ses vifs remerciements à l'ESO
pour les images du dossier final.

Pour exorciser la tristesse du fini,
J'ai choisi CIEL.

Courtois avec la lumière,
je la laisse parler la première.

L'enseignement doit être une caresse.

Remerciements

J'exprime ma haute gratitude à Odile Jacob pour sa sagesse et son obstination solaire ainsi qu'à Gérard Jorland, Jean-Luc Fidel et Aurèle Cariès pour avoir fait reluire l'étoile de l'écriture.

Qu'il me soit ici permis d'adresser hommages et compliments à Elisabeth Vangioni-Flam, lumière vive qui tance le big-bang.

Je remercie Jean Audouze, Jean-Claude Carrière, Alfred Vidal-Madjar, Matta, Jacques Paul, Catherine Cesarsky et Roland Lehoucq pour leur stellaire fraternité.

Lever d'astres dans le ciel
de la connaissance

Le Ciel constellé n'a cessé d'allumer la passion des hommes en quête de clarté.

« La Terre sortit de l'abîme, Éros à ses côtés. Elle enfanta Ouranos, le ciel étoilé, et Pontos, la mer féconde, puis s'unissant à eux, tous les dieux et toutes les choses. » (Hésiode.)

Deux millénaires séparent la généalogie des dieux de l'idée moderne de mouvement cosmique généralisé et d'origine stellaire de la matière humaine qui tiennent dans ces formules lapidaires :

L'univers est en expansion.

Nous sommes poussières d'étoiles.

Qu'est-il advenu à l'homme pour qu'il invente la cosmologie et relègue à l'arrière-plan la généalogie céleste des dieux ? N'y a-t-il plus drame dans le Ciel, ni genèse ?

Du texte du Ciel nous ne lisons que la ponctuation étoilée. Et pourtant, nous prétendons faire courir l'histoire de l'univers dans nos récits.

Mise en intrigue, mise en espace-temps de la matière, l'astrophysique exprime une vision cosmique aussi bien qu'une pensée scientifique. Le Ciel est un palimpseste. Sous la première écriture visible — le Ciel étoilé —, l'astronomie moderne est parvenue à faire apparaître, en partie, d'antiques hiéroglyphes et des gravures originelles.

D'Hésiode en Aristote, d'Aristote en Galilée, de Galilée en Einstein, l'univers a connu plusieurs réformes mentales. Les visionnaires de l'infini ont remplacé les poètes et les hommes de Dieu. Les mosaïques de Byzance et tous les vitraux de l'Occident furent des théories du monde. Les équations entre symboles ont remplacé les liturgies. Mais la quête de l'unité demeure.

Cet ouvrage est une défense et illustration de l'*Astrophysique nucléaire*, l'une des plus belles sciences qui soit, car elle jette une passerelle entre le microcosme atomique et le macrocosme céleste et statue sur l'*origine et l'évolution des éléments* qui composent le réel immédiat, dans leur intégralité. Elle conjugue très harmonieusement les physiques les plus extrêmes, c'est-à-dire celles des noyaux et des astres. Mariage de la physique nucléaire et de l'astronomie (terre et ciel) dans la pensée scientifique, elle nous ouvre à l'histoire véritablement universelle du support matériel de toutes choses visibles.

C'est une bien admirable science que celle qui étudie la genèse et l'évolution des éléments (atomes) composant la nature et établit un lien historique entre toutes les formes du ciel : lumière originelle, particules, atomes, étoiles et hommes. Le lyrisme qu'elle suscite a pu faire dire : « *Sans le savoir nous labourons la poussière des étoiles qui nous a été apportée par le vent et buvons l'univers dans une goutte d'eau de pluie* », ou encore : « *Nous sommes cendres et poussières, peut-être, mais cendres et poussières d'étoiles.* » Cette astrophysique-là, qualitative et poétique, chaleureuse et violente, est celle à laquelle j'inclinais. Mais coiffée d'ailes de colombes, elle est menacée d'hystérie au sens où Baudelaire est un Boileau hystérique. Ce n'est pas d'elle que je veux parler aujourd'hui. Je désire ici évoquer, sans fard, la science combinatoire et calculatrice de la *nucléosynthèse*, pure arithmétique stellaire, pudique, recueillie et drapée dans la réserve ironique des chiffres. Son pouvoir de révélation et de pénétration est tel qu'on peut la considérer comme l'outil de divulgation majeur de l'histoire matérielle du cosmos.

Les sciences de l'univers contribuent à l'humanisme, à l'éducation, et à l'avènement technique de la société. La plus grande contribution de l'astrophysique fondamentale est de savoir répondre aux questions sur la place de l'humanité dans le Cosmos. Des réponses quantitatives peuvent être données à des questions ancestrales émargeant pour certaines à la métaphysique, voire à la religion.

Non contentes de satisfaire une curiosité immémoriale au sujet de l'univers, les sciences de l'espace et de l'univers nourrissent une imagination technologique de feu qui ne peut manquer d'avoir un impact sur la vie des hommes. Les retombées techniques de la recherche spatiale fertilisent l'industrie, la médecine et les sciences de l'environnement.

Les industries investissent dans les sciences du ciel et reçoivent d'importants dividendes, car le retour sur investissement est considérable, sous forme financière et technique d'abord, mais aussi, de manière plus indirecte, d'éducation formelle (écoles, collèges et université) ou informelle (télévision, journaux et magazines, expositions, conférences et séances de planétarium).

L'étude des cieux incite le jeune public à s'exercer au *raisonnement quantitatif* et contribue, s'agissant des astronomes amateurs par exemple, à développer une stratégie concrète et active d'observation.

Les sciences du ciel sont par définition ouvertes. Les programmes de collaboration internationaux au sein de la communauté astrophysique européenne ont ouvert la voie à l'unification économique et politique. L'Europe s'est d'abord faite dans le ciel (European Southern Observatory ESO et European Space Agency ESA). Les conférences d'astrophysique sont devenues des forums planétaires. Réjouissons-nous !

Chapitre premier

Défense et illustration de l'astrophysique nucléaire

Lexique

BARYONIQUE : afférente aux baryons, particules lourdes sujettes à l'interaction forte.

BIG BANG : événement fondateur de la cosmologie.

CHAMP SCALAIRE : type de champ non directionnel nécessaire à la cosmologie et à la physique des particules.

CONSTANTE COSMOLOGIQUE : terme ajouté par Einstein dans ses équations cosmologiques pour stabiliser l'univers.

DÉGÉNÉRÉ : terme de physique quantique signifiant que la densité est telle que les électrons refusent de se laisser réduire et exercent une pression constante qui s'oppose à la contraction.

ÉTOILE À NEUTRONS : astre très compact composé essentiellement de neutrons.

FUSION DE L'HYDROGÈNE : chaîne de réactions nucléaires aboutissant à l'hélium.

KILOÉLECTRONVOLT : 1 000 électronvolts. 1 eV est l'énergie acquise par un électron dans une différence de potentiel de 1 volt.

NEUTRINOS : particules extrêmement légères insensibles à l'interaction forte.

NUCLÉON : proton ou neutron.

NUCLÉOSYNTHÈSE : mode de fabrication des noyaux d'atomes dans l'univers.

QUINTESSENCE : substrat exerçant une gravitation répulsive.

RAYONNEMENT COSMIQUE : particules rapides qui sillonnent la Galaxie.

RAYONNEMENT COSMOLOGIQUE FOSSILE : vestige électromagnétique de l'univers primordial.

RAYONS GAMMA : rayonnement électromagnétique de haute énergie.

SUPERNOVA : explosion d'étoile.

WOLF-RAYET : étoile massive sujette à vent.

Buts et espérances de l'astrophysique nucléaire

L'astrophysique nucléaire se donne pour but la détermination détaillée des *mécanismes* qui président à l'édification de chaque espèce nucléaire composant la nature, depuis le deutérium (2 nucléons) jusqu'à l'uranium (238 nucléons), du site astrophysique de leur naissance, et de *l'enchaînement dans le temps* des phénomènes nucléaires qui façonnent la matière *baryonique* confectionnant les galaxies, cette sorte de matière qui constitue l'étoffe des étoiles et des hommes. Elle vise à expliquer la composition du système solaire, les grandes tendances de l'évolution chimique de la galaxie (enrichissement progressif en métaux, proportions relatives des éléments) et s'adonne à l'exploration précise des premières phases de l'évolution chimique de l'univers, mais aussi des événements récents et violents de nucléosynthèse, liés essentiellement aux *supernovae* et *aux grandes étoiles à vents* (*Wolf-Rayet*). Des photons gamma d'énergie bien précise sont en effet émis par les noyaux fraîchement émoulus des étoiles venteuses et des supernovae, noyaux radioactifs qui cherchent leurs formes achevées. Sans conteste, ces photons de haute énergie constituent les indices les plus purs des mécanismes de synthèse des noyaux d'atome dans l'univers. Ainsi la spectroscopie et la cartographie gamma célestes devraient-elles permettre de découvrir les traces fraîches de la nucléosynthèse et situer ses foyers dans notre système d'étoiles et par-delà[1].

Les générations futures retiendront qu'au XXe siècle, l'homme a élucidé le mécanisme qui fait briller son étoile, le Soleil, comme toutes les étoiles, établi qu'elles ne sont pas éternelles, démontré qu'il n'est lui-même que cendres et poussières d'astres et qu'il a pris au ciel les éléments dont il est constitué.

Les sources des noyaux d'atomes, d'hydrogène en uranium, ont été soigneusement établies. Ce sont le *Big Bang* (hydrogène, hélium et

---

1. D'étranges télescopes spécialisés (et spatialisés) cherchent à prendre la nucléosynthèse en flagrant délit en établissant la carte de l'émission gamma céleste. Les liens particuliers qui se sont noués entre technologie spatiale, astrophysique fondamentale et délicate détection des photons d'énergie supérieure à cent kiloélectronvolts (100 keV) dont les astronomes gamma font leur miel ne peuvent être explicités ici. On se rapportera avec avantage au livre de Jacques Paul et Philippe Laurent (*Astronomie Gamma Spatiale*, Gordon and Breach, 1998). Le cours que j'ai donné dans le cadre de la vingtième école de printemps d'astrophysique de Goutelas, publié sous le titre de *Nucléosynthèse et abondance dans l'univers* (Cépaduès Éditions, 1998) explicite les enjeux théoriques de l'astronomie gamma nucléaire.

Après une phase à dominante américaine, l'astronomie gamma nucléaire devrait devenir l'apanage du vieux continent. La pièce majeure de la stratégie européenne est le satellite INTEGRAL (***International Gamma Ray Laboratory***), développé sous l'égide de l'Agence spatiale européenne au Service d'astrophysique de Saclay et au Centre d'étude spatiale du rayonnement de Toulouse, notamment. Les observations spectroscopiques de cet instrument, dont l'envol est pour 2002, devraient éclairer quelques-unes des questions les plus fondamentales touchant à la nucléosynthèse stellaire et interstellaire.

une pincée de lithium-7), les *étoiles* (du carbone à l'uranium) et le *rayonnement cosmique* (lithium, béryllium, bore).

Autour des années 1990, l'astrophysique nucléaire, sortant des limbes théoriques, a cessé d'être une discipline spéculative pour devenir une science à part entière, quantitative, prédictive et vérifiable. La mesure du flux de *neutrinos solaires* qui, même si elle ne coïncide pas en détail avec la valeur attendue — il s'en faut d'un facteur deux et encore doit-on certainement incriminer les neutrinos et non la physique stellaire — porte témoignage de la véracité des idées de base de l'astrophysique nucléaire concernant l'astre du jour et par extension toutes les étoiles, ou plus exactement la *fusion de l'hydrogène* dans les étoiles de petite masse, étape essentielle qui assure leur brillance pendant des milliards d'années.

À l'autre extrême, la supernova de 1987, par le biais de ses *neutrinos* et de ses *rayons gamma*, est venue confirmer de manière éclatante les spéculations théoriques les plus élaborées concernant le mécanisme d'explosion des étoiles et l'effondrement gravitationnel qui la précède immédiatement.

Ainsi en quarante ans, la théorie de la nucléosynthèse stellaire est passée de la description abstraite des divers processus nucléaires qui façonnent la matière à une discipline pleinement développée, capable de supporter la confrontation détaillée avec un vaste corpus d'observations.

L'avenir ne s'annonce pas moins riche car les astronomes ne se sont pas laissé griser par le succès et leur volonté de découvrir et de connaître est demeurée intacte. Ils n'ont pas la naïveté de penser que tous les secrets des étoiles ont été révélés. Les plus antiques d'entre elles, celles qui sont nées alors que la galaxie n'avait pas encore trouvé sa forme définitive, nourrissent maintenant leur convoitise. Ils se sont mis dans la tête de brosser le tableau complet de l'évolution chimique de l'espace Et de toute évidence, les toutes premières étapes de l'évolution sont les plus confuses. Ce n'est pas demain qu'ils fermeront l'œil !

Histoire de la théorie du ciel

Il faut regarder le ciel avec la bonne théorie.

« Je vois » veut dire « je comprends », « la clarté se fait dans ma pensée ». En y regardant de plus près, je change mon esprit. Apercevant une nouvelle étoile dans le ciel, Tycho Brahé, une nuit de 1572, abolit d'un simple regard le dogme de l'éternité et de la perfection du ciel supralunaire et fit voler en éclats les sphères cristallines d'Aristote. Il conclut fort justement que les régions supérieures du ciel, au-dessus de la Lune, appartiennent à la sphère des naissances et des corruptions, elles ne sont pas inaltérables et impassibles. Pourtant, s'agissant de l'étoile nouvelle, ou « nova », qui avait frappé son esprit au point qu'il en fit un livre, *De stella nova*, il se trompa de signe, ce n'était pas une étoile de plus mais bien *une étoile de moins* dans le ciel. Ce type d'apparition céleste — nous l'appelons aujourd'hui *supernova* — est la manifestation lumineuse de l'explosion d'un astre massif ou double.

Non ! les astres ne sont pas faits d'éther incorruptible mais bien de matière ordinaire. Pour la *quintessence*, cinquième élément distinct du feu, de l'air, de l'eau et de la terre, avait sonné le glas. Tycho s'attacha les services de Kepler, et l'élève comme le maître avant lui fut gratifié de l'exquise apparition d'une supernova, en l'an de grâce 1604.

Le télescope n'était pas encore inventé. Il attendait Galilée, lequel, dès 1610, pointant sa lunette vers la Lune, y vit des montagnes. Il en inféra qu'elle est terreuse. Aujourd'hui, nous serions plutôt enclins à dire que la Terre est céleste, comme je me plais à le colporter de livre en livre, car j'en reste sidéré.

Ainsi à jamais s'effaça la distinction entre sphère sublunaire, siège du devenir et de la mort, et sphère supralunaire éternelle et parfaite. Si la Terre est céleste, alors le Ciel est mortel et donc compréhensible.

La découverte de la nature passagère des étoiles et de la matérialité de la Lune avait aboli dans l'esprit des astronomes de la Renaissance la frontière de cristal entre le Ciel et la Terre. L'*astrophysique* était née qui proclame la matérialité des objets célestes, et le ciel tout entier en devint intelligible. On commençait à se convaincre que le temps amène la fin des choses et des étoiles, et donc que les étoiles sont des choses. La quintessence, ou éther, allait progressivement s'effacer devant les atomes.

La première équation de l'astrophysique est donc *Terre = Ciel*. Ce qui est ici atome, lumière et loi, est comme ce qui est là-bas, ce qui n'est pas comme ici est nulle part. Le monde est composé d'atomes dont la disposition forme l'univers.

Newton, juché sur les épaules de géants, comme il se plaisait à se situer par rapport à ses prédécesseurs, donne son assiette définitive à la physique des astres : une même gravitation retient la Lune et fait tomber la pomme sur le sol. Il donne au nouveau Ciel sa constitution.

Le mariage de la Terre et de l'espace céleste dans la pensée humaine fut ainsi scellé et depuis ne cessèrent de prospérer les sciences du Ciel. La physique donna à l'astronomie une tête et l'astronomie donna à la physique des ailes.

L'humanité n'est jamais restée indifférente aux signes du firmament. Tout changement dans l'apparence du ciel nocturne, repérable à l'œil nu, a suscité depuis toujours une spéculation, une lamentation, une prédiction, et depuis peu, une explication.

À notre connaissance, le plus vieil enregistrement de l'explosion d'une étoile ou présumé telle, a été gravé sur un os d'animal par un Chinois en 1300 avant Jésus-Christ : « *Le septième jour du mois une grande étoile nouvelle apparut en compagnie d'Antarès.* » La dynastie Sung peut s'honorer d'avoir porté sur ses registres célestes trois super-novae, celles de 1006, 1054 (fameuse) et 1181.

Bien que les « nouvelles étoiles » (novae et supernovae) soient observées depuis des siècles, comme en témoignent les chroniques chinoises, japonaises et coréennes, l'ère moderne et scientifique des supernovae n'a commencé que le 31 août 1885, lorsque Hartwig découvrit une étoile nouvelle qui disparut dix-huit mois plus tard, près du centre de la galaxie d'Andromède.

En 1919 Lundmark estima la distance de cette galaxie à sept cent mille années-lumière (l'estimation actuelle est de 2 millions d'années-lumière) et il devint alors évident que l'étoile d'Hartwig était mille fois plus brillante que toutes les novae connues. Ce fut aussi ce même Lundmark qui suggéra l'association entre la supernova observée par les astronomes chinois en 1054 (année du schisme religieux) et la nébuleuse du Crabe.

Un événement semblable à la supernova d'Andromède fut observé en 1895 dans la galaxie NGC 5253, et cette fois la nouvelle étoile dépassa en brillance la galaxie dont elle était l'hôtesse.

Et ce ne fut pas avant 1934 qu'une distinction claire fut faite entre les novae classiques observées en grand nombre (400 par an dans notre Galaxie) et les supernovae (Baade et Zwicky, 1934). Les recher-ches systématiques pratiquées par Fred Zwicky de 1956 à 1963 se soldèrent par la découverte de 136 supernovae.

Lorsqu'on fut capable d'obtenir le spectre d'un de ces objets en 1937, on se rendit compte qu'il ne ressemblait à rien de connu. Toutes les supernovae découvertes dans les années suivantes montrèrent une remarquable régularité tant en intensité qu'en comportement.

Cette découverte amena Zwicky à proposer de les utiliser comme étalon lumineux afin de jalonner le cosmos. Mais en 1940 fut décou-verte une supernova de spectre entièrement différent. Il devint clair, sur la base de leur spectre, qu'il existait au moins deux classes de supernovae. La présence ou l'absence des raies de Balmer de l'hydro-gène autour du maximum de la courbe de lumière les départageait.

Le scénario imaginé par Zwicky (1938) selon lequel une supernova marque la transition entre une étoile normale et une *étoile à neutrons* et qu'elle tire son énergie de la gravitation, fut pendant de nom-breuses années la seule explication du phénomène. Cela incitait à penser que pour les étoiles la « mort » est le passage d'une perfection lumineuse à une perfection obscure.

Fred Hoyle et William Fowler (1960) découvrirent que la combustion thermonucléaire d'un cœur dense d'étoile « dégénéré » au sens quantique du terme, que nous explicitons plus loin, déclenche une explosion et une volatilisation de l'étoile. Si l'on y adjoint l'idée que la lumière *post mortem* est nourrie et entretenue par la désintégration radioactive d'un certain isotope instable, le nickel-56, dont nous ferons grand cas par la suite, nous obtenons le schème universel d'explication de ce qu'il est convenu d'appeler les *supernovae de type Ia*.

Nous fumes, quatre siècles durant, privés d'explosion stellaire proche. Il fallut attendre 1987 pour qu'apparaisse enfin une supernova visible à l'œil nu. Celle-ci fit son entrée dans le Grand Nuage de Magellan, modeste galaxie captive de la nôtre, située à 170 000 années-lumière. Tous les instruments en fonctionnement, sur Terre comme au Ciel, furent braqués sur l'explosive étoile. Le déclin de son éclat et les moindres inflexions de son rayonnement furent analysés par les observatoires de l'hémisphère Sud, car elle n'était pas visible sous nos latitudes. Les gigantesques détecteurs de neutrinos, à l'affût sous terre, captèrent son signal. Ses rayons X et gamma furent enregistrés par des dispositifs sensibles à bord de satellites. Une opportunité unique s'offrait de mettre à l'épreuve la théorie de l'explosion des étoiles et de la nucléosynthèse explosive — et celle-ci fut confirmée : l'homme avait calculé son rêve d'étoile, depuis la naissance nuageuse jusqu'à la mort en lumière, ainsi que la genèse des éléments et il avait démontré sa céleste extraction !

Outre la bonne nouvelle d'une céleste origine de la matière atomique, les supernovae allaient nous réserver une surprise de taille, nous révélant peut-être plus clairement encore ce que d'autres signes indiquaient confusément : la matière a une sœur, que l'on vient de baptiser *quintessence*, non sans un clin d'œil. D'illustre naissance, car issue des premiers instants de l'univers, cette sœur invisible pèse au bas mot quinze fois plus que la matière atomique, mais elle exerce, paradoxalement, une gravitation répulsive, rien de moins ! Comment a-t-on pu conclure à l'existence de ce nouvel éther ? Par l'observation des supernovae lointaines et le raisonnement cosmologique (dossier 2).

L'expansion de l'univers fut, comme on le sait, reconnue en raison du rougissement de la lumière des galaxies extérieures, et l'interrogation majeure de la cosmologie porta longtemps sur la question du destin de l'univers.

Aujourd'hui, on penche pour un avenir *ouvert*, une expansion éternelle et de surcroît accélérée, ce qui heurte de plein fouet le mythe de l'éternel retour. Cette annonce d'une diaspora sans retour sort, pour ainsi dire, de la bouche d'un certain type d'étoiles explosives visibles jusque dans les profondeurs du cosmos. Récemment, en effet, l'étude systématique des supernovae de type Ia, si brillantes et si reproductibles qu'on peut les considérer comme de véritables étalons lumineux ou *chandelles cosmologiques,* allait révéler, contre toute évidence, un léger affaiblissement de flux lumineux témoignant d'une béance de l'espace légèrement supérieure à la prédiction. De ce très léger étirement par rapport au calcul canonique, on déduit que l'expansion de l'univers *s'accélère.* On appelle, avec un sourire, « quintessence » la cause de cette accélération. Elle produit une gravitation répulsive au même titre que la *constante cosmologique,* introduite par Einstein dans ses équations pour empêcher l'univers de s'effondrer. Et la notion de matière connaît une nouvelle extension. Ironie de l'histoire, la quintessence est de retour, mais ce n'est d'abord qu'un mot pour cacher notre astronomique ignorance.

Les physiciens, sérieux comme des papes, remplacent le terme « quintessence » par celui de *champ scalaire,* c'est-à-dire « indifférent à la direction », comme le chiffre, car si l'espace n'a pas de centre, il n'a pas non plus d'axe.

Le champ scalaire, objet de leurs vœux et de la plus ardente des recherches, ils le nomment *champ de Higgs.* Celui-ci apparaît comme une nécessité logique dans leur théorie de Grande Unification des forces de la physique. Pourtant, le champ scalaire cosmique dont il s'agit ici est de nature bien différente car infiniment plus léger que le champ de Higgs.

La proclamation, sur fond de supernovae lointaines, de l'accélération de l'expansion de l'univers par les astronomes américains Riess, Perlmutter et leurs collègues, a déclenché un débat passionné dans les cénacles cosmologiques. Il est maintenant important de vérifier que *l'évolution des supernovae* ne donne pas des effets comparables à ceux qu'on attribue à la constante cosmologique, ou si l'on préfère à la quintessence, qui est son substitut en tant qu'écarteur d'espace. Il faut donc s'assurer, par tous les moyens, calculs et observations, que les supernovae lointaines et pauvres en métaux ne sont pas moins lumineuses que les proches.

L'expansion de l'univers s'accélère ! La nouvelle est trop fraîche pour que nous puissions nous en réjouir, il convient de la vérifier mille fois plutôt qu'une, prenons-la avec circonspection, mais accueillons-la avec obligeance, car si elle est avérée, elle est de toute première importance.

Astrophysique explosive

L'univers est en évolution dans toutes ses régions, mais l'évolution la plus grandiose est celle de sa géométrie. L'espace est en expansion entre les amas de galaxies. Mais ce tableau cosmologique, pour somptueux qu'il soit, est par trop abstrait car il laisse sans réponse la question de la matérialité de la Terre et du Ciel. *Où est la chair du monde ?* La quête des origines matérielles des éléments vient combler le hiatus entre un univers de papier (figuré dans les livres par un diagramme d'espace-temps) et un univers incarné, où partout prolifèrent les mêmes motifs organisés, étoiles dans le ciel et atomes dans les étoiles. L'astrophysique situe l'homme dans l'espace et dans le temps.

Supernova ! explosion d'étoiles suivie de désintégrations de noyaux radioactifs : la physique cataclysmique est celle que porte au cœur toute une génération *d'homo astronomicus* on ne peut plus douce et pacifique au demeurant. Ces somptueux événements font dorénavant l'objet d'une telle attention qu'on pourrait dire que l'humanité est entrée dans l'ère des supernovae.

Elles sont poussées à l'avant-scène de la cosmologie, aubaine pour l'astrophysique nucléaire ! Le satellite INTEGRAL, dévolu à l'astronomie gamma nucléaire et qui déploie déjà ses ailes, porte les espoirs de ma communauté scientifique.

Les progrès futurs sont à attendre de la conjonction des éléments suivants :

1. du développement de la spectroscopie optique au *Very Large Telescope* (VLT) et ailleurs ;

2. de celui des spectroscopies hors du visible — *ALMA-FIRST* (submillimétrique/Infrarouge), *FUSE* (UV), *XMM* et Chandra (X), *INTEGRAL* (γ) — et de toute la panoplie des instruments astronomiques nouveaux ;

3. de l'extension des moyens de calculs (logiciels et matériels) : systématiquement, les instituts de recherche se dotent de puissants systèmes de traitement des données et de simulation ;

4. de la coordination des programmes scientifiques nationaux et internationaux comme la recherche systématique des supernovae à des fins cosmologiques ;

5. de la mise à disposition d'instruments de physique nouveaux, tels le *laser mégajoule*, instrument d'excellence pour l'étude des explosions et des phénomènes violents, ou les sondes ioniques qui permettent l'analyse isotopique fine des échantillons météoritiques, par exemple.

Bref, les riches heures de l'astrophysique nucléaire sont à naître, et cependant ma joie n'est pas sans mélange. Au terme de l'éblouissante énumération des passions tout à la fois stellaires et matérialistes qu'attise l'astrophysique nucléaire, et de la levée d'astre dans le ciel de la connaissance à laquelle elle donne lieu, je reste dubitatif sur la pénétration dans les consciences de la céleste pensée physique. Les technologies galopent mais les âmes cheminent. Ce n'est pas faute d'avoir voulu partager la beauté du ciel : Jean Audouze, Hubert Reeves, Alfred Vidal-Madjar, T.X. Thuan et bien d'autres s'y sont escrimés. L'astronomie est une science vibrante qui travaille avec des outils de recherche puissants, les astronomes sont des gens généralement courtois et parfois diserts, mais, de toute évidence, moins charismatiques que les mages.

La distribution des étoiles par groupes figuratifs, ou constellations, fut la première écriture hiéroglyphique. Elle allait graver au firmament de la conscience (ou de l'inconscient) des Lions et des Vierges quasi indélébiles tant et si bien que je ne cesse de me demander pourquoi la balance eut si tôt raison de l'alchimie alors que le télescope ne put dans la conscience archétypale déterrer l'astrologie et pourquoi, en dernier lieu, l'alchimie nucléaire des étoiles — la *nucléosynthèse* — laisse de bois les lecteurs d'horoscopes qui cherchent avec angoisse une connivence entre le Ciel et la Terre. Pour la science moderne, le lien entre l'homme et l'étoile est plus que symbolique, il est *génétique* : on peut parler d'une véritable *généalogie de la matière* qui fait de l'étoile l'ascendant de l'humain. Cela, nous ne le tenons pas des philosophes ou des rabbins, mais des ingénieurs et des mathématiciens.

CHAPITRE II

Lumière des atomes, lumière du ciel

Lexique

MATIÈRE NOIRE : matière non vue, voire invisible.
PULSAR : étoile à neutrons magnétisée qui émet son rayonnement en pinceaux.
QUINTESSENCE : substrat exerçant une gravitation répulsive.

Matière avec et sans lumière

Mais d'abord, comment les astronomes savent-ils de quoi les étoiles sont faites ? Ils ont appris à décrypter le langage de la lumière, de toutes les lumières, visibles et invisibles. Les atomes des étoiles parlent aux atomes des yeux le langage de la lumière. Je le dirai sans trêve et le répéterai, jusqu'à ce que cela paraisse évident. C'est l'identité de nature entre émetteur et récepteur qui rend la perception possible.

La lumière est devenue pour eux comme une langue maternelle. Loquace, elle parle dans toutes les régions de l'espace. Messagère consciencieuse et véloce, elle transporte l'information d'un point de l'univers à l'autre. De l'atome, elle est comme le revêtement expressif. L'être charnel et matériel a longtemps cru que toute matière était, comme lui, constituée d'atomes. Le matérialisme se confondait avec l'atomisme, enseigné dans les écoles comme doctrine définitive. Il est bien naturel que la tentation de l'astronomie, science-lumière, fût de restreindre l'univers aux formes de sa visibilité, et l'enfermer en quelque sorte dans son *apparence*.

Et voici, à son corps défendant mais en toute lucidité, qu'Uranie se voit obligée de reconnaître que le visible n'est que l'écume de ce qui existe. Elle en vient même à donner la préséance à ce qui ne se voit pas, à ce qui ne brille pas ni n'absorbe la lumière : les observations astronomiques et les arguments théoriques suggèrent que la plus grande partie de la matière est invisible.

Une grande blessure est infligée à la pensée du monde et des lumières : *matière noire* et *quintessence* prennent progressivement possession de l'espace physique. Et le XXe siècle, qui n'avait que le mot « atome » à la bouche, s'est achevé par la déclaration cosmique de son insignifiance. Deux ectoplasmes envahissants ont changé la face du Ciel et la définition de la matière. Mais comment sont-ils parvenus à s'imposer ? Par l'expérience et le raisonnement, comme on peut s'en convaincre en analysant le vaste dossier instruit par les astrophysiciens que l'on peut compulser à la fin de l'ouvrage. Au terme de la plus grande enquête de tous les temps sur la nature du Ciel on aboutit au constat suivant : l'univers est dominé non par la matière lumineuse des étoiles, mais par des ectoplasmes sombres.

Il est piquant de remarquer que le résultat le plus fondamental auquel aboutit l'astronomie, après des millénaires de labeur acharné, concerne non ce que nous pouvons voir du cosmos, mais ce que nous ne pouvons voir : la matière noire. Belle avancée ! *Le noir, le transparent, l'invisible*, et toutes formes de neutralité lumineuse, ont fait irruption dans l'astronomie, science de la lumière. La matière *noire* n'a d'autre forme d'expression et de relation au monde que la gravitation, qui n'est rien que l'attrait de la matière pour la matière. C'est en cela qu'elle est *matière* à part entière. On découvre sa présence en analysant le mouvement des objets brillants (étoiles ou galaxies) qu'elle tient dans son giron, étoiles dans les galaxies et galaxies dans les amas. Son existence est nécessaire pour expliquer le mouvement et la captivité de la matière qui brille, mais on ignore sa nature et sa composition.

Dresser l'inventaire de l'univers, déterminer son évolution, en rechercher la cause et le moteur, telle est la tâche herculéenne à laquelle s'attellent l'astronomie et la cosmologie. L'une des tâches essentielles de cette dernière est d'établir la relation correcte entre la structure géométrique de l'univers et son contenu matériel et énergétique. Une fois connus les rapports qu'entretiennent l'espace, le temps et l'énergie, il devient possible d'établir une véritable histoire de l'univers et de la prolonger au-delà et en deçà du temps de notre vie, de réécrire la genèse et l'apocalypse en termes scientifiques, en quelque sorte.

Et voilà l'homme proclamant à tout vent que la matière atomique, support de toute chose visible et tangible, ne constitue qu'un à quatre pour cent de la substance universelle ! Qui touche au concept de matière, touche au réel.

La matière atomique est la *fleur de la matière* car elle compense sa faiblesse numérique par une rage expressive : elle est la manifestation sensible de l'univers pour l'homme, sa pointe d'éloquence. Elle brille, en effet, par son expression — la lumière — à la différence de la *matière sombre* qui, totalement indifférente au rayonnement, ne l'émet ni ne l'absorbe et gît sans représentation.

Poussière de diamant dans un cristal froid, la matière stellaire s'épuise à conserver son éclat. Les galaxies ne sont que paillettes brillantes saupoudrant la lourde noirceur transparente du cosmos.

Et si l'atome n'est pas le tout de la matière, comme nous sommes bien forcés de l'admettre, c'est lui cependant qui, à notre connaissance, prend les formes les plus variées, les plus évolutives. La matière noire et cet autre ectoplasme qu'est le substrat répulsif de l'univers, transparent mais gorgé d'énergie qu'on ose encore appeler « vide[1] » ou encore « quintessence », ne sont que des substrats informes comparés à l'atome, richesse, ciselure et beauté du monde.

Et au-dessus de tout, des cathédrales d'atomes se sont donné la vie et la conscience, et la matière parle.

Le brillant a révélé le sombre. Mais ce sombre reste obscur. De quoi est-il fait ? Est-il au moins composé de matière connue ? En partie seulement ! La matière noire existe-t-elle sous forme de particules microscopiques ? Dans l'affirmative, on peut supposer que cette forme inconnue d'énergie s'infiltre et pénètre dans les galaxies, le système solaire et nous-mêmes, au même titre que les neutrinos qui traversent notre peau à chaque seconde sans que nous en soyons le moins du monde affectés. Tout comme les neutrinos, ces particules inconnues n'interagiraient pratiquement pas avec la matière ordinaire faite d'atomes. Un milliard de rayons solaires : telle est la taille d'une étoile de même densité que le Soleil qui absorberait ses propres neutrinos. La matière qui brille et rayonne n'est que la rose de la matière noire.

On doit s'y résigner, l'idée simple des Grecs réduisant la matière à une poignée d'atomes doit être amendée. La plus grande partie du substrat universel est invisible car non rayonnant. L'état invisible de la matière surpasse, en volume et en masse, l'état manifeste, lumineux et lisible. La matière atomique, faite de protons et de neutrons, n'est qu'une fraction infime de la matière, 2 à 5 % peut-être. Le monde est insidieusement dominé par l'invisible, le mouvant et l'impalpable.

Ouverte à toutes les influences, la vénérable astronomie, sans renier sa vocation lumineuse, est prête à recueillir dans sa main la matière noire et non nucléaire afin de donner un sens aux signes du Ciel.

De la naissance des dieux à la matière noire, le Ciel visible est demeuré essentiellement inchangé. Ce n'est donc pas le Ciel qui change, mais la pensée du Ciel. Avec chaque cosmologie s'ouvre une ère nouvelle dans l'expérience humaine. La matière proprement universelle, celle qui gouverne l'avenir de l'univers, son ouverture ou sa fermeture, nous est encore inconnue, mais au moins avons-nous acquis la conviction de son existence. Inconnue mais non inconnaissable. Gageons qu'avant la dixième année de ce millénaire nouveau, elle révélera sa

---

1. Voir Michel Cassé, *Du vide et de la création*, Paris, Odile Jacob, 1993.

véritable identité. La découverte de la matière sombre sera un événement scientifique majeur. Viendra-t-elle du Ciel via l'astronomie ou de la Terre par le truchement de l'accélérateur de particules ?

L'astronomie, science-lumière, ayant proclamé la suprématie de l'ombre, quelles seront les conséquences de ces retournements dialectiques majeurs sur l'esprit et la conscience de l'homme, et celles d'une révision du concept de matière ? Le programme épistémologique du millénaire futur sera de donner un sens et une extension au concept d'univers.

Au début de l'astronomie, l'univers se confondait avec le système solaire (Aristote, Ptolémée), puis il fut identifié à la galaxie, et enfin à tout le système des galaxies. L'astronomie n'a connu que des révolutions coperniciennes qui se sont soldées par des décentrages successifs et des extensions du concept d'univers.

L'univers n'a pas de centre. Aucun lieu privilégié ne peut être pris pour origine des coordonnées et pour centre du monde. La dernière révolution est plus bouleversante encore, car elle touche le cosmos dans son étoffe, sa matérialité même : du haut de sa mécanique atomique humide, l'homme déclare :

« la matière qui brille et rayonne n'est que l'écume de la matière noire et de la quintessence. »

Le glas de l'anthropocentrisme n'a pas pour autant définitivement sonné. Car nous vivons au temps exceptionnel où un échantillon de matière nucléaire est parvenu à s'exprimer au moyen d'un langage sensible, d'une langue qui sonne, et non plus uniquement au moyen des forces aveugles du microcosme. Ce minuscule échantillon conscient et loquace parle dans l'unité d'un discours — la cosmologie — qui donne un certain sens au mot « univers ».

Notre planète a pris aux étoiles sa propre matière. Il y a de quoi relever la tête : l'étoile est mère de nos atomes. Nous voici tous de céleste lignée ! Il en résulte pour la pensée un mouvement de rapprochement vis-à-vis du réel immédiat, celui de la perception sensible. Ce qui est devant nous, sous nos yeux, ce qui fait notre quotidien et qui nous accompagne à tout instant, ce dans quoi nous nous mouvons et de surcroît le sable d'atomes dont nous sommes faits, ne tient sa réalité que de l'ensemble de processus historiques inscrits dans le cadre cosmique : Big Bang et étoiles sont les agents de l'évolution chimique du cosmos qui passe et transite aujourd'hui par la matière qui parle.

Les supernovae, belles fleurs explosives, éclairent le thème émouvant de la lente montée de la matière vers sa propre exaltation. Le Ciel n'est pas un théâtre vide. Les étoiles sont concrètes comme le lait et les dattes, ce sont les mères cosmiques des atomes de notre banalité. Généreuses, elles s'ouvrent comme des fleurs et essaiment dans l'espace leurs myriades d'atomes ailés.

Et la matière qui pense se donne une *filiation* cosmique, elle confère signification à son passé de matière inerte, stellaire et nuageuse, et au-delà à son origine de *vide* (au demeurant considéré comme plein par la physique quantique).

Pour l'heure, c'est de la poussière matérielle, atomiquement lumineuse, que nous avons choisi de parler dans ce livre, tant elle est précieuse : c'est le support matériel des êtres et des choses structurées, de la chair, des oiseaux et des étoiles. Laissons pour le moment le noir incompréhensible sommeiller dans son antre ! Abandonnons à son obscurité la matière qui ne parle pas la langue de la lumière !

Nous conserverons donc dorénavant au mot « matière » sa signification usuelle et son sens fondateur de support des êtres et des choses visibles et manifestes. En termes techniques, la matière dont il s'agit est dite *baryonique* ou *nucléonique*, c'est-à-dire essentiellement constituée de protons et de neutrons.

La matière ordinaire et banale, celle des pierres et des arbres, des fleurs et des torrents, du sang et des larmes, du vin et des papillons, mérite d'être qualifiée de *précieuse, lumineuse et céleste* car elle est rare, photosensible et prend son origine dans les cieux.

Pour la transparence du discours, nous ne retiendrons que les préceptes simples de la matière nucléaire :

Ce qui est chaud brille
Ce qui ne brille pas, ce qui est froid et diffus, absorbe de la lumière
Ce qui émet ou confisque des notes de lumière se laisse analyser chimiquement.

Gardons toutefois à l'esprit, pour concéder sa part à la matière nucléaire sombre, que ce qui ne brille pas ni n'absorbe de lumière attire à soi les objets, modifie leur mouvement et se trahit ainsi.

La lumière est un messager consciencieux qui transporte avec diligence les messages d'un point à l'autre de l'univers atomique, car elle en est la fine expression. Les atomes des étoiles parlent aux atomes des yeux le langage du visible. La matière atomique chaude brille, froide elle absorbe la lumière. Il n'en faut pas plus pour que fleurisse toute une astronomie de l'ombre et de la lumière, des nuages et des étoiles.

CHAPITRE III

Visions

Lexique

AMAS GLOBULAIRES : groupes d'étoiles anciennes en orbite autour des disques galactiques.

CCD (CHARGE COUPLED DEVICE) : détecteur électronique qui remplace la plaque photographique.

CÉPHÉIDES : étoiles d'éclat variable dont la période est liée à la luminosité.

CONSTANTE DE PLANCK (h) : nombre immuable qui relie la longueur d'onde (propriété ondulatoire) à l'énergie (propriété corpusculaire) des particules.

CONSTANTE DE BOLZMANN : nombre invariable qui relie l'énergie moyenne des particules à la température du milieu qu'elles forment.

CORPS NOIR : émetteur purement thermique.

DÉCALAGE VERS LE ROUGE : étirement de longueur d'onde induit par celui de l'espace.

EFFET COMPTON : transfert de mouvement entre un photon et un électron.

EFFET COMPTON INVERSE : transfert de mouvement entre un électron et un photon.

FRÉQUENCE D'UNE ONDE : nombre de crêtes qui défilent en une seconde.

HERTZ : unité de fréquence (1 Hz = 1 événement par seconde).

INTERFÉROMÉTRIE : combinaison constructive de lumière.

LONGUEUR D'ONDE : distance deux crêtes d'ondulation.

NANOMÈTRE (nm) : un milliardième de mètre (0.1 Angström).

NEUTRALINO : particule hypothétique prédite par la théorie dite « supersymétrique ».

PULSARS : étoiles à neutrons magnétisées qui émettent des pinceaux de rayonnement tels des phares.

QUASAR : objets lumineux les plus lointains que l'on puisse observer.

RAIE D'ÉMISSION : intensification du spectre sur une gamme étroite de fréquence.

RAIE D'ABSORPTION : absence de rayonnement sur une gamma étroite de fréquence.

RAYONNEMENT THERMIQUE : synonyme de « rayonnement de corps noir ».

RAYONNEMENT NON THERMIQUE : émission liée à l'existence de particules accélérées.

RAYONNEMENT DE FREINAGE : émission due au changement de vitesse d'un électron.

RAYONNEMENT SYNCHROTRON : émission engendrée par les électrons guidés par les champs magnétiques.

REDSHIFT : décalage vers le rouge, noté z.

SPECTRE : répartition de la lumière en fonction de la longueur d'onde (de la fréquence, de l'énergie).

TEMPÉRATURE : mesure de l'agitation thermique.

Langage-lumière
équivalence couleur — longueur d'onde — température

En dénouant la tresse de la lumière, on découvre le bleu. En tressant le bleu, le rouge, le jaune, on les noie dans le blanc. En conséquence, la lumière apparaît blanche si son spectre ressemble à celui de l'étoile du jour et les autres couleurs peuvent être décrites comme des écarts par rapport à celui-ci. Mais « couleur » est un mot insuffisamment précis pour qualifier la qualité de la lumière. Au vrai, scientifiquement, chaque note de lumière, chaque tonalité élémentaire de vert, de jaune, de carmin, de lilas ou d'une quelconque teinte, est repérée par un chiffre qui désigne sa *longueur d'onde*. Les lumières sont numérisées : la teinture de la lumière est spécifiée par la longueur d'onde correspondante. Bleu est un nombre exprimé en unité de longueur (500 nanomètres), de même jaune (600 nm), et aussi bien rouge (650 nm). Jaune est entre bleu et rouge, voilà tout !

Au plan extragalactique et cosmologique, la lumière est rougie par le mouvement de fuite de sa source. Plus la source est lointaine et plus elle fait mine de s'éloigner rapidement, et plus la lumière est rougie. Mais l'éloignement dans l'espace est aussi un éloignement dans le temps. Le passé de l'univers se fouille dans le rouge et plus profondément encore dans l'infrarouge.

La lumière est un messager consciencieux qui transporte l'information d'un point à l'autre de l'univers. Les atomes des étoiles parlent aux atomes des yeux le langage de la lumière. Pourquoi se déplacer puisque la lumière vient à nous ? Telle est la philosophie foncièrement paresseuse de l'astronome. Mais sait-on le luxe de ruse patiente dont il faut user pour faire parler le moindre photon ?

Arraisonnés par le télescope et sommés d'ouvrir leurs bagages par le spectrographe, les rayonnements de toute provenance sont soumis à un feu roulant de questions. Invités à décliner leur spectre, ils le déploient sans ambages. Les douaniers de la lumière examinent les documents comme des passeports à la recherche de signatures distinctives d'atomes particuliers ainsi que d'émissions continues révélatrices des caractéristiques physiques des sources. Et ils remplissent les cases :

radio   IR   visible   UV   X   γ
☐   ☐   ☐   ☐   ☐   ☐

continu   discontinu
☐   ☐

thermique   non thermique
☐   ☐

C'est ainsi que l'on répertorie et met en carte toutes les lumières, visibles ou non. Le domaine de longueur d'onde ou *gamme spectrale* définit la couleur, le caractère *continu ou discontinu* dénote la présence ou l'absence de raies dans le spectre, c'est-à-dire de franges plus brillantes ou sombres que le fond, l'aspect *thermique* ou *non thermique* est relatif au mode d'émission de la lumière et aux processus physiques qui l'engendrent. « Thermique » est synonyme de chaleur, « non thermique » de particules accélérées.

Visible/invisible

L'œil humain n'est sensible qu'à certaines tonalités de rayonnement de longueurs d'onde supérieures à 400 nm et inférieures à 800 nm. Au vrai, nous sommes aveugles à presque toutes les lumières. C'est l'insistance de la lumière solaire qui a forgé notre œil et la pliure exclusive de la sensibilité de la rétine à la lumière de l'étoile du jour explique le noir de la nuit, ainsi que les propriétés et les déficiences de notre regard.

Dès lors, on peut difficilement échapper à l'idée que la spécialisation extrême de notre œil puisse nuire à notre perception d'ensemble de l'univers et en particulier à celle des astres beaucoup plus froids ou beaucoup plus chauds que notre étoile, et plus radicalement encore au rayonnement non thermique, qui déborde largement, en général, les gammes de fréquence du rayonnement des étoiles. Et si nous voulons nous rendre sensibles à *l'altérité lumineuse*, il convient de développer des outils nouveaux, aussi bien mentaux qu'expérimentaux qui feront de nous des *astronomes de l'invisible*.

À cette fin d'universalité, il est nécessaire de forger d'abord un *langage-lumière* commun à tous les rayonnements, au visible comme à l'invisible, ramenant la couleur à une réalité non colorées, *espace*, *temps* ou *énergie*.

Le mot d'ordre est de coder la lumière en chiffres. Notre science, en effet, numérise. L'horloge transforme le temps en nombre. Pareillement, le bleu est sublimé en chiffre, et avec lui toutes les couleurs, même les plus éloignées de la perception humaine comme les rayons X et gamma. La lumière est décolorée.

La couleur, au sens généralisé, est désormais un chiffre dont l'unité est une *longueur*, une *fréquence* (un pouls, une pulsation) ou une *énergie*. Ces trois notions, respectivement spatiale, temporelle et énergétique, sont liées par des relations canoniques et invariables. Il est facile de traduire les fréquences en longueurs d'onde et en énergie et inversement. Les rayonnements peuvent indifféremment se traiter en

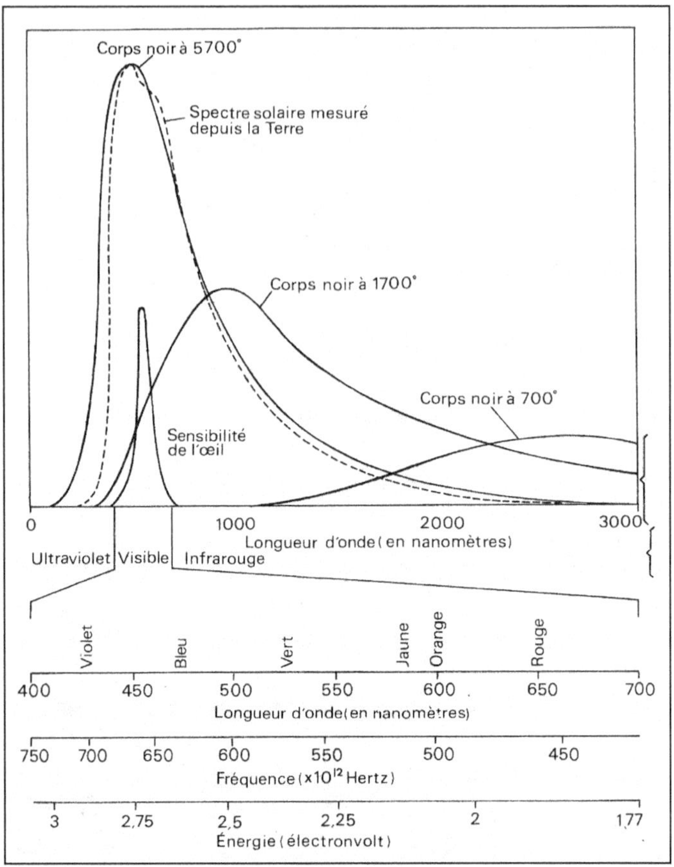

Figure 1 – Spectre du Soleil et sensibilité de l'œil.

termes d'onde d'une certaine fréquence ou de particules, de *photons*, d'énergie correspondante.

$$\text{Énergie} = \text{constante de Planck} \times \text{fréquence}$$
$$\text{Longueur d'onde} \times \text{fréquence} = \text{vitesse de la lumière}$$

Ainsi, le bleu, dans sa juste lumière, est un chiffre précédant une unité de longueur. Bleu = 500 nanomètres. L'ultime vecteur physique du bleu est le grain de lumière de quelques électronvolts d'énergie. Lorsque le cœur de la lumière bat à $2 \cdot 10^{15}$ coups par seconde, elle est dite « bleue ». Lorsque son pouls ralentit légèrement pour se fixer à $1,5 \cdot 10^{15}$, le détecteur œil-cerveau la perçoit comme rouge. Il y a du battement, du tempo dans le bleu. Les rayons X sont une forme de lumière dont l'énergie caractéristique est de 10 kiloélectronvolts (keV). Le rayonnement radio se caractérise par une fréquence de 10 giga hertz (10 milliards de vibrations par seconde).

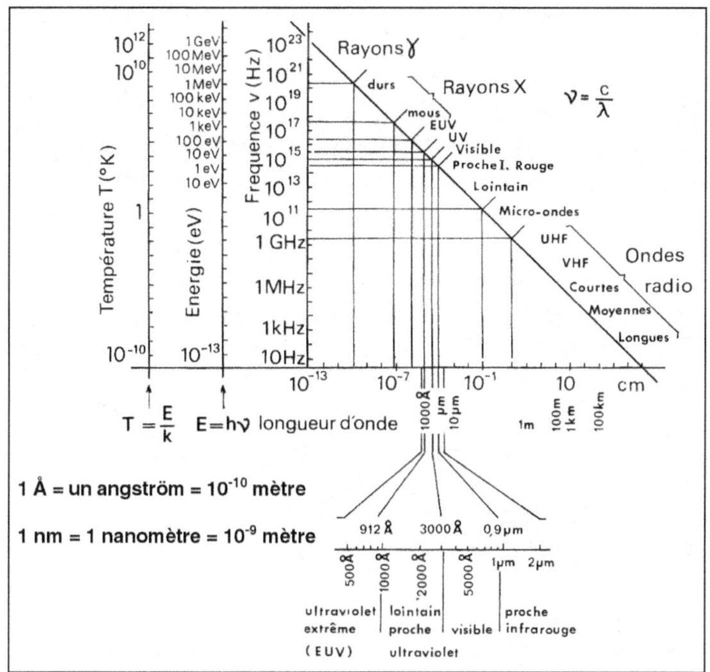

Figure 2 – Différentes gammes spectrales du rayonnement électromagnétique.

Outre la couleur, la longueur d'onde évoque une autre sensation au physicien, celle du chaud ou du froid. Car teinte et température sont liées. Lorsqu'à la forge on chauffe un objet, il vire du noir (absence de couleur), au bleu pâle, en passant successivement par le rouge, le jaune et le blanc.

Bleu = 50 000 degrés. Bleu égale chaud. Il faudrait dire « chauffé à bleu ». Ainsi, tout corps porté à une certaine température émet un rayonnement appelé paradoxalement *de corps noir* quelles que soient sa forme ou sa constitution. La longueur d'onde à laquelle se situe le maximum d'intensité du rayonnement est inversement proportionnelle à la température de l'objet émetteur. Plus le corps est chaud, plus la longueur d'onde émise est courte. La relation pertinente entre énergie et température est quant à elle :

$$\text{énergie} = \text{constante de Boltzmann} \times \text{température.}$$

Ainsi peut-on établir une correspondance entre le langage des fours (ondes, micro-ondes) et celui des accélérateurs de particules. Une énergie de 1 électronvolt (acquise par un électron dans une différence de potentiel de 1 volt) correspond à 10 000 degrés environ. Par conséquent, une énergie de 1 million d'électronvolts (1 MeV) correspond à 10 milliards de degrés. Au cours du Big Bang de telles énergies ou températures sont communes. Les physiciens de la chaleur ou thermo-dynamiciens et les physiciens des particules s'en vont main dans la main, rejoints bientôt par les cosmologistes, ceux-ci faisant valoir qu'au fil du temps l'univers se refroidit en raison de l'expansion de l'espace : chaleur, énergie, temps sont irrémédiablement liés.

Univers, dis-moi ton âge, je te dirai la couleur de ton fond rayonnant et l'énergie de chacun de ses photons. Le fond du ciel aujourd'hui est rouge, hyper-rouge, si rouge et froid (3 degrés Kelvin environ) qu'on ne le voit pas. Il grelotte à l'oreille de nos radiotélescopes. Quant au rayonnement solaire, ils se laisse décrire approximativement comme celui d'un corps incandescent dont la température est de 5 700 degrés Kelvin. Les températures varient dans l'univers de 2,73 Kelvin (fond du ciel) à 100 milliards de K (étoile à neutrons à peine sortie du nid).

Si l'on fait abstraction des bandes brillantes et sombres qui émaillent le spectre des objets célestes, repérables à des longueurs d'onde précises, leur teinte globale dénote leur température de surface. De telle sorte qu'une étoile bleue est plus chaude qu'une étoile jaune et une étoile jaune plus chaude qu'une étoile rouge. Le Soleil est plus chaud, en surface, que la rouge Antarès, qui comparée aux naines brunes ou aux nuages inters-tellaires est un désert torride. Les étoiles rougissent de froid.

Le code du plombier (les robinets de la baignoire) et celui de l'astro-nome sont inversés. Entre l'artisan et l'astronome, Goethe choisit le premier. Pour lui, comme pour les peintres, de toute éternité, le bleu est spirituellement froid. Dans son *Traité des couleurs*, il écrit que le bleu exprime une impression psychique tout empirique de froid. Mais notre science situe toutes les qualités sensibles (son, couleur, chaleur) dans l'homme. Rien en dehors de lui ne correspond à ces qualités.

Autre illusion : le bleu de la fleur, du satin et de la mer, le bleu des objets éclairés nous trompe, la couleur des corps irradiés par le Soleil ou la lumière électrique n'est que celle du rayonnement qu'ils repous-sent. Le bleuet illuminé par le Soleil est tout sauf bleu : ses atomes avalent toutes les couleurs et vomissent le bleu. On pourrait le dire « antibleu ». C'est pourquoi il paraît bleu. Le vrai bleu est celui de la chaleur, bleu émis et non honni.

Voyage rêvé dans le plan température-luminosité

Il faut faire d'emblée la part de l'apparence d'une l'étoile et celle de son essence. L'étoile peut exhiber différentes parures, petite et blanche, par exemple, ou bien géante et rouge.

Mais au-delà de ces évidences résident des vérités cachées qui ne peuvent être interprétées qu'au moyen d'un modèle physico-mathématique d'étoiles. Cette construction théorique permet de mettre en lumière les mécanismes fondamentaux à l'œuvre dans les profondeurs invisibles des étoiles et de suivre leur évolution dans toutes les couches de leur grand corps, jusqu'à leur surface observée.

Les étoiles diffèrent en gloire et en couleur, mais plus profondément encore, en masse et en âge.

Sur le chemin qui mène de l'apparence à l'essence, le premier soin de l'astronome est de supprimer le leurre de la distance, donc de situer artificiellement les étoiles à la même distance afin de comparer leur brillance en toute objectivité. Curieusement, il restitue la vieille idée de sphère céleste, tant décriée et qui n'est plus que mentale, au bénéfice d'une connaissance objective des étoiles.

Multipliant la luminosité apparente des objets par le carré de leur distance, il calcule leur brillance vraie et arrive à trier les étoiles et distinguer les astres brillants lointains des astres proches et de faible luminosité. La couleur, quant à elle, ne dépend pas de la distance, une fois corrigés les effets de rougissement de la poussière interstellaire.

Construisons une grille de mots croisés : verticalement, inscrivons la luminosité vraie (corrigée de l'effet de distance) ; horizontalement, choisissons la température de surface (liée à la couleur) inversée (chaud à gauche et froid à droite) ; portons sur cette grille toutes les étoiles mesurées. La figure obtenue est l'une des plus éclairantes de toute l'astronomie (diagramme d'Hertszprung-Russel) car elle permet de repérer pour les étoiles de masses variées de véritables *trajets évolutifs* en rapport avec la matière qui sert de combustible nucléaire (hydrogène ou hélium). Nous y reviendrons largement dans les chapitres suivants.

La gravure propre de chaque étoile sur ce parchemin est fonction de sa masse et dans une moindre mesure de sa métallicité de naissance. Chaque station sur un trajet évolutif particulier désigne l'opération de cycles de fusion nucléaire particuliers : séquence principale = fusion centrale de l'hydrogène, géante rouge = fusion centrale de l'hélium, Branche Asymptotique des Géantes = double fusion en couche de l'hydrogène et de l'hélium. Le chemin est différent pour chaque étoile ainsi que la vitesse de parcours. Les étoiles vieillissantes virent au rouge, sauf pour les plus massives qui deviennent violettes et même ultraviolettes, et s'écartent progressivement de la séquence principale. Leur température centrale croît ainsi que leur pression, ce qui rend possible le déclenchement de réactions nucléaires aptes à bâtir, à partir de l'hélium, le carbone, et ceci tout au long de la montée de la branche des géantes. La construction des espèces

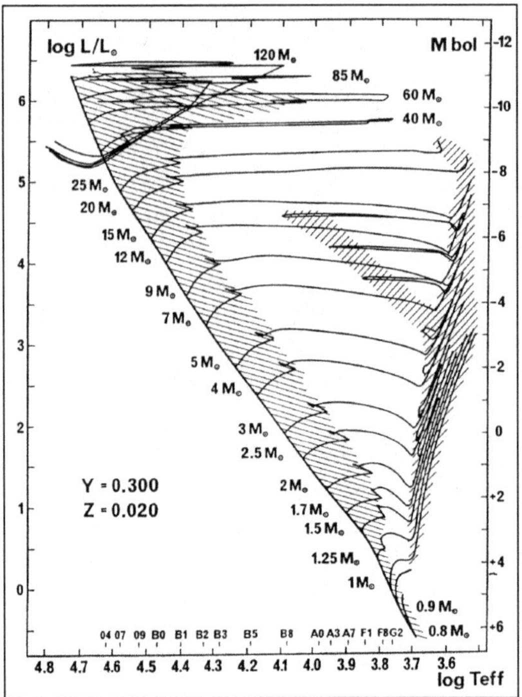

Figure 3 – Diagramme de Hertzsprung-Russel (HR) théorique
(d'après André Maeder et ses collaborateurs).
L'échelle de droite mesure en magnitude absolue (ou bolométrique) ce que l'échelle de gauche exprime en logarithme de la luminosité intrinsèque rapportée à celle du Soleil ($L_\odot$ = 4 10^{33} erg/seconde). Le logarithme de la température effective (température du corps noir équivalent) est mis en regard du type spectral, tel que le déterminent les observateurs. Ce diagramme température-luminosité représente un écheveau où se croisent toutes les « lignes de vie » des étoiles. Interprété convenablement, c'est-à-dire grâce à une grille nucléaire de lecture, il ouvre la compréhension à la notion d'évolution stellaire et à son double, la nucléosynthèse.

nucléaires dans les étoiles massives s'achève en apothéose par l'explosion des supernovae de type II.

Notes de lumière

En 1666, Isaac Newton, interposant un prisme sur le trajet d'un pinceau de lumière qui perçait dans une pièce sombre, fit naître un arc-en-ciel et appela *spectre lumineux* les irisations colorées qui jaillissaient du verre Cette dissection de la lumière faisait apparaître la multiplicité de couleurs qui constitue le blanc.

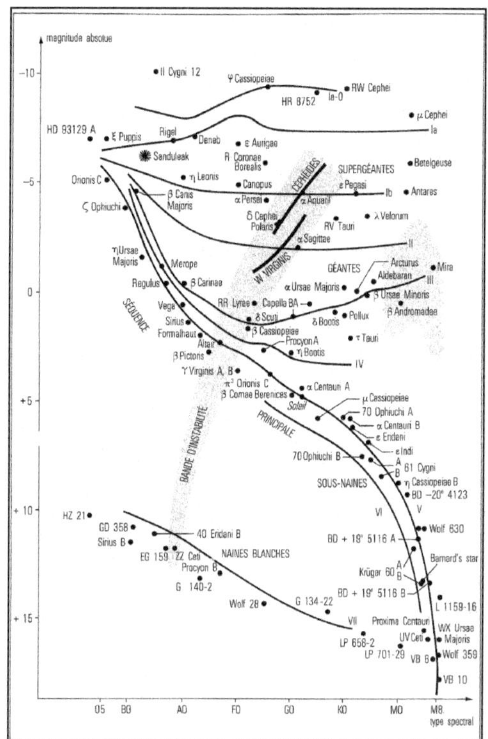

Figure 4 – Diagramme HR des observateurs *(d'après James Kaler).*
La luminosité est exprimée en magnitude absolue (+5 pour le Soleil, environ). Le point noté « Sanduleak » désigne l'étoile mère de la supernova de 1987A, observée avant le cataclysme. Le type spectral est indiqué en lieu et place de la température.

Par extension, tout rayonnement se prête à décomposition et on appelle « spectre » la variation de l'*intensité* (c'est-à-dire du nombre de photons) avec la longueur d'onde (la fréquence ou l'énergie). Plus généralement encore, l'éventail complet de toutes les lumières visibles et invisibles constitue ce qu'il est convenu d'appeler le *spectre électromagnétique*. Le mot lui-même signifie en latin « fantôme » ou « apparition ».

Initialement, le spectre observé était une simple bande continue de couleurs, un arc-en-ciel. Mais en 1814, Joseph Fraunhofer, agrandissant un spectre de la lumière du Soleil, découvrit une foule de raies sombres ou raies d'*absorption* (affaiblissement de l'intensité lumineuse sur une plage très étroite de longueurs d'onde). Plus tard, des spectres d'*émission* furent observés par deux chimistes, Robert Bunsen et Gustave Kirchoff. Ils firent passer la lumière d'une flamme chimique à travers un prisme et découvrirent, superposées à un fond coloré, une série de raies brillantes en lieu et place des raies sombres correspondantes. Des études ultérieures montrèrent que chaque élément possède en propre une série caractéristique de raies d'émission et donc d'absorption.

La découverte merveilleuse de la spectroscopie allait permettre d'établir une correspondance entre raies spectrales et identité chimique des éléments émetteurs ou absorbants, ainsi que leurs proportions relatives.

L'astrophysicien lit le spectre comme le musicien sa partition. Il y discerne des notes claires qu'il compare à celles qu'émettent diverses substances enflammées ou traversées d'étincelles. L'atome est un violon qui émet des notes de lumière. Au contraire, il en vient parfois à constater des carences lumineuses et met en regard les notes manquantes avec celles qu'absorbent, dans le laboratoire, différentes substances traversées par différentes qualités de rayonnement. Il compare le spectre stellaire, émaillé de raies d'absorption, à un spectre de référence. L'atome est alors considéré comme un tamis qui ne laisse passer qu'un certain grain de lumière. Ainsi sont identifiés les éléments qui entrent dans la composition de l'écran absorbant qui s'est interposé entre la source de lumière et l'observateur, couches externes des étoiles ou nuage de gaz interstellaire.

Conséquence révolutionnaire : l'analyse spectrale permet d'examiner la *composition chimique* des gaz lumineux ou absorbants sans jamais les toucher. À la question « comment les astronomes savent-ils de quoi les étoiles sont faites ? », on peut répondre qu'ils ont appris à décrypter le message subtil de la lumière. *Les atomes émettent ou absorbent des notes lumineuses.* Tel est peut-être l'énoncé le plus lourd de promesses de l'astronomie.

Chaque atome émet ou confisque des do ré mi de lumière particuliers, selon sa nature et les conditions extérieures auxquelles il est exposé.

Quand l'astronome voit rouge, le rouge particulier des nébuleuses, il dit « hydrogène chauffé à 10 000 degrés ». Quant au bleu des nébuleuses, il est comme celui du ciel : sur Terre, c'est l'air qui bleuit le ciel (Léonard de Vinci). Chaque note de lumière est associée à un atome particulier, dans un état donné, dont elle est, par conséquent, la signature indubitable.

De surcroît, la forme et le décalage des raies spectrales permettent de déduire le mouvement des atomes émetteurs ou absorbants. Les variations temporelles de l'émission lumineuse nous renseignent sur le caractère stable ou changeant des phénomènes.

L'astrophysicien détache sur le spectre note de lumière après note de lumière. Note de l'hydrogène, note du lithium, du carbone, de l'oxygène, note du fer, du baryum, de l'europium... Et il découvre dans le spectre des objets célestes les mêmes atomes que ceux qui composent son corps et le support matériel de toute chose ici-bas. Vous, les étoiles et moi sommes faits des mêmes espèces d'atomes. Unité de substance, mais aussi unité de lois : la gravitation et l'électromagnétisme comme toutes les lois de la physique sont valables ici et là-bas, sur la Lune, le Soleil, les quasars et tout l'univers observable.

L'analyse chimique par lumière interposée nous permet de déterminer les proportions des divers éléments dans l'atmosphère de la moindre étoile, du plus modeste nuage, et cela pour toute qualité de photons. En effet, la méthode spectroscopique a été progressivement étendue à toutes les lumières, en deçà et au-delà du visible. Ainsi existe-t-il, à côté de la spectroscopie optique, des homologues infrarouge, UV, X et gamma. Les détecteurs diffèrent, mais la stratégie instrumentale et la méthodologie théorique qui prend le relais sont toujours les mêmes.

Il convient en premier lieu de spécifier *la gamme de rayonnement* (fenêtre spectrale) à laquelle on s'intéresse et d'utiliser en conséquence le détecteur approprié — télescope, radiotélescope ou instrument satellisé —, la *précision de la mesure d'énergie* (fréquence, ou longueur d'onde), la *précision de la mesure angulaire* (pouvoir séparateur), la *résolution temporelle* et la *sensibilité* de la mesure, et bien sûr la *direction, la date et la durée d'observation* de l'objet céleste particulier que l'on étudie.

Ensuite, la mesure faite et enregistrée, il faut en expurger les parasites et séparer le signal du bruit pour ne conserver que la partie signifiante. Enfin, il reste à interpréter les signaux épurés selon une grille codifiée de lecture, un *modèle de l'objet* (étoile, nuage, galaxie, univers). Ainsi, au terme d'un long processus de mesure, d'analyse, de purification et d'abstraction, parvient-on à donner *un sens physique* aux données de l'observation.

La vie d'un atome excité

Les adeptes de la spectroscopie furent prompts à comprendre qu'à chaque *raie d'émission* correspond une *raie d'absorption* située exactement à la même longueur d'onde. Ils s'aperçurent que les atomes, d'une manière ou d'une autre, ne peuvent absorber ou émettre qu'une série spécifique de longueurs d'onde. Les quantités d'énergie qu'un système quantique comme l'atome peut acquérir sont gouvernées par la physique atomique.

Le modèle généralement admis consiste à considérer que l'atome est pourvu d'un centre, occupé par le noyau électrisé positivement, massif et de très petit volume. Le noyau abrite deux types de locataires : les protons en nombre Z et les neutrons en nombre N. Autour de celui-ci circulent des électrons négatifs en nombre Z suffisant pour neutraliser sa charge positive. Ces électrons sont maintenus autour du noyau par une force de nature électrique, due à l'attraction de la charge négative de chaque électron par les protons. Le mouvement orbital empêche l'électron de se précipiter sur le noyau tout comme elle empêche la Terre de tomber sur le Soleil.

Au premier ordre, on peut admettre que les électrons décrivent autour du noyau des orbites elliptiques dont il occupe un des foyers, en sorte que le modèle d'atome rappelle le système solaire, les électrons jouant le rôle des planètes et le noyau celui du Soleil.

Même si cette métaphore a fait long feu, on ne peut nier son importance historique. La force centrifuge s'oppose victorieusement à l'attraction électrique et réciproquement, cela pour chaque électron. Un merveilleux manège (équilibre dynamique) s'ensuit, qui serait éternel (dans cette vison idyllique des choses) si l'atome n'était soumis à des influences extérieures, des collisions avec d'autres atomes, des électrons, des photons.

Plus ou moins déformés selon la violence des chocs, les atomes tendent toujours à reprendre la forme la plus harmonieuse, en évacuant le surcroît d'énergie acquis dans la collision.

On dit qu'ils se *désexcitent*. Ce faisant, ils reprennent leur état antérieur, qui correspond à la situation la plus stable possible, celle vers laquelle tendent toutes les autres. Cet état *fondamental* se distingue car c'est l'état d'énergie minimum. Et comme c'est le plus bas en énergie, les plus élevés y tombent.

Cette désexcitation, ou retour à l'état fondamental, s'accompagne nécessairement de l'expulsion de l'énergie indésirable en tant que pho-

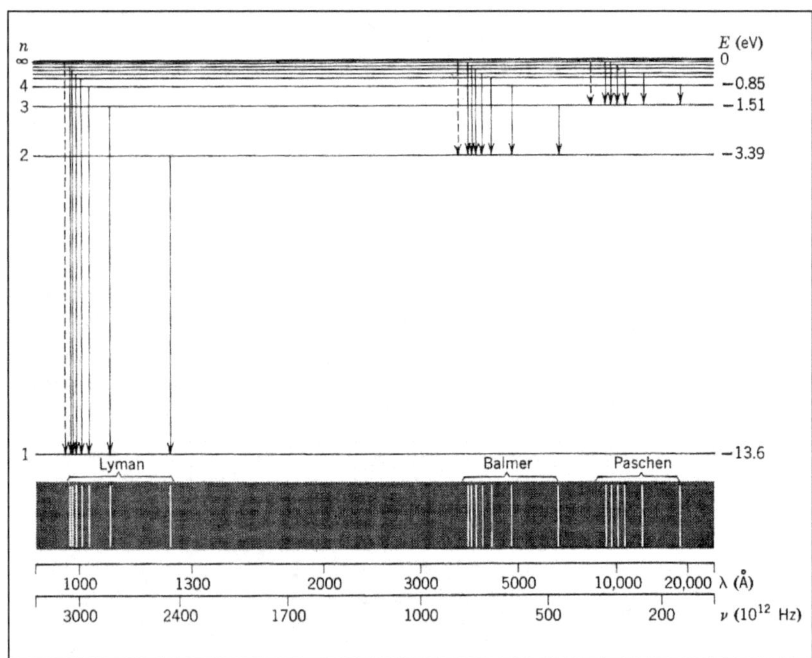

Figure 5 – Niveaux d'énergie de l'hydrogène,
transit entre ces niveaux et émission de raies spectrales.

tons. L'énergie d'excitation est donc restituée sous forme de rayonnement. On comprend bien, dès lors, que la chaleur s'enveloppe de lumière : la température est une mesure de l'agitation thermique, de la vitesse des atomes. Les collisions sont d'autant plus nombreuses et vives que la vitesse des particules (la température du gaz) augmente. Il s'ensuit que les atomes s'excitent et se désexcitent aussitôt en émettant de la lumière : les gaz chauds en viennent à briller. Chaleur rime avec lumière.

Ainsi, toute perturbation de l'équilibre parfait des atomes déclenche une réponse immédiate : un éclair de lumière.

Pour l'essentiel, la lumière infrarouge, visible, UV et X, est donc affaire d'électrons, seul le rayonnement gamma déroge à cette règle : il est lumière des noyaux.

Le nombre d'électrons satellites dicte les propriétés physiques et chimiques des atomes. Ils peuvent, en première approximation, être considérés comme répartis en groupes sur des orbites sensiblement rondes et concentriques, situées dans un même plan.

Une vison plus abstraite (géométrisée), plus « carrée » si j'ose dire, consiste à dessiner une ligne verticale graduée dont chaque marque désigne un état d'énergie possible de l'atome considéré (figure 5).

Le saut entre deux états décrit alors l'excitation accidentelle et la désexcitation qui s'ensuit immédiatement, avec absorption et émission d'un photon d'énergie égale à la différence d'énergie entre les deux états. Le zéro de l'échelle d'énergie est conventionnellement attribué à l'état fondamental (non perturbé). Tous les autres, d'énergie nécessairement supérieure, correspondent à des états perturbés (excités). Le premier état excité est le plus proche du fondamental (il en est pour ainsi dire la première harmonique). Les états sont distincts, et seul un certain nombre d'entre eux, bien répertoriés, sont accessibles au système. Leur énergie, cependant, n'est pas connue avec une précision parfaite car les trajectoires des électrons se recouvrent. Ils empruntent, en effet, des avenues relativement larges et non des pistes précisément tracées, car quantique (telle est leur vocation) est synonyme de fluctuant. Et ils titubent sur toute la largeur de la route...

Accélérateurs dans le ciel

Si « rouge » veut dire « froid », « infrarouge » veut dire « plus froid encore ». « Bleu » et « violet » signifient « chaud », « ultraviolet » et « X » « plus chaud encore ». Mais « gamma » veut dire « si haute énergie que la température est inconcevable ». On passe de la physique des objets à celle des faisceaux et donc de la physique thermique à la physique non thermique, celle-là même que l'on étudie au moyen des grands accélérateurs de particules, à Saclay, au CERN et ailleurs. La gamme de rayonnement engendrée, son spectre, est très différente de celle des objets qui brillent sous l'influence de la fièvre, comme le Soleil et les étoiles.

La capacité singulière de l'astronomie des hautes énergies, notamment celle de l'astronomie gamma, est de mettre en évidence les événements les plus énergétiques et donc les plus violents de l'univers. L'astronomie gamma nous ouvre aux processus de haute énergie étudiés sur Terre grâce aux accélérateurs de particules ainsi qu'à la radioactivité de l'espace.

Une exception cependant : un certain type de rayonnement radio (dit *synchrotron*, car découvert au voisinage de ces machines) porte témoignage de phénomènes spécialement violents. Il se manifeste dans les débris d'explosions stellaires, les vestiges de supernovae.

Nous avons des témoignages criants de l'action de processus non thermiques dans le ciel. Tout un bestiaire de violence se dessine dans l'espace sous l'œil inquisiteur des télescopes radio, X et gamma. Vestiges de supernova, pulsars, noyaux de galaxies, sursauts gamma, émettent des rayonnements qui n'ont de toute évidence rien à voir avec la chaleur car leur spectre ne ressemble en rien à celui des corps chauffés.

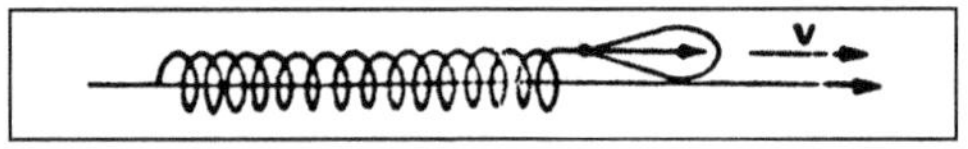

Figure 6 – Rayonnement synchrotron.
Un électron rapide est contraint de se mouvoir sur une orbite hélicoïdale qui s'enroule autour d'une ligne de force du champ magnétique et émet un rayonnement non thermique dans la direction du mouvement de la particule, lequel est confiné dans un cône étroit dont l'axe coïncide avec la direction du mouvement.

Ainsi en vient-on à conclure à l'existence d'accélérateurs de particules naturels dans le ciel (le plus souvent dissimulés). Mais l'accélérateur le plus fabuleux reste sans conteste le Big Bang !

Par le biais d'un phénomène de sélection, souvent brutal, certaines particules sont extraites de leur communauté où règne d'ordinaire une certaine démocratie énergétique. Dans la foule des particules, les collisions assurent un certain partage de l'énergie, qui sans être parfaitement équitable est relativement équilibré. Au sein des étoiles, par exemple, règne la démocratie de la chaleur. Certaines particules sont plus rapides que d'autres, mais elles sont rares.

Des phénomènes d'une exceptionnelle violence, cependant, viennent rompre ce bel ordonnancement. Certains d'entre eux mettent en jeu des vitesses considérables, de déplacement en masse et de rotation. On peut citer les éruptions solaires et stellaires, les explosions d'étoiles et la giration des pulsars (étoiles à neutrons). Qu'une partie de cette énergie ordonnée soit transmise à un noyau d'atome, le voici promu au titre de *rayon cosmique* et exclu aussitôt de la communauté, car celle-ci n'est plus capable de le retenir.

Il convient de faire la part entre les électrons et les noyaux d'atomes. Les premiers se laissent facilement subjuguer et emprisonner par les champs magnétiques galactiques, vu leur faible masse. Tourbillonnant dans les champs magnétiques, ils émettent un rayonnement caractéristique qui se manifeste dans la gamme des longueurs d'onde radio, le fameux rayonnement synchrotron. Deux processus, générateurs de rayons gamma entrent également en lice :

1. les électrons transfèrent de l'énergie aux photons qu'ils rencontrent et produisent des photons X et gamma (effet Compton inverse) ;

2. les électrons, frôlant les noyaux d'atomes, sont accélérés et toute charge accélérée génère des photons (rayonnement de freinage).

Les noyaux d'atomes, lancés comme des torpilles, atteignent de plein fouet d'autres noyaux d'atomes qu'ils fragmentent et se fragmentent. Dans les débris de ces micro-accidents, on retrouve intactes des espèces rares et précieuses, comme le lithium, le béryllium et le bore, dont c'est la seule source d'approvisionnement dans la nature.

À plus haute énergie encore, une énergie qui relève plus de la physique des particules que de la physique nucléaire, disons 100 MeV et au-delà, se manifestent des phénomènes de création de particules instables dont les produits de désintégration sont des rayons gamma. Lorsque deux protons de très haute énergie se télescopent, ils engendrent parfois des mésons pi zéro (neutres), lesquels se désintègrent en photons gamma.

Les rayons gamma de haute énergie dessinent un ciel inusité, où la galaxie est prééminente et les étoiles rares.

Éducation solaire de la rétine

Le visible ne procède jamais que de l'ajustement de notre œil au spectre solaire. Nous vivons près d'une étoile appelée « Soleil » et nous ne voyons, la nuit, que des étoiles comparables à l'astre du jour. Cela ne veut pas dire que le noir soit l'absence. Le glacé, le brûlant, le non thermique brillent dans l'invisible. L'œil est solaire, doublement : il est fait des mêmes atomes que ceux de notre étoile et c'est l'insistance de sa lumière qui a forgé notre vision. L'atmosphère est transparente au rayonnement solaire. Le maximum de sensibilité de notre détecteur personnel et individuel, la rétine, se situe dans ce que nous avons coutume d'appeler « le jaune », et jaune est la couleur du Soleil.

De surcroît, l'homme vit le jour et dort la nuit. La sensibilité de son œil est nécessairement différente de celle des oiseaux de nuit ou des papillons, lesquels voient le plus que violet, l'ultraviolet. Le maximum de sensibilité de la rétine coïncide avec celui du spectre solaire et ce n'est rien d'autre que le fruit d'une adaptation. La permanence et la stabilité de la lumière solaire en sont la cause, et celles-ci à leur tour demandent une explication. Quel est le secret de la longévité solaire ?

Comme nous le verrons en détail, les photons (grains de rayonnement) produits par les réactions nucléaires sont libérés au centre de l'astre solaire sous forme de rayons gamma, rayons mortels des bombes nucléaires. Par bonheur, au terme de plusieurs centaines de milliers d'années d'errance, adoucis par leur friction avec les électrons du milieu, ils émergent dans l'espace libre sous forme d'une lumière constante et caressante à l'œil.

Chaque fois qu'un proton se transforme en neutron au cœur du Soleil s'enfuit un neutrino. Volant à la vitesse de la lumière ou peu s'en faut, il traverse le grand corps du Soleil en deux secondes, et touche Terre huit minutes après.

Par contre, la lumière, d'une marche hasardeuse d'homme aviné, déambule très longtemps dans le Soleil avant d'émerger de la boule de lumière (photosphère) sous forme de photons caressants à l'œil. Au fil de ses pérégrinations solaires, le rayonnement engendré sous forme de photons gamma par les réactions nucléaires centrales communique une partie de son énergie aux électrons du milieu (le rayonnement électromagnétique a une affinité considérable pour les électrons comme le laisse supposer leur racine commune). Le milieu ainsi reste chaud, ce qui est heureux puisque la chaleur est vitale pour l'étoile. Supprimez la pression thermique et elle s'effondre !

Perdant progressivement de l'énergie, les photons changent de couleur. Et successivement, au fur et à mesure qu'ils se rapprochent de la surface, ils s'adoucissent. Les féroces rayons gamma laissent place aux rayons X, UV et finalement visibles, de plus en plus doux. Il a fallu au bas mot plusieurs milliers d'années aux photons pour accomplir le voyage à l'intérieur du Soleil, mais une fois libérés dans l'espace, les voici qui filent tout droit, à la vitesse indépassable de 300 000 km par seconde. Si le cœur du Soleil s'éteignait à cette seconde, nos descendants ne s'en apercevraient que dans des milliers d'années. C'est compter sans les neutrinos.

Les neutrinos nous informent instantanément sur l'état du cœur du Soleil. Cette sonde cardiaque, à vrai dire, n'a pas pour principal intérêt de nous alerter sur l'infarctus solaire. Capturer les neutrinos solaires pour prendre le Soleil en flagrant délit de transmutation nucléaire et mesurer le flux pour vérifier nos connaissances tant sur l'astre que sur la particule et les relations qu'elle entretient avec la matière normale : tel est le mot d'ordre de la physique contemporaine.

Elle a suscité l'un des programmes expérimentaux les plus ambitieux du siècle. L'œuvre a été accomplie, et pour une bonne part au CEA-

Saclay. L'indifférence du neutrino à l'égard de la matière normale (baryonique) peut paraître blessante. Mais il nous faut nous rendre à l'évidence, la matière familière, celle des étoiles, des galaxies et de nous-mêmes n'est pas la matière dominante à l'échelle universelle.

La peau lumineuse de l'astre du jour masque une véritable centrale nucléaire à confinement gravitationnel. Chaque point de son grand corps est en même temps attiré vers l'intérieur par la lourde masse qu'il a au-dessous de lui et repoussé vers l'extérieur par les différences de pression qu'engendre la chaleur. Sa souplesse de gaz permet des réajustements structurels non explosifs. De fait, sa température et sa luminosité sont stables depuis des milliards d'années, ce qui fait de lui une merveilleuse couveuse biologique et un luminaire d'une exceptionnelle constance.

Ainsi, l'accord exclusif de l'œil à l'astre du jour nous a rendus aveugles à presque tous les rayonnements, et notamment à ceux des milieux de température très différente, tel le rayonnement cosmologique fossile qui filtre du fond des temps, et à la majorité des émissions non thermiques comme celle des pulsars et des vestiges de supernovae.

L'œil est donc en grande partie aveugle au cosmos car l'éducation solaire de la rétine ne s'efface jamais. L'homme souffre ainsi d'une infirmité solaire. Mais l'astronome compense l'étroitesse de sa perception sensible par l'usage de prothèses électroniques, de rétines artificielles qu'il place au foyer des grands télescopes ou à bord des sondes spatiales. Les satellites sont maintenant pourvus d'instruments qui transcendent la vision humaine. Transgression majeure : nous voyons l'invisible ! L'œil que mère nature nous a donné pour voir, nous l'avons dépassé. Les télescopes modernes sont des yeux sensibles à tous les rayonnements. L'œil cosmique, le regard universel, ouvert à toutes les lumières, n'a d'humain que sa fabrication.

Et si notre détecteur naturel et individuel — la rétine — nous offre un ciel serein, à peine piqueté d'étoiles, et d'apparence immuable, *le ciel nouveau* révélé par les télescopes et satellites sensibles aux rayonnements invisibles est un ciel de tempête. Il nous dévoile l'accouchement des nuages, l'explosion créatrice des étoiles et le passage de l'univers de l'opacité à la transparence. Le regard s'étend donc dans des domaines interdits à la perception humaine.

Lumière et mouvement

L'étude spectrale du mouvement est devenue l'une des techniques clés de l'astronomie. Le principe en est simple : quand une source de lumière (ou plus généralement de rayonnement électromagnétique) se déplace par rapport à un observateur, la distance entre deux crêtes successives (ou longueur d'onde de la lumière) mesurée par celui-ci diffère de celle qu'il obtient lorsque la source est au repos. Pour une source qui s'approche, la longueur d'onde est réduite, pour une source qui s'éloigne elle est augmentée. On dit, dans le premier cas, que la lumière est *décalée* vers le bleu, et dans le second, vers le rouge, car la longueur d'onde associée au bleu est inférieure à celle du rouge.

De surcroît, les raies spectrales sont élargies par les mouvements aléatoires des atomes émetteurs ou absorbants. Ayant identifié le type de ces atomes, l'astronome lit maintenant la *vitesse* en se fondant sur des règles simples :

a) la largeur des raies donne une mesure des *vitesses turbulentes*, aléatoires, désordonnées, à l'intérieur du système étudié (étoiles, galaxies ou amas) ;

b) le décalage des raies spectrales mesure le *mouvement d'ensemble* (ordonné) du milieu incriminé.

J'admire que les raies spectrales qui révèlent la composition des étoiles trahissent aussi le mouvement de celles-ci et plus finement encore celui des atomes à leur surface.

S'agissant des galaxies, superpositions de milliards d'étoiles, leurs spectres arborent des raies distinctes qui émanent de ces multitudes de sources. Le mouvement de va et vient des étoiles en leur sein et le leur au sein des amas élargit les raies spectrales. De surcroît, le spectre entier est décalé vers le rouge ou le bleu selon que l'objet étudié s'éloigne ou se rapproche de nous. Le décalage systématique vers le rouge des raies spectrales des galaxies, qui saute aujourd'hui aux yeux de l'astronome le plus novice, permet, quant à lui, d'accéder à la vitesse de fuite des galaxies, isolées ou groupées, et accrédite la thèse d'un univers en expansion.

En cosmologie, on parle plus volontiers de décalage vers le rouge que de distance ou de temps. Le *décalage vers le rouge* — z ou *redshift* — a un avantage sur le temps — t — dans la mesure où c'est une quantité directement mesurable. La traduction de z en t, au demeurant, requiert l'usage d'un modèle cosmologique théorique.

Pour résumer, l'art majeur de la spectroscopie a permis aux hommes, d'une part, de comprendre que la matière des étoiles est composée des mêmes espèces atomiques que leur propre matière et, d'autre part, de déduire que l'univers est en expansion. Ce n'est pas le moindre acquis de l'astronomie.

Vision à trois dimensions

Sauver les apparences, restituer par le calcul la face du ciel, telle fut pendant des siècles la seule ambition de l'astronomie. Cette astronomie d'apparat, de façade, resta, par nature, superficiellement *géométrique* et *frontale*. La face de l'univers s'offrait à l'observation mais son corps (épaisseur) restait hors d'atteinte, faute de critères de distance. L'univers était une parure plaquée sur la sphère céleste. Une pure splendeur, mais ce n'était pas celle de la vérité de l'espace. Il lui manquait une dimension — la profondeur. L'accès aux arrière-plans de l'espace fut une longue aventure, qui n'aboutit que récemment.

L'éloignement des étoiles est aujourd'hui estimée à partir de la comparaison entre l'*apparence* et la *réalité* des objets du ciel.

Dans l'azur, un avion ne paraît pas plus grand qu'une hirondelle. On en déduit immédiatement qu'il est beaucoup plus éloigné qu'elle. C'est, toutes proportions gardées, cette méthode qui permet de déterminer la distance des étoiles trop lointaines pour qu'on puisse utiliser la méthode bien connue des parallaxes — dont a tiré parti à merveille le satellite *Hipparchos* — en comparant leur flux lumineux à celui que l'on obtiendrait en plaçant l'objet à la bonne distance. Connaissant la taille respective des objets célestes ou encore leur différence de brillance naturelle, on peut apprécier leur distance et cesser de confondre, par exemple, les étoiles brillantes et lointaines et les étoiles proches de faible luminosité. Ainsi, la connaissance des objets et le discernement nous permettent de les situer à leur juste distance.

Par ailleurs, certaines étoiles, appelées « céphéides », varient en brillance de manière organisée, les plus brillantes d'entre elles à la cadence la plus lente. La mesure du rythme de variation est une mesure de la luminosité intrinsèque de ces étoiles palpitantes. Le rapport de la luminosité apparente (mesurée) et de la luminosité intrinsèque est proportionnel au carré de la distance. On en tire une mesure de distance des galaxies (de grandes distances, car les céphéides sont fort lumineuses). L'une des missions du télescope spatial Hubble est la recherche et l'analyse de ce type d'étoiles dans les galaxies extérieures.

La distance des galaxies les plus lointaines, quant à elle, est obtenue en mesurant le décalage spectral de leur lumière. Plus la lumière est rougie et plus la distance est grande.

Identifiant les Céphéides dans les *amas globulaires* qui enserrent notre Galaxie, Harlow Shapley mesura leur distance et situa leur centre commun, qui s'avéra fort loin de nous. Il devint manifeste que les humains résident à proximité d'une étoile banale, très loin du centre de la Voie lactée. Nous ne sommes même pas au centre de notre propre république de soleils ! Une deuxième offense fut portée à la vanité humaine après l'éviction de la Terre du centre de l'univers.

Edwin Hubble mesura la distance de quelques céphéides dans la grande nébuleuse d'Andromède et estima qu'elle se situait bien au-delà des amas globulaires qui font cortège à la Voie lactée. Un vocable laiteux faisait son apparition en astronomie : « galaxie ». L'ère de l'astronomie *extragalactique* s'ouvrait et c'était comme une sortie de l'arche originaire. Hors de la brume de la Voie lactée, et dans toutes les directions, d'innombrables archipels d'étoiles se laissaient entrevoir...

Les distances réelles des autres îles d'univers aujourd'hui connues se mesurent en millions et milliards d'années-lumière. Et l'homme, posant le pied sur la Lune, n'a franchi qu'une seconde-lumière (300 000 km) ! Il fait un saut de puce et il croit voyager dans l'espace !

Et par-dessus le marché, l'univers visible tout entier, avec ses centaines de milliards de galaxies, est engagé dans une expansion uniforme. Il n'est pas statique. Les galaxies s'écartent les unes des autres, sauf lorsqu'elles sont attachées par le lien de la gravitation comme dans le groupe local ou les amas de galaxies.

La Voie lactée *semble* occuper le centre de l'univers. Tout autour d'elle, les galaxies paraissent s'éloigner à des vitesses proportionnelles à leur distance, comme si elle était au cœur de l'explosion initiale. Illusion ! Dans un univers en expansion uniforme, depuis n'importe quelle galaxie on pourrait voir les autres s'enfuir, et de surcroît avec une vitesse proportionnelle à la distance. Seule une expansion uniforme aboutit à une situation où le monde de l'homme n'est pas au centre de l'univers, car l'univers n'a pas de centre.

La Terre n'est pas au centre du système solaire, le Soleil n'est pas au centre de la galaxie, la galaxie n'est pas au centre de l'univers.

Au terme de cette nouvelle révolution de type copernicien, loin d'être épouvanté par l'éloignement des étoiles et par le mouvement de divergence qui écartèle l'univers entier, les astronomes se mirent à en lever le plan d'ensemble et en déterminer l'évolution structurelle et chimique

Histoire de la structuration

L'astronomie a cet insigne avantage sur toutes les autres disciplines physiques qu'elle donne à l'observateur une vision rétroactive, une *rétrovision*. Ainsi, la lumière qui nous parvient d'Andromède porte le témoignage de l'état de cette galaxie dans lequel elle se trouvait il y a deux millions d'années. Les énormes distances impliquées, ajoutées à la vitesse finie de la lumière, permettent l'étude de la composition et du comportement des objets célestes dans le passé lointain. S'agissant de l'astronomie extragalactique, cela permet l'observation directe de l'évolution des galaxies et fournit des données utiles dans l'investigation de l'évolution des populations stellaires, de l'histoire de la formation des étoiles, des conditions de la formation des galaxies et des grandes structures. Un champ de recherche relativement nouveau s'ouvre, lié à l'amélioration du pouvoir collecteur des télescopes. L'histoire se fait lisible.

L'astronomie extragalactique rencontre de nombreuses difficultés, dont la principale est que les grandes distances impliquent des tailles et des luminosités apparentes fort restreintes. De plus, de grandes distances signifient aussi des glissements spectraux de la région spectrale intéressante (le bleu) vers l'infrarouge proche, difficile à appréhender.

Pour la première fois sont apparus des indices observationnels nets de la formation des premiers systèmes d'étoiles. Des progrès considérables, sur le plans théorique et dans le domaine de la simulation numérique, ont été par ailleurs accomplis. De nouveaux instruments, au sol ou dans l'espace, fournissent des moissons d'observations sur des galaxies et des supernovae de plus en plus distantes. Nous sommes au temps critique de l'interaction entre observation et théorie ouvrant la compréhension de la structuration de l'univers à grande échelle.

Histoire de la chair du monde

Se donnant une vison tridimensionnelle du cosmos (un critère de distance), l'astronomie put explorer l'univers en profondeur et déterminer son architecture. Une fois décrite en trois dimensions, géométrisée en bloc, la matière livre sa géographie, ou plutôt sa cosmographie. Des structures se dessinent dans le ciel qui sont nos nouvelles constellations, mais celles-ci en trois dimensions : galaxies, amas de galaxies et chaînes d'amas.

Ce monde n'est pas immobile car pour ne pas s'effondrer, il est forcé de bouger. Les planètes tournent autour des étoiles, les étoiles autour du centre de la galaxie. Les galaxies font un essaim mouvant appelé « amas ». Les amas de galaxies s'écartent les uns des autres, emportés par l'expansion de l'univers, sinon ils se précipiteraient les uns sur les autres. L'univers est en expansion, ce qui le sauve de l'effondrement. Partout, et à toutes les échelles, le mouvement s'oppose à la chute, ostensiblement.

Mais ce monde de mécanicien, de *position* et *mouvement*, ne satisfait pas le *chimiste* qui s'enquiert aussitôt de sa *composition*. Pour parfaire le tableau du monde, il convient de lui donner une incarnation, une chair qui ne soit plus un éther, une substance aussi concrète que le pain ou la viande. Mais la chair n'est pas simple, elle est travaillée en l'occurrence par des générations et des générations d'étoiles, véritables usines de confection des noyaux d'atomes. Et sa composition varie de galaxie en galaxie, sous l'effet de la vigueur ou de la paresse stellaire de chacune. Une galaxie ayant transformé beaucoup de son gaz en étoiles sera plus riche en éléments lourds qu'une galaxie indolente. Seuls les éléments forgés dans le Big Bang, comme l'hydrogène et l'hélium, se répartissent uniformément dans tout le cosmos observable.

Ayant mesuré la composition du monde, il s'agit maintenant de retracer son évolution passée. Ici apparaît le paramètre *temps*. Les *particules*, par les *interactions* auxquelles elles souscrivent, elles-mêmes fonction de la conjoncture physique, sont les moteurs d'une *structuration évolutive* qui engage *le temps*.

Essayer de comprendre ce qui fait l'unité, le caractère organique, cohérent et physique de l'inventaire de toutes les lumières et matières visibles et invisibles, par nature chaotique et illimité, tel est le but de cette discipline de l'esprit qu'on appelle *l'astrophysique*.

Méthodologie

L'astronomie se subdivise à l'infini. Il en existe autant de formes que de couleurs du spectre visible et invisible, et plus encore si l'on ajoute l'étude des signaux non lumineux comme les neutrinos et les ondes gravitationnelles.

L'extraordinaire diversité de l'instrumentation astrophysique ne doit cependant pas masquer l'unicité de sa méthode. Le filtre complexe à travers lequel on regarde les objets du ciel nous délivre un message et un seul, un chiffre : *un taux de comptage*, un nombre de photons (grains de lumière) à un instant donné, et une direction et une énergie (longueur d'onde) données. Ayant fait varier systématiquement le moment de la prise, l'angle et l'énergie de la mesure, nous obtenons un tableau variable de faits que nous pouvons appeler *l'univers obser-vable*. Cet univers est un tableau de faits.

Les caractéristiques essentielles des objets célestes sont révélées par l'étude patiente des *images* et des *spectres* à travers une multitude d'instruments appropriés. Les informations recueillies concernent d'une part l'apparence externe des objets (contours et structure, vitesse) et d'autre part leurs caractéristiques intimes (température, composition chimique et mouvement interne). Restituée dans l'unité et la relative simplicité d'un modèle théorique, gravés à la fine pointe des équations, ces traits de caractère composent un portrait de l'univers ou de ses composantes qu'on espère fidèle.

Archivage cosmique

Les données astronomiques sont archivées et délivrées sous forme d'images (cartes, contours) et de spectres (répartition des photons en fonction de leur énergie). Images et spectres dûment répertoriés composent un gigantesque fichier. Il convient de donner un sens physique et astrophysique à ces archives cosmiques, une interprétation, dans le cadre de la théorie physique la plus pertinente.

La qualité et la pénétration de l'interprétation théorique (du modèle) doit être proportionnée à la précision des observations. Le secret de l'astrophysique réside en l'adéquation entre raffinement du modèle et degré de précision des observations. Trop fruste, le modèle est caricatural, trop sophistiqué, il en devient ridicule.

Les hommes et les femmes de science, mathématiciens et physiciens, se divisent en deux groupes, ceux qui aiment généraliser, construisant une immense pyramide de savoirs du haut de laquelle ils peuvent voir loin, et ceux qui préfèrent les détails et cherchent la perfection. Visionnaires et perfectionnistes, animés d'un amour sincère de la science, coexistent parfois au sein d'un même groupe de recherche.

En somme, l'astrophysicien, qu'il appartienne à une catégorie ou à une autre, a pour mission de constituer, d'ordonner et d'interpréter les archives cosmiques. Sa fonction est de donner un sens aux signes du ciel. Le relevé d'images et de spectres de toute une faune d'objets célestes (planètes, étoiles, nuages interstellaires, galaxies, fond du ciel) constitue la moisson cosmique dont il convient de faire du pain, du bon pain théorique.

Télescopes

Aiguillonnée par la technologie bondissante, la vénérable astronomie retrouve la fraîcheur de sa jeunesse. L'astronomie, aujourd'hui, est en révolution. Le rythme exponentiel de découvertes astronomiques dans les temps modernes est corrélé à celui de la mise à disposition par la physique de principes de détection et d'instruments nouveaux. La science du ciel se fait industrielle, et les grands astronomes royaux font figure de reliques dans le paysage envahi par l'électronique et l'informatique.

D'Hipparque à Tycho Brahé, soit pendant près de deux mille ans, les instruments d'observation — quadrant statique, triquetum et sphère armillaire — restèrent pratiquement les mêmes : ustensiles de bois, de la taille d'un homme, fixes comme des armoires. Le verre et le métal allaient révolutionner l'astronomie, puis la plaque photographique et l'électronique.

Aujourd'hui, l'astronomie, science méditative et de plein air, pure et idéale de vocation, fait montre, quant à la constitution de son arsenal, d'un pragmatisme confondant. Uranie, la vieille muse, fait flèche de tout bois. Elle bénéficie tout à la fois de l'avancement de la navigation (qui le lui doit bien, car longtemps l'homme s'est guidé sur les étoiles), des communications, du calcul numérique, de la détection, de la logistique, de l'électronique et de la balistique (fusées), bref de toutes les technologies contemporaines. Il en résulte que les découvertes d'envergure cosmique sont faites par des astronomes-ingénieurs, non seulement dans le domaine optique (que l'on songe au télescope spatial Hubble), mais dans celui des rayonnements imperceptibles à l'œil.

L'astronome l'œil rivé à l'oculaire de son télescope est une image du passé. Aujourd'hui, les instruments de la vision sont asservis par ordinateur et l'optique est dite *active* et *adaptative*.

L'astronomie s'est dotée d'antennes géantes, de télescopes spatiaux, sensibles au rayonnement infrarouge, visible, UV, X et gamma, qui sont dans l'espace des prolongements de notre propre corps, des prothèses sensorielles en quelque sorte. Les détecteurs satellisés, en veille permanente, sont des yeux qui font la ronde, ne se ferment jamais et voient dans l'invisible, des cerveaux qui accumulent les données, mais aussi des langues qui débitent des messages binaires et les transmettent au loin par télémétrie. Du sol ou depuis l'espace, les messages affluent sans discontinuer et les évidences s'inversent : le ciel reste allumé en permanence, il brille dans l'invisible, sans trêve ni repos. Le jour est sans aboutissement, « nocturne » n'est qu'un mot vague et poétique. Non, la nuit n'est pas noire, c'est notre œil qui est obscur. Le noir n'est pas l'absence, bien au contraire, pas plus que le soi-disant vide.

L'homme n'était en mesure d'admirer, depuis l'aube des temps, que des étoiles comparables au Soleil, ni beaucoup plus chaudes, ni beaucoup plus froides et surtout les phénomènes non thermiques, à base de particules rapides, échappaient totalement à son œil. L'essentiel des cieux lui demeurait caché. Mais l'œil solaire a cédé sa place au regard universel. Nous ne vivons plus en aveugles parmi les réalités sublimes du ciel.

Ainsi, l'une des grandes révolutions de ce siècle aura été sensitive : nous avons étendu la gamme de notre vision, nous avons transgressé un interdit morphologique, désormais nous voyons sans exclusive ! L'humanité s'est libérée de ses œillères solaires !

Et nous en venons à comprendre que certains actes du spectacle cosmique, et non des moindres, se déroulent dans l'invisible. Le plus émouvant peut-être est ce flux de photons glacés, vestiges du Big Bang, qui nous parvient, invisible et inoffensif depuis le fond des temps. Le rouge et, par-delà, l'infrarouge et le rayonnement millimétrique font fleurir des astronomies de l'invisible de froide tendance, tandis qu'à l'autre extrême, l'au-delà du violet nous ouvre aux chaleurs les plus fabuleuses, si tant est que passée une certaine limite la notion de température conserve encore un sens.

Télescopes en l'air, au sol et dans le sous-sol

Comme une crème protectrice, l'air nous insensibilise aux rayonnements de l'espace, dont certains sont mortels, mais fait aussi fonction de censeur vis-à-vis de l'information astronomique qu'ils véhiculent. Il convient donc de se soustraire à l'atmosphère, de s'évader du cocon de l'air, ce qui se fait au moyen de ballons stratosphériques, de fusées et de satellites. Avec ses télescopes en ciel c'est toute la planète Terre qui se tourne vers l'univers, et dont l'œil émerge de l'air comme une baigneuse de la mer. Mais le ciel n'est pas le seul lieu de l'astronomie, les télescopes poussent en sous-sol et continuent à prospérer sur les hautes montagnes.

Parallèlement à la spectaculaire astronomie spatiale, les télescopes optiques et les radiotélescopes connaissent un développement vertigineux grâce aux techniques d'interférométrie et à l'optique active et adaptative. Les télescopes juchés sur les montagnes (CFHT et Keck sur le Mauna Kea, VLT sur le mont Paranal), les radiotélescopes ancrés dans les plaines (Porto-Rico, Sologne, Alpes, Pays-Bas, Espagne) comme des moulins à vent, collectent les photons qui traversent sans altération majeure les couches atmosphériques pendant que les spectrographes opèrent la dissection du rayonnement avec le scalpel le plus fin.

Les neutrinos eux-mêmes ont suscité une astronomie de style très particulier, certes, puisqu'elle est souterraine. Les astronomes troglodytes attendent dans les mines d'or ou sous les tunnels qu'une poignée d'entre eux tombe dans les pièges fabuleux qu'ils ont tendus. Dans leurs filets de chlore, de gallium ou d'eau se prend parfois un neutrino parmi les milliards qui passent, indifférents, comme nous traversons l'air.

Ces mêmes astronomes-physiciens, appartenant à la mouvance de ce qu'il est convenu d'appeler aujourd'hui la physique des *astroparticules* préparent et perfectionnent activement des pièges à *neutralinos*, particules de matière noire, encore hypothétiques, tout aussi subtiles que les neutrinos, mais plus rares et beaucoup plus massives. Pour l'instant, leur quête est infructueuse, mais dans la traque de l'invisible, la patience est avantageuse.

Des astronomes d'un style nouveau, intéressés cette fois par la gravitation dans ce qu'elle a de plus fondamental, construisent à grands soins de gigantesques interféromètres pour capturer les ondes gravitationnelles plus immatérielles encore que les neutrinos et les neutralinos, puisqu'elles sont induites par des distorsions, des déformations du tissu élastique de l'espace-temps lui-même. D'autres encore mettent la main à des satellites de précision pour mesurer les plus fins effets prédits par la relativité générale, avec l'aide du Centre National d'Études Spatiales.

Astronomie des sensations
(*L'image et le spectre*)

Selon le type de détecteur pointé vers le ciel et le domaine de longueur d'onde auquel il est sensible, apparaissent des objets ou des phénomènes plus ou moins énergétiques et violents.

Froid et doux (*radio, micro-onde, infrarouge*)

Les télescopes sensibles à l'infrarouge, rayonnement de la douceur, lèvent le voile sur des spectacles attendrissants : accouchements de nuages et naissances d'étoiles. Ils nous révèlent également le vieux

rayonnement froid de l'univers qui, venu du fond des temps, porte en fili-
grane la trace de toutes les galaxies à venir, encore à l'état de larves, les
nuages pailletés entre les étoiles où se concocte dans l'ombre toute une
chimie, et les étoiles naines ou avortées qui brillent froidement.

Tempéré et calme

Les étoiles visibles sont, pour la plupart, dans la phase de maturité
sereine. La majorité d'entre elles se situe, comme le Soleil, sur la séquence
principale du diagramme HR, brûlant lentement l'hydrogène. Les étoiles
en bonne santé ont une vie équilibrée, marquée par un rayonnement
stable, durable et visible, à l'instar de Phébus. Le ciel optique est celui de
la stabilité. Ainsi suscite-t-il une impression de paix. Il arrive parfois
qu'une « nouvelle » étoile le trouble momentanément. Mais c'est parfois
une étoile à défalquer du lot, car elle s'est désagrégée. Les explosions
d'étoiles se laissent apercevoir par l'intense lumière qu'elles délivrent dans
le registre visible.

Brûlant et violent (UV, X)

L'UV est le domaine idéal pour révéler les objets astronomiques
chauffés à plusieurs dizaines de milliers de degrés. Curieusement, les
sources ultraviolettes intenses incluent tout à la fois les étoiles les plus
chaudes et les plus froides. L'émission vive des étoiles chaudes est des
plus naturelle, puisque les objets chauds rayonnent à courte longueur
d'onde. Nous voyons aussi bien des étoiles massives et chaudes que des
naines blanches, mortes blanches et belles, vestiges lustraux de soleils
passés, et aussi bien des étoiles froides disposant de chromosphères et
de couronnes dont la température est suffisante pour qu'elles se manifestent par une émission UV, à l'instar de notre bon Soleil.

Certains éléments, parmi les plus communs, comme le carbone et
l'oxygène, rayonnent volontiers dans ce registre. La Voie lactée révèle
ainsi la teneur de ses étoiles et de son gaz.

Les longueurs d'onde encore plus courtes provenant de milieux
encore plus chauds sont plus pénétrantes, si bien que les astronomes X
peuvent se targuer d'accéder à la galaxie dans son ensemble. La galaxie
X n'est pas comparable à la galaxie visible. Les sources principales sont
des couples passablement monstrueux d'étoiles. Une étoile normale
(séquence principale ou géante rouge) est déchirée par une étoile à neutrons (véritable cadavre stellaire) qui avale sa substance, non sans l'avoir
au préalable échauffée au point qu'elle émette des rayons X. Certains
systèmes binaires contenant une naine blanche émettent également
dans ce registre de longueur d'onde, mais beaucoup plus faiblement.

Entre les sources brillantes se laisse apercevoir une émission X
diffuse. La plus grande partie en provient de régions lointaines, extérieures à la galaxie, probablement de quasars et autres galaxies actives.

Mais à cette émission lointaine se mêle celle d'une composante galactique émise par le gaz interstellaire le plus chaud, et notamment celui de la superbulle locale, enclave chaude dans laquelle se situe le Soleil et ses planètes.

Les nébuleuses X les plus brillantes sont les vestiges des explosions de supernovae. Les égueulements y sont projetés si vigoureusement que la collision avec le gaz interstellaire voisin produit des températures de plusieurs millions de degrés, propices à l'émission de photons de plusieurs keV. Rien d'étonnant à ce que le disque galactique soit le site de résidence de la plupart des binaires- X et des vestiges de supernovae.

Les yeux de l'astronomie portent désormais des noms de code : HST, XMM, GRO... signifiant *Hubble Space Telescope*, *X-ray multi Miror* et *Gamma Ray Observatory*. Chaque domaine de longueur d'onde dispose de son escadre, prolongée par les vaisseaux du futur qui nous amènent toujours plus loin dans la sensibilité et la finesse d'analyse des images et des spectres.

À tout seigneur tout honneur, commençons par *l'astronomie optique* : sa vocation est-elle au sol ou dans l'espace ? Telle est la question majeure de notre temps. Ou bien faut-il concevoir des politiques complémentaires ? Pour effacer l'atmosphère perturbatrice, les astronomes se répartissent en deux camps. L'armée de terre fait valoir ses atouts : l'interférométrie et l'optique adaptative. L'armée de l'air, en liaison avec les agences spatiales, plus radicale, pousse l'audace à proposer de satelliser les télescopes les mieux ancrés au sol, jusqu'aux radiotélescopes eux-mêmes, et envisage de développer une véritable interférométrie spatiale. La discussion tourne alors autour de l'indice qualité-prix. Des rudiments d'astronomie observationnelle sont nécessaires à la compréhension du débat.

Le maître mot de l'astronomie est aujourd'hui *spectro-imagerie*. La combinaison du spectre et de l'image permet aux astronomes de déduire des informations précieuses sur les objets étudiés comme la composition chimique, la température, la constitution interne et le mouvement, ou encore la distance des objets en question.

« Imager » une source, c'est discerner les structures spatiales fines ou les détails de faible intensité indétectables sans le secours de télescopes de haute résolution spatiale. Elle consiste, par exemple, à séparer les étoiles d'une galaxie afin de les étudier isolément.

En faire le spectre, c'est détacher autant de raies d'émission et d'absorption que possible dans la lumière dispersée afin d'en tirer, notamment, la composition chimique de l'objet émetteur.

Le but étant défini, tournons-nous maintenant vers l'instrumentation. La fonction d'un télescope astronomique est de *collecter* la lumière des objets célestes et de la *focaliser*. Celle-ci est ensuite *disséquée* au moyen d'un instrument dispersif (prisme ou réseau de diffraction) disposé au foyer du télescope. Le signal est *enregistré* par des détecteurs électroniques très sensibles, à savoir des CCD (*Charge Coupled Devices*).

La qualité d'un télescope se mesure à l'aune de trois critères : sa *sensibilité* (capacité de voir les objets les plus faiblement lumineux), sa *résolution spatiale* (ou pouvoir séparateur) et sa *résolution spectrale* (qui caractérise la finesse de dissection de la lumière).

La sensibilité est directement liée au pouvoir collecteur des grands entonnoirs que sont les télescopes, et donc à la surface des miroirs qui focalisent la lumière.

Le pouvoir séparateur théorique d'un télescope, en l'absence d'atmosphère, est inversement proportionnel à son *diamètre* et proportionnel à la *longueur d'onde* du rayonnement.

Un télescope de 8 m de diamètre, tel l'un des quatre du VLT, a un pouvoir séparateur de 0.014 seconde d'arc pour la lumière jaune, mais il serait seulement de 1.3 minute d'arc à 3 mm de longueur d'onde ! C'est pour cette raison que la radioastronomie demande des surfaces collectrices énormes.

Les déviations de la surface collectrice par rapport à une parabole idéale ne doivent pas dépasser une toute petite fraction de la longueur d'onde la plus courte que l'on désire analyser. Surfaçage et polissage sont les deux mamelles de l'astronomie.

En mode interconnecté ou interférométrique, la résolution d'un système de télescopes est donnée par la *longueur d'onde* d'observation divisée par *la base* (distance maximale qui sépare deux collecteurs). En couplant habilement les différentes unités collectrices, on simule un instrument géant dont le diamètre serait égal à l'écartement maximal entre deux éléments, mais dont la sensibilité reste toutefois inférieure à celle du télescope géant simulé.

Les développements ont été tels dans la seule branche de l'astronomie au sol qu'elle a induit à elle seule une véritable mutation tant dans les techniques que dans les mentalités.

L'ESO (*European Southern Observatory*) a été le moteur d'un développement de nouvelles technologies d'optique *active* et *adaptative* qui a remis en lice les télescopes au sol vis-à-vis des instruments spatialisés.

L'optique active implique l'ajustement des miroirs en temps réel de sorte qu'ils maintiennent leur forme et position optimale à tout instant, indépendamment de la direction où pointe le télescope. À la moindre détérioration de l'image, des signaux correctifs sont envoyés au miroir asservi par ordinateur qui ajuste aussitôt, par l'intermédiaire de vérins, les éléments optiques en conséquence.

L'optique adaptative sert à corriger la distorsion qui se produit lorsque la lumière d'un objet céleste traverse l'atmosphère turbulente de la Terre. Un miroir correcteur placé sur le trajet lumineux change continuellement de forme, en conséquence de quoi les perturbations atmosphériques sont effacées et la qualité de l'image devient presque aussi bonne que si le télescope était dans l'espace. Parallèlement au développement des télescopes, l'instrumentation de détection a fait de grands progrès, à tel point qu'aujourd'hui les meilleurs détecteurs ont une efficacité de transformation de lumière en signaux électriques proches de 100 %.

Les projets majeurs impliquent, vu leur complexité et leur coût, des équipes fort nombreuses, ce qui marque un changement sociologique important. De ce point de vue, l'astronomie se rapproche de la physique des particules qui mobilise des armées de chercheurs et techniciens sur quelques projets titanesques. Jusque dans un passé récent, l'effort technique portait massivement sur la construction ; désormais, l'accent est mis également sur les modes d'opération et la gestion scientifique et technique des très grands télescopes.

Nous sommes maintenant en mesure de brosser brièvement l'histoire récente de l'astronomie en faisant valoir des préoccupations essentiellement spectroscopiques et en mettant en lumière une véritable dialectique du sol et de l'espace, de l'Europe et du reste du monde.

Les grands miroirs monolithiques continuent à focaliser l'intérêt. En même temps, d'autres solutions sont envisagées. Réservée jusqu'ici à des ondes plus longues, l'interférométrie est appliquée à la lumière visible. Des systèmes optiques actifs (correctifs) et même adaptatifs sont montés sur tous les télescopes existants. Très souvent, ces installations bénéficient des améliorations de la qualité d'image et du système de contrôle. De nouvelles approches des télescopes de dimensions extrêmes prennent forme. Les avancées sont impressionnantes et les images obtenues suscitent l'émerveillement[1].

Les télescopes optiques de 4 m avaient fleuri un peu partout dans les déserts de la planète, les voici supplantés par le télescope spatial et les télescopes de 8 et 10 m plantés en terre. Ces géants à l'œil perçant mais au champ d'observation minuscule sont consacrés principalement à la spectroscopie.

Le VLT (*Very Large Telescope*), joyau de l'ESO, offre la promesse d'une moisson exceptionnelle d'informations astronomiques. L'étude cohérente de l'évolution chimique de l'univers passe par la spectroscopie des objets les plus éloignés dans le passé, étoiles antiques du halo galactique et nuages absorbants sur la ligne de visée des quasars. À cette fin, le spectrographe de haute résolution (*Ultra Violet Echelle Spectrograph*) a été placé à l'un des foyers de Kueyen (l'un des quatre télescopes du VLT) juchés sur le mont Paranal au Chili. Kueyen-UVES

---

1. Cf. la splendide collection d'images de galaxies et nébuleuses recueillies par le télescope spatial et le VLT (eso.org).

représente la meilleure combinaison télescope-spectrographe de sa génération. Il sera consacré, pour une large part, à la détermination de l'abondance d'une variété d'éléments critiques dans l'atmosphère des étoiles de la galaxie et des galaxies proches. Il permettra aussi d'opérer une minitomographie des milieux interstellaires et intergalactiques absorbants jusqu'à un décalage vers le rouge de $z = 2{,}1$[1].

L'astronomie américaine dispose de son côté de cartes maîtresses avec ses télescopes optiques de grande envergure. Jusqu'à très récemment, grâce au *Hubble Space Telescope* et aux télescopes jumeaux Keck I et II installés sur le Mauna Kéa à Hawaï, elle régnait impérialement sur le ciel visible et UV proche. La mise en fonction du VLT européen est venue contrebalancer cette puissance. Mais déjà l'Amérique contre-attaque.

L'atout majeur des USA pour l'avenir, outre les télescopes Gemini (dernier cri de la technique astronomique au sol), c'est le redoutable projet NGST (*New Generation Space Telescope* de 6 à 9 m satellisé) qui allie toutes les vertus puisqu'il efface l'atmosphère et possède un miroir de taille considérable. Ce sera un excellent instrument d'observation de l'infrarouge proche car l'optique et l'instrumentation seront refroidies. Le maintien à basse température de certaines parties de l'appareil, en retour, exigera une orbite particulièrement élevée, ce qui exclut toute réparation en vol, à la différence du HST qui doit une grande partie de son acuité à la réparation et à la maintenance en vol par des astronautes venus le rejoindre au moyen de la navette spatiale. Mais ce glissement en longueur d'onde mérite le risque car il devrait permettre de sonder l'univers plus profondément que son prédécesseur en étudiant avec précision la lumière rougie des objets extragalactiques lointains.

Comme son nom l'indique, le NGST est conçu pour être le successeur du télescope spatial Hubble. Le nouveau télescope spatial entrera en service en 2003. L'agence spatiale américaine en poursuit la définition et les études de faisabilité depuis 1996 et ce projet constitue un élément clé d'un cycle ambitieux à long terme appelé *Origine* qui fait pendant aux programmes *Horizon 2000* et *Horizon 2000 plus* de l'ESA.

Optimisé pour la gamme 1 à 5 microns de longueur d'onde avec des extensions dans le visible (0,5 mm) et dans l'infrarouge (30 mm), ce géant aux grandes ailes devrait redonner la suprématie à l'astronomie du nouveau continent. Autant l'admettre et souscrire à une collaboration transatlantique.

La NASA a formellement invité sa contrepartie européenne à œuvrer au prolongement du HST. L'ESA a répondu positivement, sans compromettre pour autant son projet cryostatique FIRST (*Far Infrared Space Telescope*). Successeur d'ISO (*Infrared Space Observatory*), cet observatoire spatial est dévolu au sondage profond de l'univers en ondes infrarouges lointaines et submillimétriques. Il est à

---

1. Pour plus d'informations, consulter http://www.eso.nce/ut2sv.

noter que l'ESA avait contribué au HST pour une part de l'ordre de 15 %, ce qu'on a tendance à oublier. De son côté, la NASA ne sera pas absente de FIRST. Ainsi se nouent les liens d'une astronomie intercontinentale.

La gamme de l'infrarouge lointain et du rayonnement submillimétrique recouvre les raies d'émission du milieu interstellaire les plus brillantes, ce qui devrait permettre d'étudier sa composition détaillée aussi bien dans la Voie lactée que dans les galaxies extérieures.

L'astrochimie observationnelle (du gaz et de la poussière) deviendra un outil majeur de compréhension de l'environnement *froid* et à travers lui du cycle stellaire/interstellaire, et d'investigation du processus de formation et de maturation des étoiles. Virtuellement toutes les étapes du cycle de transformation du gaz en étoiles pourront être analysées par FIRST : matérialisation de globules denses dans les nuages interstellaires, refroidissement et gel, formation de disques autour des protoétoiles, coagulation de poussières et formation de planétisimaux[1].

À plus long terme, ALMA (*Atacama Large Millimetre Array*) prendra le relais de FIRST. Gigantesque réseau de 96 antennes couvrant une surface de 10 000 m^2, ses récepteurs exploreront la bande de fréquence de 70 à 950 giga Hertz. Sous l'égide de l'Europe, des États-Unis et du Japon, ALMA sera construit à 5000 m d'altitude sur le plateau de l'Atacama, au Chili.

Au-delà du violet, l'astrophysique nationale investit toutes les gammes spectrales, UV, X et gamma. Pour ne citer que les pièces majeures consacrées à la spectroscopie, la main française est constituée des satellites FUSE, XMM et INTEGRAL.

FUSE (*Far UV Space Exporer*) passe le ciel au peigne fin pour en extraire des spectres d'astres chauds et brillants comme des phares (quasars et étoiles), modifiés par les raies d'absorption de nuages interposés (cosmologiques et interstellaires). Le deutérium, de grande importance cosmologique, est sa proie désignée. Il déterminera également la composition détaillée du gaz interstellaire. FUSE est un projet de la NASA avec participation française[2].

Newton-XMM est un télescope X muni de nombreux miroirs encastrés (*X-ray Multi Miror*) focalisant les rayons X en incidence rasante. Lancé par Ariane 5, il ouvre la perspective sur l'univers ultrachaud émaillé d'explosions et de déchirures d'étoiles par les trous noirs. Sa mission spectroscopique est centrée sur les vestiges de supernovae et le gaz qui baigne les amas de galaxies. XMM est un projet de l'Agence spatiale européenne.

---

1. Laurent Vigroux, chef du Service d'Astrophysique du CEA, est l'un des artisans les plus actifs du projet FIRST.

2. Alfred Vidal Madjar, de l'Institut de l'astrophysique de Paris en est, en France, le principal instigateur.

Dans le domaine chaud des rayons X, l'observatoire américain Chandra-AXAF rivalise avec XMM, sa résolution spatiale est meilleure en raison du caractère exceptionnellement lisse des miroirs, mais sa sensibilité moindre, en raison de la plus faible surface de ceux-ci[1].

L'astronomie japonaise n'est pas en reste dans ces domaines de longueur d'onde.

Curie-INTEGRAL lèvera le voile sur l'univers nucléaire et radioactif en prenant la succession du valeureux Compton-GRO (*Gamma Ray Observatory*) américain. Cet observatoire de neuf mètres de long, muni d'une image et d'un spectromètre gamma sera mis en orbite en 2002 au moyen d'une fusée russe (Proton). Il scrutera le ciel à la recherche de raies gamma nucléaires, indices de radioactivité et donc de nucléo-synthèse récente, et établira la carte des gisements radioactifs de la galaxie. Et si l'occasion se présente, il analysera l'émission gamma des supernovae et des novae.

Les rayons gamma ignorant lentilles et miroirs, INTEGRAL est un télescope particulier qui relève plus du montage de physique nucléaire que de l'astronomie. De ce fait, son pouvoir séparateur sera bien infé-rieur à celui des télescopes optiques, UV et X. L'identification des sources gamma demandera, en conséquence, le soutien des astrono-mies plus conventionnelles. INTEGRAL est un projet de l'Agence spatiale européenne.

Une ère européenne s'ouvre pour l'astronomie gamma nucléaire car aucun projet d'envergure ne vient prendre la suite de GRO et rivaliser avec INTEGRAL. Nous saurons, je l'espère, profiter de l'aubaine[2].

Les observatoires UV, X et gamma sont satellisés car l'atmosphère les occulte. Quoi de plus naturel, d'ailleurs, pour des yeux que d'être en orbite ! Mais qui les a lancés si haut, et pourquoi ? La naïveté n'est plus de mise dans les cénacles astrophysiques. La relation entre les instruments de surveillance et d'espionnage et l'astronomie n'est pas nouvelle. Galilée, pour attirer l'attention du sénat vénitien sur l'intérêt militaire de sa lunette d'approche, l'offrit aux dignitaires ravis qui doublèrent illico son salaire et le nommèrent professeur à l'université de Padoue. Guerre et ciel !

L'avancée technologique et scientifique, et singulièrement celle de l'astronomie spatiale, a métamorphosé les sciences du ciel. Hypertrophie

---

1. Monique Arnaud, du CEA, est la cheville ouvrière de XMM en France.

2. Les fiches techniques du VLT, de FUSE, du NGST et de ALMA peuvent être consultées sur Internet aux adresses suivantes, http://eso.org (VLT), http://fuse.pha.jhu.edu/(FUSE), http://ecf.hq.eso.org/ngst/ngst.html, http :/www.eso.org/projects/alma. Les notices de XMM et INTEGRAL peuvent être demandées à la division des relations publiques de l'Agence spatiale euro-péenne (ESA), 8-10, rue Mario-Nikis, 75938 Paris Cedex 15.

de la vision : de toutes ses prothèses électroniques, l'astronome fouille le ciel profond et vrai.

L'œil solaire cède sa place au regard universel. L'art n'est plus dans une couleur mais dans la combinaison de toutes, visibles (rouge, jaune, vert, bleu, violet) ou invisibles (radio, micro-onde, infrarouge, UV, X et gamma). Entre radio et gamma, toute une faune lumineuse porte témoignage de rapports plus ou moins tendres entre atomes et atomes, çà et là, de place en place, à différentes époques, dans l'univers. Et les nouveaux astronomes tendent un miroir où se reflète toute la douceur ou la violence du monde.

Le choix des couleurs visibles et invisibles (c'est-à-dire du registre de longueurs d'onde dans lequel sera observé l'objet ou la classe d'objets étudiés) est intentionnel. Braquant sur les nuages interstellaires un télescope infrarouge, rayonnement de la douceur, si rouge qu'on ne le voit pas, l'astronome se rend sensible aux scènes de naissances stellaires ou au rayonnement d'étoiles nouveau-nées qui poussent leur premier cri de lumière dans leur placenta nuageux et poussiéreux.

La lumière tamisée par la poussière prend une teinte infrarouge. Le vieux rayonnement glacé de l'univers, les nuages pailletés qui flottent entre les étoiles où s'ourdit dans l'ombre une chimie complexe, les étoiles froides, naines ou avortons qui brillent froidement, se laissent observer dans l'infrarouge ou le rayonnement millimétrique.

Pour chaque étoile qui brille, il y a un certain nombre d'étoiles cachées, masquées derrière un voile de poussière. L'observation de l'univers dans les ondes submillimétriques, où la poussière réchauffée est la plus brillante, a pu mettre en évidence que dans l'univers jeune, les étoiles naissaient à un rythme cinq fois supérieur environ à celui qu'indiquait la lumière visible.

Le rayonnement millimétrique (micro-onde) du ciel, encore appelé « rayonnement cosmologique fossile », admirablement étudié par le satellite COBE, porte témoignage sur l'état de la matière environ 300 000 ans après le Big Bang. Sa température caractéristique est de 2,735 degrés absolus. Ce rayonnement thermique parfait émane de l'instant où l'univers cesse d'être opaque à sa propre lumière, où la lumière vient juste de se séparer de la matière, la laissant libre de se structurer et où se décide l'architecture future du cosmos. Les plis de la draperie cosmique posée sur le Big Bang laissent supposer que la forme des galaxies va s'extraire d'un amalgame de matière et de lumière indifférencié. La compréhension de la formation et de l'évolution des galaxies a motivé des générations d'astronomes. Nous sommes à l'époque où cette quête est en passe d'être exaucée.

Armé d'un télescope gamma, rayonnement de la violence, l'astronome fait apparaître les explosions régénératrices qui secouent le cosmos. À chaque objet son œil, à chaque œil son objet, la lunette à la lune, le télescope gamma aux explosions d'étoiles.

Un flot continu de données tombent du ciel comme d'une fontaine. Ses bouches sont les satellites FUSE, Chandra, XMM. Le portrait énigmatique de la violence cosmique est en train de se peindre lui-même : supernovae, étoiles à neutrons, trous noirs et cadavres d'étoiles chantent la mort et même l'après-mort. Pour l'astronome de l'invisible, au regard panchromatique, le ciel explose à la connaissance.

Matière du ciel
sources et fontaines d'atomes

> « Rien n'existe sinon l'atome et l'espace vide, tout
> le reste est commentaire. »
>
> DÉMOCRITE

Lexique

ABONDANCE : quantité d'un élément donné rapportée à celle de l'hydrogène.

ASTRATION : formation d'étoile (d'astres).

BARYON : particule lourde, du genre proton ou neutron.

BRANCHE ASYMPTOTIQUE DES GÉANTES : position sur le diagramme HR des géantes rouges en fin d'évolution.

CHONDRE : inclusion météoritique.

ÉLECTRON : particule légère de charge négative faisant cortège autour des noyaux d'atomes.

ÉTOILE À NEUTRONS : astre compact constitué de neutrons.

FUSION DE L'HYDROGÈNE : conversion nucléaire de l'hydrogène en hélium.

FUSION DE L'HÉLIUM : conversion de l'hélium en carbone, oxygène, etc.

FUSION DU CARBONE : production de néon, magnésium et aluminium.

FUSION DE L'OXYGÈNE : production des noyaux entre oxygène et silicium.

FUSION DU SILICIUM : production des noyaux entre le silicium et le zinc.

ISOTOPE : noyau d'atome particulier défini par son nombre de neutrons N.

MÉTALLICITÉ : quantité d'éléments supérieurs à l'hélium dans un gramme de matière de l'échantillon considéré.

NEUTRON : particule constitutive du noyau atomique de charge électrique nulle.

NUAGE PROTOSOLAIRE : nuage interstellaire dont va naître le Soleil.

PROCESSUS « P » : production d'espèces rares riches en protons.

PROCESSUS « R » (COMME RAPIDE) : production des noyaux au-dessus du fer impliquant la capture rapide de neutrons.

PROCESSUS « S » (COMME SLOW = LENT) : synthèse noyaux au-dessus du fer, impliquant la capture lente de neutrons.

PROTON : particule constitutive du noyau atomique chargé d'électricité positive.

PHOTON : particule de rayonnement.

PHOTOSPHÈRE : sphère de laquelle se détache la lumière des étoiles.

$M_\odot$: masse solaire.

NEUTRINO : particule extrêmement légère, insensible à l'interaction forte.

SPALLATION : brisure de noyaux sous l'effet de collisions violentes.

Aux XVIIIe et XIXe siècles, les chimistes isolèrent si bien les éléments que John Dalton put articuler une véritable théorie atomique. Dimitri Mendeleïev les organisa dans sa table périodique, sommet d'élégance conceptuelle.

Confirmant l'idée de structure atomique, J. J. Thompson déduisit l'électron et Ernest Rutherford le noyau de l'atome. Le physicien anglais, lorsque le noyau fut brisé, fut capable de distinguer le *proton* et Chadwick le *neutron*. Thompson le père (J.J.) et Thomson le fils (G.P.) obtinrent chacun le prix Nobel, le premier pour avoir montré que l'électron est une particule, le second pour avoir mis en évidence que c'est, sous certains aspects, une onde. La découverte en France de la radioactivité naturelle, ouvrant la perspective de la transmutation spontanée, avait au préalable démontré que les éléments de la table périodique ne sont pas immuables. Pauli fit l'hypothèse du *neutrino* qui fut découvert vingt ans après. Entre-temps, la physique quantique avait fait main-basse sur l'atome et son noyau pour en faire son jouet et rien de ce qui touche au microcosme ne refusa de se prêter au calcul et ne demeura sans explication.

Aujourd'hui, la chimie physique a accompli son œuvre profonde d'élucidation du microcosme. L'existence, les propriétés et les règles de combinaison des atomes sont fermement établies. Il convient désormais de déterminer leurs sources. Et ces sources sont extérieures à la Terre, car sur notre planète les fusions spontanées (froides) sont inexistantes, alors que les transmutations radioactives (brisures ou désintégrations), par exemple d'uranium en plomb, sont manifestes pour le géologue nucléaire.

La raison d'être de *l'astrophysique nucléaire* est de déterminer les sites et modes de production extraterrestres de chaque espèce de noyau d'atome ou *isotope*.

Cela soulève cette question brûlante : partant de la substance *simple* (pour ne pas dire « élémentaire »), composée de *photons, électrons, neutrinos, neutrons et protons*, quels sont les mécanismes et les sites de synthèse et de fabrication des noyaux variés qui composent la nature, et comment s'enchaînent-ils dans l'histoire de l'univers ?

En jouant de ce quintet de particules (symboliquement notées γ, e, ν, n, p), la nature construit tous les éléments de la table périodique et leur confère des propriétés chimiques distinctives, à partir desquelles elle forme les molécules simples comme l'eau (H_2O), le monoxyde de carbone (CO) et les molécules plus complexes à base de carbone nécessaires à la vie sur Terre. L'ADN n'est, à tout prendre, qu'un arrangement particulièrement heureux d'électrons, de protons et de neutrons.

L'analyse spectrale démontre à l'évidence que les différents types d'atomes sont exactement les mêmes sur Terre comme au ciel, dans ma main et dans Orion. Les étoiles sont matérielles (au sens *baryonique* du terme). Tous les objets astrophysiques, hormis une fraction notoire des halos de matière sombre, toutes les étoiles et les nuages gazeux sont d'évidence composés d'atomes. Mais leurs proportions varient de place en place. Traditionnellement, on appelle *abondance* d'un élément particulier sa quantité rapportée à celle de l'hydrogène. Outre cette définition purement astronomique, un critère global de composition, la *métallicité*, a été défini pour différencier chimiquement les différents milieux. Les astronomes appellent abusivement « métaux » tous les éléments plus lourds que l'hélium. Ils réservent la lettre Z à la fraction de métallicité dans la masse, c'est-à-dire au pourcentage de métaux que recèle 1 g de la matière étudiée[1].

Pour déterminer les grandes chaînes de fabrication des atomes, il a fallu d'abord établir la composition chimique globale de notre astre de référence, le Soleil, ensuite celle de diverses étoiles, afin de les classer dans la hiérarchie stellaire des masses et des âges. Il est, en effet, fort édifiant de mettre en regard la composition de différentes catégories d'étoiles, plus ou moins avancées en âge, car chacune, sur sa peau lumineuse, garde gravée sa composition de naissance qui n'est rien d'autre que celle du milieu interstellaire dont elle est issue. Alors se détachent des groupes, des populations, des sociétés d'étoiles. Ainsi peut-on établir des comparaisons fructueuses entre objets astronomiques de même nature (en l'occurrence les étoiles) mais de différentes générations, ce qui nous permet d'envisager une évolution d'envergure véritablement galactique et même cosmique.

Galaxie

L'évolution chimique du cosmos est un fait indéniable, que démontre clairement, à une échelle plus modeste, l'étude soigneuse de

---

1. Pour la distinguer du nombre atomique, nous écrirons la métallicité en italique.

notre propre galaxie. En effet, si l'on s'en tient à la Voie lactée et à son cortège proche, on peut voir émerger différentes populations stellaires, que l'on peut classer en riches en métaux, pauvres ou de classe moyenne. Et après avoir calculé l'âge de chaque groupe d'étoiles, on peut lire les indices de l'évolution chimique du gaz galactique dans son ensemble[1].

Les étoiles pauvres sont pour une part blotties dans les *amas globulaires*, sortes d'asiles de vieillesse stellaire. Formés au tout début de l'histoire de la galaxie, ces concentrations denses d'étoiles font la ronde autour du disque brillant de notre galaxie. L'âge des étoiles dans les amas globulaires peut être déterminé à partir de leur position sur le diagramme température-luminosité (Hertzprung-Russel). On constate que les plus anciennes sont âgées au bas mot de 12 à 14 milliards d'années. Elles n'ont jamais quitté le lieu de leur naissance, attachées qu'elles sont les unes aux autres par le lien de la gravitation. Ces vieilles demoiselles brillent encore d'un certain éclat. L'analyse de leur lumière indique qu'elles sont non seulement vieilles, mais également désargentées. Elles montrent, en effet, une carence considérable en métaux. Les plus pauvres d'entre les pauvres ne disposent pas de plus du dix millième de la fortune métallique du Soleil.

Elles portent encore le tatouage du Big Bang, d'où leur grand intérêt cosmologique. Leur teneur en lithium, en particulier, est un indice précieux pour déterminer la densité nucléonique de l'univers, conjointement au deutérium et à l'hélium mesurés dans des milieux très pauvres en métaux (dossier 1).

Ainsi, le premier fait d'envergure, c'est que le Soleil est une étoile riche comparée aux étoiles antiques du halo galactique qui font comme une couronne autour de la Voie lactée, mais sa composition est proche de celle des étoiles du disque où il réside. L'astre du jour appartient donc à la société du disque. Le halo est (presque) dépourvu de gaz, le disque en est rempli.

La déficience métallique des plus vieilles étoiles indique, à l'évidence, que de génération en génération d'étoiles, la galaxie n'a cessé de s'enrichir en éléments lourds, propices à la vie. Ainsi l'accumulation des métaux dans la galaxie, de même que dans toutes les galaxies, est un phénomène progressif. Les ouvrières de l'enrichissement galactique ne sont autres que les étoiles, c'est en substance la thèse que nous allons tenter d'étayer tout au long de cet ouvrage.

---

1. Les astronomes français, et parmi eux, au tout premier plan, Roger Cayrel, François et Monique Spite de l'Observatoire de Paris-Meudon, sont passé maîtres dans la détermination de la composition des étoiles antiques du halo.

Soleil

Pour revenir à notre bon Soleil, les proportions relatives des divers éléments chimiques dans son atmosphère sont déterminées par l'analyse du spectre de la *photosphère* (sphère apparente d'où se détache la lumière visible). Mais la composition des parties les plus internes, et notamment du cœur, bouleversée par les processus de transmutation nucléaire, est inaccessible à la mesure directe, on n'y accède que par le calcul.

Nous pouvons considérer, d'après les modèles de structure interne du Soleil dont il sera question plus loin, que les couches observables ne sont en aucune manière contaminées par les réactions nucléaires, circonscrites à la région centrale. Tout au plus le *lithium*, d'une fragilité maladive, y est-il altéré car le bouillonnement de la matière en surface ou convection l'amène, semble-t-il, à des profondeurs où la température est suffisante pour le dégrader notablement. En excluant ce cas particulier, nous pouvons considérer la composition de la peau lumineuse du Soleil comme identique à celle du nuage à partir duquel il s'est formé il y a quatre milliards six cents millions d'années. La composition de la surface comme des météorites est donc celle du nuage protosolaire qui a enfanté le Soleil, la Terre et les planètes.

Le Soleil constitue, par sa masse, la plus grande partie du système solaire, en tant que tel il est plus représentatif que les planètes qui ont été le siège de fractionnements chimiques intensifs. La composition de la *photosphère* solaire peut donc être comparée à celle des *météorites*, pierres qui tombent du ciel, seconde source d'information sur la composition du nuage *protosolaire*, à condition d'exclure les éléments volatils, hydrogène, hélium, carbone, azote, oxygène et néon, qui se sont en partie échappés des météorites depuis leur formation.

Les *chondrites carbonées*, qui représentent une fraction infime de la matière du système solaire, préservent cependant en leur sein sa composition originelle, car, si l'on exclut les éléments volatils, elles n'ont été que très peu affectées par le métamorphisme.

L'accord entre les deux sources de données est excellent et de plus l'analyse des météorites au laboratoire permet de déterminer la composition *isotopique* de la matière constitutive du système solaire, donnée inestimable pour celui qui veut comprendre l'origine et l'évolution des noyaux d'atomes.

Le bilan de la composition du nuage ancestral duquel s'est extrait le système solaire s'établit ainsi : dans un gramme de matière, on compte 0,72 g d'hydrogène, 0,26 g d'hélium, 0,02 g d'éléments lourds. En dépit de sa superbe, le Soleil comme son nuage père est singulièrement pauvre en métaux, puisque ceux-ci ne constituent que 2 % de sa matière, mais c'est une fortune comparé aux étoiles antiques du halo galactique que l'on pourrait en l'occurrence taxer de déminéralisation.

Le Soleil ne contient pas plus de 2 % d'éléments lourds (en masse). Ce maigre pourcentage a pourtant suffi à l'émergence et à la perpétuation de la vie et de la conscience, nous pouvons le déduire de notre propre existence et de la composition de notre étoile. Mais depuis la naissance du Soleil, il y a 4,6 milliards d'années, les étoiles ont continué à œuvrer. Que seront la vie et la conscience à 3 %, à 10 % ?

À vrai dire, la question ne se pose pas. Il semble, en effet, que la teneur en métaux plafonne, si l'on se réfère au contenu en fer des étoiles d'âges variés du disque galactique. On ne peut donc s'attendre à une forte hausse des métaux et minéraux dans le milieu interstellaire futur, et cela pour cette raison bien simple : le gaz à partir duquel se forment les étoiles s'épuise (dossier 5). Dans notre voisinage galactique, il ne constitue plus que 10 % environ de la masse du disque, tout le reste est dans les étoiles. La galaxie semble à bout de souffle.

Ainsi, l'évolution chimique touche à sa fin, même si par-ci, par-là on assiste à de splendides retours de flamme. Des indices de nucléosynthèse récente sont apportés par l'observation de la *radioactivité* du disque de notre galaxie. La détection de la raie gamma (de 1 809 keV d'énergie) émise lors de la désintégration de l'aluminium-26 dans différentes directions a permis de tracer une carte de la galaxie. Il s'agit d'un noyau radioactif de 1 million d'années de durée de vie, un clin d'œil comparé à l'âge du disque galactique (10 milliards d'années environ). Ainsi a-t-on pu prendre, pour ainsi dire, la nucléosynthèse en flagrant délit et étudier avec précision les mécanismes qui aboutissent à la formation de l'aluminium-26. La gageure était de comprendre comment cet isotope peut être produit par les étoiles et éjecté dans le milieu interstellaire avant qu'il ne se désintègre, c'est-à-dire en moins d'un million d'années. Il apparaît que ses sources essentielles sont les étoiles massives *Wolf-Rayet* d'où souffle un vent de grande force, et les supernovae qui marquent l'apothéose de la condition stellaire. Partout la prolifération des mêmes motifs : étoiles et atomes et atomes dans les étoiles.

Nuages cosmologiques

Les étoiles ne sont pas les seules sources d'information sur la complexification chimique de la matière au fil des âges. Les *nuages* qui flottent entre les étoiles (interstellaires) ou entre les galaxies (intergalactiques) absorbent sélectivement certaines notes de lumière, et de ce fait se prêtent à l'analyse spectroscopique. La variation de la composition des nuages cosmiques en fonction du décalage vers le rouge de la lumière (qui est une mesure d'éloignement dans l'espace et dans le temps) constitue une information de premier ordre sur l'évolution chimique du cosmos.

Le recensement des métaux à différentes époques de l'évolution cosmique, partout dans l'univers, dans les galaxies lointaines et les grands nuages absorbants sur les lignes de visée des quasars, véritables phares cosmiques, est à l'ordre du jour. La détermination du rythme de croissance de Z en fonction du temps est un aspect de l'effort actuel pour retracer l'histoire globale de l'univers, ou plus exactement de son *rythme d'astration* (de formation d'étoiles), et ses variations au fil du temps, car les étoiles, ce n'est pas un secret, sont mères des métaux.

La motivation est la même que celle qui a donné des ailes à la spectroscopie au cours des trente dernières années : mettre à l'épreuve la théorie de la nucléosynthèse et de l'évolution chimique des galaxies. Les cosmologistes se félicitent à l'idée que l'on puisse aborder par l'observation pure la question des abondances chimique de l'univers distant, alors qu'il y a à peine dix ans, c'était hors d'atteinte.

La moisson d'observations actuelles, nous la devons à la mise en batterie de toute une nouvelle génération d'instruments astronomiques déployée autour de la Terre (*Hubble Space Telescope*) ou sur son sol.

Des géants munis de miroirs de 8 à 10 mètres (Keck, *Very Large Telescope*) remplacent progressivement les télescopes de 4 mètres comme l'excellent CFHT (Canada-France-Hawaï). Le futur ne se montrera pas moins brillant (Gemini, *New Generation Space Telescope*).

Le VLT ouvre pour sa part la fenêtre de l'Europe sur l'univers, comme dit la brochure de l'ESO. Les données sur les galaxies extérieures et les nuages extragalactiques tombent comme s'il en pleuvait. On ordonne en toute hâte les archives cosmiques. Et les astronomes qui pendant de nombreuses années se sont accoutumés à mesurer les abondances dans les étoiles et les galaxies proches avec grande précision, sont déconcertés par la dispersion des résultats et le caractère parfois inattendu des mesures. Mais nous ne sommes qu'au commencement de l'inventaire chimique de l'univers, patience et longueur de temps...

Les mesures d'abondance des éléments à grand *redshift* (décalage vers le rouge) viennent compléter les études de composition des étoiles de notre galaxie. Ces mesures sont comme des prises d'échantillon à différentes époques cosmiques. Elles montrent, comme on pouvait s'y attendre, une tendance globale à l'enrichissement progressif en métaux, mais les données restent fragmentaires et dispersées (chapitre VIII).

Exégèse de la table d'abondance

Mais revenons à de plus modestes proportions. Retournons au bercail, dans l'arche originaire Soleil, ou plus intimement encore, précipitons-nous dans les bras du nuage protosolaire, notre nuage père.

Nous disposons aujourd'hui d'une *table d'abondance des éléments et isotopes* caractérisant notre environnement galactique local, le système solaire. Ce document sert de pierre de Rosette à l'astrophysique nucléaire. Nous pouvons en tirer de nombreux enseignements car la connaissance des ingrédients de base de l'univers sert de test et de contrainte à l'une des théories les plus fondamentales de l'astrophysique : la *nucléosynthèse des éléments* par les étoiles, les supernovae, le Big Bang et le rayonnement cosmique galactique.

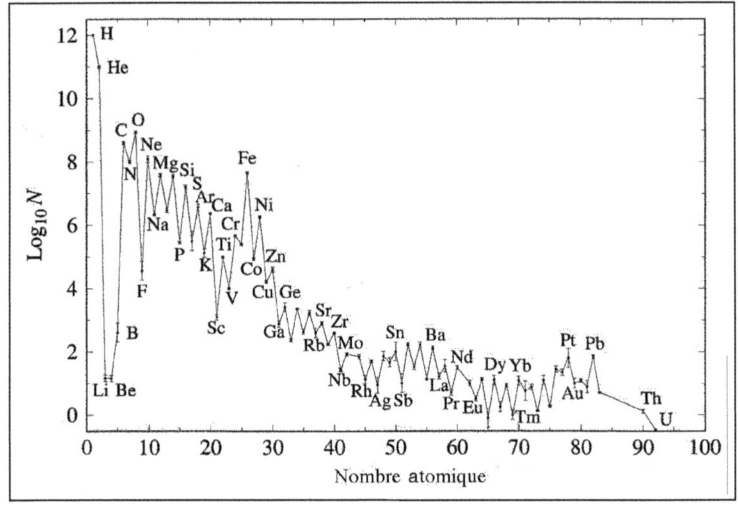

Figure 1 – *Table d'abondance des éléments dans le système solaire.*
Parmi les traits saillants de la distribution des abondances, notons 1. la cime de l'hydrogène (Z = 1) et le sommet de l'hélium (2) ; 2. la gorge profonde qui sépare l'hélium et le carbone (6) ; 3. la décroissance continue depuis la région du carbone – oxygène (6-8) jusqu'au calcium (20) ; 4. la vallée du scandium (21) suivie du pic du fer (26) ; 5. le paysage en dent de scie qui descend en pente douce vers les petites collines du platine (78) et du plomb (82) ; 6. le plat pays du thorium (90) et de l'uranium (92).

Point de vue économique et biologique

Avant de donner un sens astrophysique général à ces colonnes numériques, de lire les signes cosmiques qu'ellen recèlent et de nous livrer à une exégèse de ce diagramme original, nous allons l'aborder d'un point de vue humain, plus qu'humain, métallurgique en quelque sorte.

Le bijoutier, au premier examen, comprend pourquoi l'or, de nombre atomique 79, est si onéreux : il est cher parce qu'il est rare. De fait, l'univers semble avoir beaucoup peiné pour le produire : on apprend qu'il n'est en vérité synthétisé que dans les couches les plus internes des supernovae par transmutation du fer sous l'effet d'un flux extrêmement intense de neutrons.

La ferraille fait une pointe sur le diagramme des abondances. Cela ne peut relever du hasard : le fer se singularise par la plus forte énergie de liaison de tous les noyaux de la création, cela tous les physiciens nucléaires vous le diront. L'aristocratie nucléaire, le haut du pavé, est tenu par ce métal d'apparence modeste et ses proches, noyaux cuirassés, aptes à résister aux plus fortes chaleurs. Le roi de la création nucléaire est le fer, et les étoiles sont censées préparer son règne. Faut-il le crier dans les rues ?

Ces noyaux privilégiés, les étoiles les fabriquent en effet en leurs tréfonds brûlants, mais ne les tiennent-elles pas en otage pour finalement les détruire ? Le roi est-il prisonnier ? Le temps a-t-il manqué pour que s'accomplisse la perfection nucléaire ? À ces questions nous sommes sommés de répondre.

Notre environnement chimique impose des contraintes qui peuvent être résumées par trois règles, établies par Fred Hoyle.

1. Tout matériau dont use l'espèce humaine en grande quantité doit être fait d'éléments de grande abondance cosmique.

2. Les éléments présents en moindre abondance peuvent être importants économiquement, pourvu que leur usage soit réservé à la haute technologie, où les petites quantités de matière de propriétés très spéciales jouent le tout premier rôle.

3. Les éléments présents en faible abondance peuvent être aussi importants économiquement s'ils sont sources d'énergie nucléaire, car les processus nucléaires sont un million de fois plus énergétiques que les processus chimiques.

Du point de vue du biologiste, les atomes de la vie — carbone, azote et oxygène — se caractérisent par une forte représentation, et comme nous le disions, tel est le cas pour toute la matière galactique. Les ingrédients de la vie sont la chose du monde (de l'univers) la mieux partagée.

Une question nous brûle la langue : ce que la nature a fait ici-bas, ne l'a-t-elle pas fait pour d'autres et ailleurs dans la galaxie ? Car les atomes de la vie ne sont pas réservés au système solaire. Les mêmes atomes pavent l'entièreté du disque. Qui plus est, comme nous l'avons dit, les étoiles du disque ont pour la plupart une composition semblable au Soleil. Les mêmes teneurs en carbone, azote, oxygène, phosphore, fer, etc. prévalent partout dans le plan galactique — en fait, il semble même que la métallicité globale s'accroisse au fur et à mesure que l'on progresse vers le centre. La question est posée, mais nous laissons la réponse à d'autres[1].

Point de vue cosmique et mathématique

D'un point de vue plus détaché des contingences terrestres et anthropologiques, il saute aux yeux, à l'examen du diagramme qui présente la proportion relative des divers éléments en fonction du nombre atomique, que l'hydrogène (1) et l'hélium (2) sont de loin les éléments les plus nombreux, suivis de l'oxygène (8), du carbone (6) et de l'azote (7). Pour 1 000 atomes d'hydrogène, il y a 100 atomes d'hélium et environ 1 atome d'oxygène. L'hydrogène vient du Big Bang, l'oxygène des étoiles, l'hélium est de source mixte, avec une forte composante originelle.

Les maîtres astrophysiciens Fred Hoyle et William Fowler ont consacré leur vie à résoudre la double énigme de l'origine des éléments et de la nature des étoiles et des supernovae qui procèdent à l'assemblage des noyaux d'atomes. Fowler était passionné par le très petit, la physique nucléaire, source d'explication de la production d'énergie et d'isotopes nouveaux dans les étoiles. Hoyle éprouvait un vif intérêt pour cet aspect du problème, mais son but était d'inscrire l'astrophysique nucléaire dans le schéma plus large de la cosmologie. Au milieu des années 1950, une collaboration fructueuse s'engagea entre eux, consacrant l'idée que l'univers est véritablement *nucléarisé*, idée qui allait culminer dans la publication de ce qu'on appelle dans le métier le B^2FH, c'est-à-dire l'article fondateur de l'astrophysique nucléaire signé des quatre noms de Margaret Burbidge, Geoffrey Burbidge, William Fowler et Fred Hoyle. Cet article marque un changement d'époque. Les

---

1. Jean Schneider et ses collaborateurs sont à mon sens, ceux qui ont abordé le plus sérieusement le problème, du moins dans notre pays.

vagues spéculations ont laissé place à de véritables lignes de raisonnement impliquant des étoiles connues et observées dans le ciel.

Frères stellaires

Je demandais un jour de l'année 1978 à « Willy » qu'elle était sa part et celle de Fred Hoyle dans la théorie éblouissante de la nucléosynthèse stellaire qui avait orienté la vie scientifique de trois générations. Troublé, il ne me répondit pas immédiatement mais prit soin, plusieurs années après, de porter à ma connaissance la chronologie scrupuleuse des faits que je reproduis ici.

La question était grave, en effet, et elle allait se poser avec acuité en 1983 au jury Nobel, qui trancha radicalement. Les « sages » séparèrent les frères stellaires sous des prétextes de bienséance scientifique. Fred, professant des idées parfois considérées comme « hérétiques » au sujet du Big Bang et de l'origine de la vie fut privé de la récompense suprême, mais il fut par la suite honoré par le prix Crafoord, qu'il partagea avec Salpeter.

J'exhibe ici une pièce généalogique. C'est à cette lignée que Jean Audouze, Élisabeth Vangioni-Flam et moi-même appartenons. Hubert Reeves est le trait d'union entre les pionniers et la génération actuelle qui forge déjà ses successeurs[1].

Lettre de William Fowler à M. Cassé.

Cher Michel

C'est avec plaisir que j'ai eu de vos nouvelles par votre lettre du 13 Mai 1989 et je m'excuse de lui donner une réponse aussi tardive.

En ce qui concerne l'origine de B^2FH je vous suggère avant tout de lire les articles de Fred Hoyle et Margaret Geoff Burbidge dans *Essays in Nuclear Astrophysics*, dont les éditeurs sont Barnes, Clayton, et Schramm, Cambridge University Press. Vous pouvez également trouver des références brèves sur le sujet dans mon mémoire biographique des Prix Nobel (1983) pages 85 et 86 avec un peu plus de détails dans le texte principal page 95 et 95. Je joins une copie.

Laissez-moi résumer la séquence d'événement conduisant à B^2HF :
1946-49 : Fred établit le grand scénario de la synthèse des éléments jusqu'au fer dans les étoiles. D'autres avaient suggéré l'idée générale d'un manière quelque peu nébuleuse, mais l'idée de Gamow de la nucéosynthèse complète dans le big-bang était généralement acceptée.

---

1. Jean Audouze et moi-même partageons le double privilège d'avoir eu pour directeur de thèse Hubert Reeves et d'avoir effectué notre stage post-doctoral sous la direction de W. Fowler au California Institute of Technology.

1949 : Les travaux effectués au laboratoire Kellog confirment l'existence d'un manque à la masse A = 8. Auparavant, dans le même laboratoire en 1939, avait été confirmée l'absence de noyau stable de masse A = 5. Gamow était persuadé que toutes les recherches afférentes à la masse 5 étaient fautives.

1951 : Pendant un séjour à Kellog, Ed Salpeter suggéra comment les passes A = 5 et 8 pouvaient être franchies dans les géantes rouges via $2\alpha \Leftrightarrow {}^8Be(\alpha,\gamma){}^{12}C$.

1953 : Sur la base de l'étude du diagramme HR en collaboration avec Martin Schwarzchild, Hoyle prédit l'existence d'un état excité du 12C qui sert de résonnance pour la réaction $2\alpha \Leftrightarrow {}^8Be(\alpha,\gamma){}^{12}C*(\gamma){}^{12}C$. Whaling et ses collègues de Kellog découvrent cet état tout près de l'énergie prédite par Hoyle. Je commence à croire aux idées de Hoyle concernant la nucléosynthèse stellaire.

1954-55 : Je pris une année sabbatique à Cambridge, Angleterre, pour travailler avec Fred (financé par des bourses Fulbright et Gouggenheim). Je rencontrais les Burbidge et avec eux j'écrivis deux papiers impliquant ce qui sera appelé plus tard dans le B^2HF, le processus-s. Fred était occupé à d'autres problèmes. À la fin de l'été 1955, les Burbidge retournèrent à Pasadena avec moi et Fred nous y rejoint au début de 1956.

1956 : en Avril, les résultats sur la radioactivité trouvée dans les débris de la première bombe atomique (Eniwetok, Novembre 1952) furent finalement déclassifiés. Seaborg et ses collaborateurs trouvèrent des isotopes du californium (Z = 98) dans les débris et ceci montra que la capture rapide de neutrons étaient capable de construire des éléments lourds en dépit de leur rapide décroissance α et β. Nous réalisâmes que le processus-r pouvait se développer à partir de noyaux du pic du fer et franchir le plomb (Z = 82) et le bismuth (Z = 83), alors que le processus-s butait sur ces noyaux, pour aboutir au thorium (Z = 90) et à l'uranium (Z = 92) et à leur géniteurs de vie courte. Suess et Urey publièrent leur nouvelle détermination d'abondance des éléménts et isotopes dans le système solaire montrant des évidences indubitables (double pics) de l'opération des deux processus-s et r. HFB^2, dans lequel les deux processus de capture de neutrons furent suggérés, est publié dans le numéro du 5 Octobre de SCIENCE. Peu de gens y prêtèrent attention.

1957 : B^2HF, élaboration extensive de HFB^2, est publié dans la livraison d'Octobre de Reviews of Modern Physics. Al Cameron avait déjà publié son article dans le numéro de Juin de Publication of the Astronomical Society of the Pacific mais nous n'étions pas au courant de son travail lorsque nous avons soumis notre manuscrit a RMP environ à cette date. Il est à noter qu'il fait référence à HFB[2] mais cependant il constitue un exploit remarquable car une personne arrive aux mêmes conclusions que trois, lesquels ont travaillé très dur et de concert. B[2]FH a attiré beaucoup l'attention et convaincu les gens que la nucléosynthèse dans les étoiles était quantitativement comprise.

Sincèrement

William Fowler
Professeur Emérite à L'Institut de Physique

Le changement suivant devra attendre l'apparition de la supernova de 1987 et son observation détaillée dans tous les registres de longueur d'onde pour que la nucléosynthèse devienne une science observationnelle de plein droit.

Il faut voir, dans la répartition des éléments et isotopes dans la substance du système solaire, l'héritage essentiel des étoiles car elles jouent dans l'économie générale de l'univers le rôle d'artisans consciencieux. Prises d'un simple point de vue productiviste, ce sont les usines de confection des éléments lourds. Les supernovae, à cet égard, sont exemplaires.

Les astrophysiciens ont construit, charpenté des modèles avec des équations comme des oiseaux leurs nids avec des brindilles. Il en est jailli des soleils et des supernovae. Patience et longueur de temps...

Pour modéliser une explosion d'étoile, il faut des années. Et en fin de compte, on lit sur une feuille comptable le bilan achevé de l'œuvre des étoiles, de chaque étoile en fonction de sa masse et de sa métallicité native. On peut admirer la générosité et la diversité de la production stellaire. Une étoile massive typique, en explosant, délivre 0.1 masse solaire de fer et 2 d'oxygène, environ (dossier 4).

Les nombres sont des oiseaux, l'algèbre est dans les arbres, dit Prévert. Nous dirons pour notre part que les étoiles pratiquent l'arithmétique. L'étoile est par excellence le haut fourneau de l'alchimie nucléaire. Elle est le lieu où le simple se transforme en complexe par addition de nucléons sous l'effet de la chaleur. L'hélium est le résultat de l'union quadruple de l'hydrogène. Le carbone est le fruit de l'union triple de l'hélium. Le magnésium est le résultat de l'union double du carbone. Le père du fer (nickel-56) est le résultat de l'union multiple de l'hélium. Les étoiles, en additionnant les nucléons, multiplient les structures nucléaires :

$$4 \text{ hydrogène} = 1 \text{ hélium } (4 \times 1 = 4)$$
$$3 \text{ hélium} = 1 \text{ carbone } (3 \times 4 = 12)$$
$$2 \text{ carbone} = 1 \text{ magnésium } (2 \times 12 = 24)$$
$$14 \text{ hélium} = 1 \text{ nickel-56 } (14 \times 4 = 56).$$

Ainsi la genèse est-elle résolument *arithmétique*.

Analyse raisonnée
de la table d'abondance

Après ces mouvements de spontanéité pure, nous allons pratiquer une analyse plus froide du document. Les abondances du système solaire montrent des tendances qui reflètent directement, non pas les propriétés chimiques (atomiques) des éléments, mais celles des noyaux qui les composent. La clé de la compréhension de la table d'abondance est donc *nucléaire*.[1]

Alchimie nucléaire

Nous avons soudain le sentiment que notre cavale nous entraîne trop loin ou trop vite. Revenons, pour un instant, nous réchauffer à la lumière de l'été antique. Et sous les oliviers, des étoiles, parlons à voix basse.

Démocrite pensait qu'il existe une matière éternelle composée d'atomes indestructibles de types très variés. Mais l'idée que les éléments puissent être composés, Aristote la trouva absurde, il lui préféra celle-ci : il n'existe que quatre éléments — le feu, l'eau, la terre et l'air — régis par quatre états. Aristote prêchait que le sec et le froid se combinent pour former la terre, le froid et l'humide pour former l'eau, l'humide et le chaud pour former l'air et le chaud et le sec pour former le feu. Cette théorie rendait possible le passage d'un élément à l'autre par le biais des propriétés qu'ils possèdent en partage. Le monde matériel d'Aristote permet la mutation et même la permutation des éléments. À l'aide de cette théorie erronée, les alchimistes formèrent leur propre compréhension de la nature et de l'existence de la matière. Ils introduisirent l'agent transmutant, ou pierre philosophale qui, si on la trouvait, pouvait transmuter les vils métaux en or et guérir toutes les maladies (*elixir vitae*).

Suivant l'enseignement du philosophe, les alchimistes sublimèrent et distillèrent, brassèrent et broyèrent. Malaxant et calcinant, ils espé-

---

1. voir par exemple l'article de R. Lehoucq et M. Cassé dans *Pour la Science*, Août 2000.

raient obtenir de l'or à partir de l'un des quatre éléments. Mais l'or ne vint jamais poudrer le seuil de leur laboratoire.

Ce programme de recherche prête aujourd'hui à sourire mais son principe fondamental — toutes les sortes de matière ont une origine commune et se transmutent d'une forme dans l'autre — est consonant avec le principe contemporain de *l'unité de la matière*. La science est redevable à l'alchimie qui, dans sa quête éperdue de l'or, examina et soumit à l'épreuve du feu et de l'acide (eau régale) toute substance connue, pavant la route de la chimie.

Le secret de la transmutation, toutefois, n'était pas dans la chimie et les électrons périphériques qui en sont la clé, mais dans le noyau de l'atome et les interactions nucléaires fortes et faibles qui l'organisent et le structurent.

Les propriétés physiques et chimiques des atomes sont déterminées par le nombre et l'arrangement des électrons du cortège électronique. Ils sont disposés en couches dans un ordre défini. Certains atomes ont plus de couches que d'autres, ou bien encore des couches plus complètes et mieux organisées. Les propriétés chimiques et la formation de molécules sont déterminées par la dernière couche, car seuls les électrons périphériques jouent le rôle de monnaie d'échange ou d'entremetteurs. Les atomes de la première colonne du tableau de Mendeleïev ont un seul électron périphérique, ceux de la deuxième deux, alors que les gaz rares ont huit électrons sur leur couche externe (sauf l'hélium qui en a deux).

Dans la première couche peuvent prendre place deux électrons. Comme l'atome d'hélium en comporte déjà deux, l'hôtel est complet, et l'hélium n'acceptera pas d'électron étranger appartenant à la couche périphérique d'un autre atome. Il ne s'accolera pas à autrui et ne formera aucune molécule, d'où son inertie chimique.

Le prochain atome dans la liste, à savoir le lithium, placera dans la deuxième couche le troisième électron. La deuxième couche peut loger huit électrons.

Le lithium abrite deux électrons sur la première couche, désormais saturée et un unique électron dans la deuxième couche, périphérique, ce qui l'apparente à l'hydrogène, qui présente, comme une main, son unique électron. L'oxygène possède huit électrons, deux installés au rez-de-chaussée et six au premier étage. Il manque deux électrons pour que l'étage soit complet. Aussi l'oxygène accepte-t-il de loger deux électrons étrangers, chacun vivant partagé entre lui et l'atome d'hydrogène : H_2O. L'oxygène prend deux hydrogènes par la main H-O-H. Le partage des électrons crée une liaison chimique.

La chimie est l'art combinatoire des atomes. La physique nucléaire est la science de la transmutation des éléments. Le bombardement des noyaux d'atomes (cibles) par d'autres noyaux d'atomes (projectiles) produit des transmutations aussi bien de la cible que du projectile. L'alchimie est donc nucléaire et non atomique.

L'abondance élevée de l'hélium-4 est si criante qu'on ne peut que s'étonner du fait que certains noyaux plus lourds que lui, plus stables et mieux charpentés, sont restés si rares, comme le fer par exemple. Pourquoi l'œuvre nucléaire reste-t-elle inachevée ?

Les éléments les plus simples, issus du Big Bang, hydrogène et hélium, se partagent presque toute la masse (98 %). La prédominance des noyaux de faible masse (1 et 4) sur les noyaux de forte masse (A = 56) est une conséquence de l'omniprésence des photons dans le bain originel et de l'instabilité maladive de la progéniture de l'hélium (dossier 1), c'est-à-dire celle des noyaux de masse 5 et 8.

Le simple est généralement abondant, le complexe rare. La raison de la rareté de l'or, pour y revenir, est fondamentalement électrique. Un inhibiteur évident de l'édification des espèces complexes est la répulsion électrique entre les noyaux. La probabilité que deux noyaux se joignent diminue exponentiellement avec le produit de leur charge. Par exemple, la fusion de deux noyaux de carbone implique un produit 36 fois supérieur à celui de deux noyaux d'hydrogène, et ce produit apparaît dans une fonction exponentielle (1/exp(36)). Cette forte inhibition peut être levée en augmentant la vitesse relative des noyaux, c'est-à-dire en élevant la température puisque celle-ci n'est qu'une mesure de l'agitation thermique. Mais les hautes températures ne se trouvent pas sous les sabots d'un cheval[1]. Il en est de même pour les hauts flux de neutrons qui permettent par sauts de puce l'édification des noyaux très complexes.

Qu'en est-il de cette fumée de noyaux qui s'échappe des fourneaux stellaires ? Elle est particulière en ce qu'elle semble préférer le pair à l'impair. En dehors de l'hydrogène léger, A = 1, tout à fait spécial, la nature donne sa préférence au pair. Un effet pair-impair prononcé marque donc les abondances. Pour les noyaux de nombre de protons Z inférieur à 20, les isotopes les plus abondants présentent le même nombre de protons et de neutrons. Pour les noyaux de Z entre 20 et 30, les isotopes les plus abondants sont ceux qui ont N = Z + 2. Pour un Z plus élevé, les isotopes les plus abondants sont plus riches en neutrons.

Retenons ces grandes lignes : les noyaux de Z et N pairs sont plus abondants que leurs voisins immédiats.

Les noyaux de A pair sont favorisés au détriment des noyaux de A impair. Il faut égrener la liste des noyaux jusqu'à la quinzième position pour rencontrer celui de masse impaire le plus abondant après l'hydrogène. C'est le magnésium-25, le quinzième de la liste. Il faut

---

1. Pour s'en convaincre, on se rapportera au texte de Ludwick Celnikier publié dans *Nucléosynthèse et abondance dans l'univers*, Cépaduès Éditions, 1998.

encore signaler le brusque déclin des abondances dans les régions de A = 5 à 11 et autour de A = 45.

La raison fondamentale de la préférence pour un nombre de protons pair et un nombre de neutrons pair est qu'un nucléon esseulé, frustré d'une relation avec un de ses semblables, ne peut que nuire à la stabilité nucléaire.

Seul parmi les noyaux abondants, ^{14}N (azote-14) n'est pas pair-pair. Cette exception s'explique par le fait que l'azote est l'une des cendres de la première étape de la fusion thermonucléaire dans les étoiles, à savoir celle de l'hydrogène, la plus commune que l'on puisse imaginer.

Si l'on excepte le ^{56}Fe, la plupart des noyaux les mieux représentés dans la nature sont pair-pair et ont un nombre identique de protons et de neutrons (Z = N). Les plus abondants sont ^{16}O et ^{12}C, suivis de ^{20}Ne, ^{24}Mg, ^{28}Si, ^{32}S, ^{36}Ar, et ^{40}Ca.

D'autres configurations sont favorisées, ainsi celles, doublement, qui regroupent un nombre de protons et un nombre de neutrons égal à 2 (^{4}He), 8 (^{16}O), 20 (^{40}Ca) et 28 nucléons (^{56}Fe produit en réalité sous la forme de ^{56}Ni).

À vrai dire, le ^{56}Ni instable sur Terre jouit d'un privilège stellaire considérable : c'est l'espèce vers laquelle convergent toutes les autres à des températures supérieures à quelques milliards de degrés, c'est-à-dire aux températures explosives des supernovae.

Le fer, qui montre sa pointe sur la courbe des abondances, doit son existence au fait que le plus robuste des noyaux connus naît sous forme de nickel-56 radioactif. Les supernovae, qui puisent leur vive lumière de la transmutation du nickel en fer, le proclament dans le ciel, cela nous le martèlerons.

Le précipice profond du lithium, béryllium et bore reflète l'extrême fragilité du noyau de ces espèces. Notez que le fluor (F), qui se trouve juste au-dessus du nombre favorable de protons 8, est, comme de bien entendu, peu abondant.

Au-delà du fer, une première population de noyaux dits « s », comprenant, entre autres, le baryum et le plomb, a une distribution d'abondance présentant des pics au voisinage des nombres de masse 87, 138 et 208. Le mode de production de ces noyaux est la capture lente de neutrons ou *processus-s*. Une deuxième population, légèrement décalée par rapport à la première et qui comprend l'or, le platine et l'uranium, est imputée à l'action du processus de capture rapide de neutrons ou *processus-r*.

Stabilité nucléaire et interactions

L'étude extensive des réactions nucléaires et du comportement systématique des noyaux a joué un rôle central dans le développement de la théorie de l'origine des éléments. En se donnant pour but de reproduire les abondances observées dans le système solaire, on ne peut manquer de se poser la question suivante.

En supposant que toutes les combinaisons de neutrons et protons puissent exister, quels sont les noyaux atomiques susceptibles de demeurer aussi longtemps que le monde, c'est-à-dire environ 10 milliards d'années ? Les mesures de stabilité nucléaire donnent la réponse. Les quelque 270 noyaux que l'on trouve dans la nature sous forme durable occupent sur le plan N-Z une position déterminée appelée *vallée de stabilité*.

Il apparaît que les noyaux légers les plus stables comportent un nombre égal de protons et de neutrons (Z = N), alors que les noyaux les plus lourds présentent un excès de neutrons qui compense l'importance croissante de la répulsion électromagnétique au sein des noyaux.

Les noyaux qui disposent de l'énergie de liaison la plus élevée sont les plus difficiles à détruire et donc les plus stables. Notez que le fer (^{56}Fe) est au sommet de la courbe de stabilité nucléaire. Il se désigne ainsi comme le dauphin de la création nucléaire, en quelque sorte, mais l'histoire en a décidé autrement. Quoi qu'il en soit, la stabilité nucléaire exceptionnelle du fer a une grande importance pour la synthèse des éléments lourds : il leur sert de tremplin.

La courbe de stabilité est un outil prédictif puissant de l'émission ou de l'absorption d'énergie dans une réaction nucléaire donnée. La figure ci-dessous peut être utilisée pour estimer les tendances énergétiques des réactions nucléaires. Par exemple, les réactions entre noyaux légers (fusion) conduisent généralement à des noyaux plus stables et donc libèrent de l'énergie. Les réactions de fusion aboutissant à des noyaux plus lourds que le fer montrent la tendance énergétique opposée et donc absorbent de l'énergie.

Par ailleurs, en brisant un noyau lourd en morceaux (fission) pour former des noyaux plus légers et plus stables, de l'énergie est une nouvelle fois libérée. L'examen détaillé de la courbe de stabilité met en lumière d'autres traits importants de la structure nucléaire qui sont fortement corrélés avec les abondances observées.

Par exemple, pour les noyaux relativement légers, les structures composées de plusieurs noyaux d'hélium (^{24}Mg, ^{28}Si, ^{32}S...) sont plus stables que leurs voisins. De surcroît, les noyaux de nombre de masse pair (nombre pair de neutrons et de protons) sont plus robustes que ceux dont le nombre de masse est impair.

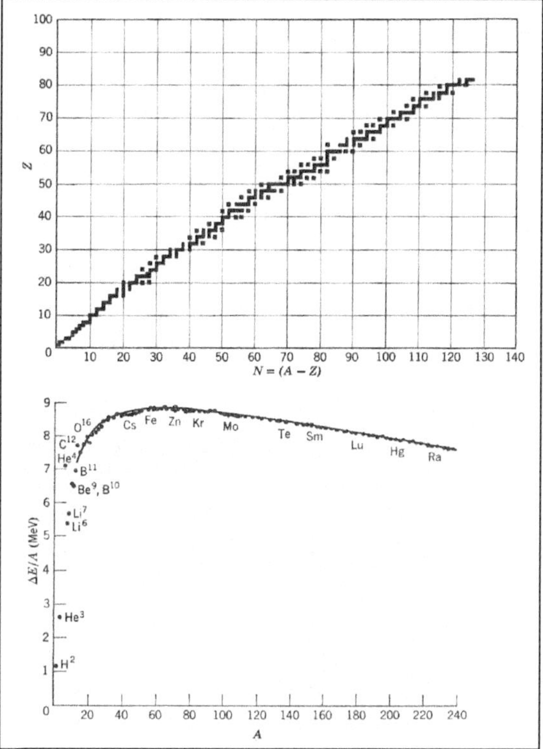

Figure 2a, b – Vallée de stabilité nucléaire et énergie de liaison par nucléon.
a) La courbe de stabilité s'incurve au-delà Z = 20 (calcium), ce qui indique que les noyaux stables sont d'autant plus riches en neutrons que leur nombre atomique est élevé.
b) L'énergie de liaison par nucléon témoigne de la solidité des espèces nucléaires et donc de la difficulté de les briser. Elle culmine aux alentours du fer.

Jeu de quilles nucléaires

Une fois décidé si une réaction nucléaire dégage de l'énergie ou en absorbe, il convient, pour situer son rang dans toutes les réactions possibles, d'estimer la probabilité avec laquelle elle peut produire le résultat cherché. Sachant qu'au centre du Soleil la température est de 15 millions de degrés et la densité de 150 g/cm³, on aimerait encore savoir combien de temps il faudra pour que notre bonne étoile consomme toutes ses ressources nucléaires.

Cette probabilité est elle-même fonction des noyaux réactifs et des conditions physiques qui président à leur rencontre (température, densité). La densité intervient de manière facile à comprendre : plus le nombre de particules par cm^3 est élevé et plus les chocs sont nombreux.

Le rôle de la température (mesure de l'agitation thermique) est également fondamental. Les réactions nucléaires nécessitent des températures élevées, d'autant plus élevées d'ailleurs que les noyaux réactifs sont de charge forte, comme nous l'avons dit.

Au plan le plus fondamental, les réactions nucléaires résultant de collisions, la probabilité de formation d'une espèce nucléaire donnée dépend de la cible, du projectile et de leur vitesse relative. Parmi toutes les combinaisons possibles mettant en jeu, à titre de projectile, protons, neutrons et photons, et de cible, tous les noyaux possibles depuis l'hydrogène jusqu'à l'uranium, quelles sont les réactions fertiles ? Ce sont les plus probables[1].

Le nombre de noyau d'espèce donnée produit par une réaction du type $1 + 2 \rightarrow 3$ à chaque seconde dans un cm^3 d'espace, peut être estimé comme au jeu de quilles : nombre de coups réussis = nombre de boules × nombre de quilles × somme des sections droites de la quille et de la boule.

Sauf qu'en l'occurrence, il faut considérer que le diamètre de la boule dépend de sa vitesse. C'est à mettre en parallèle avec la longueur d'onde de la particule projectile, donnée quantique par excellence ($\lambda = h/mv$). La probabilité de réaction est donc fonction de la vitesse relative des réactants.

Des mesures extensives des probabilités de réactions ont été effectuées par de nombreux laboratoires dans le monde, en particulier au *California Institute of Technology* sous la direction de feu le professeur Fowler ; et dans le cas où les données expérimentales font défaut, les taux de réactions nucléaires ont été estimés sur des bases théoriques. Ainsi, des tables de taux de réactions en fonction de la température, prêtes à être intégrées dans des codes numériques d'étoiles et de Big Bang, ont pu être mis à la disposition de la communauté astrophysique dans son ensemble.

Il faut souligner l'importance capitale, pour la théorie de l'origine et de l'évolution des éléments, d'une base de données nucléaires sûre et mise à jour en permanence. Le calcul de la nucléosynthèse du Big Bang, du Soleil, des étoiles et des supernovae en dépendent au premier chef[2].

---

1. La probabilité pour qu'un projectile A animé d'une vitesse v entrant en collision avec une cible B produise, entre autres, un noyau C, tel est le paramètre clé, encore appelé « section efficace ».

2. Je me plais à rendre hommage à Marcel Arnould de l'Université libre de Bruxelles, orfèvre en la matière, au groupe expérimental d'Orsay (CSNSM/IN2P3) qui œuvre à la détermination de probabilités de réaction d'intérêt astrophysique, et à Alain Coc, en particulier, et à tous les physiciens du GANIL (Grand Accélérateur National d'Ions Lourds).

Sur la base de ces estimations, on peut évaluer le cours que prennent les réactions nucléaires et tracer des fleuves sur la carte N-Z.

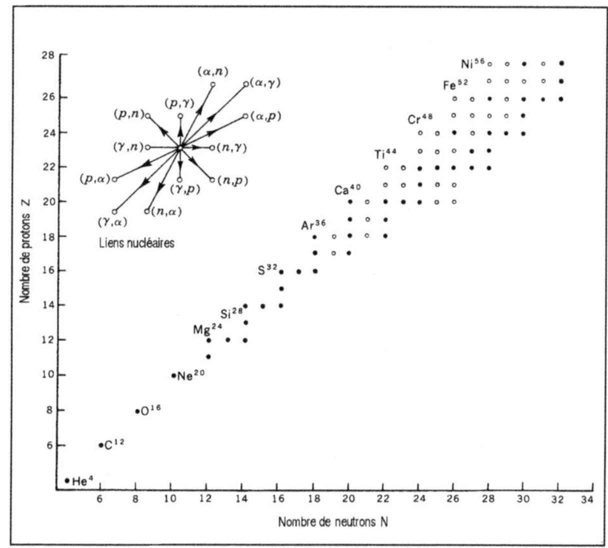

Figure 3 – *Réseau de réactions nucléaires* (*d'après Clayton*).
À titre d'exemple, cette figure montre les liens qui s'établissent par le truchement des réactions nucléaires au cours de la fusion du silicium. Les ronds noirs indiquent les espèces stables. L'écriture (x, y) est équivalente à x + A → B + y. x est la particule d'entrée et y la particule de sortie.

En couplant modèles stellaires (ou de Big Bang), qui permettent d'évaluer les variations de la température et de la densité dans l'espace et dans le temps, aux réseaux de réactions nucléaires, on peut espérer prédire la nature des éléments et isotopes produits et leurs proportions relatives.

La courbe d'abondance des éléments a été utilisée par Burbidge, Burbidge, Fowler et Hoyle (1957) et Cameron (1957) pour établir les processus nucléosynthétiques de base opérant dans les étoiles. La décomposition des mécanismes responsables de l'existence des divers types d'atomes dans les proportions observées s'établit comme suit :

fusion de l'hydrogène dans les étoiles : conversion lente de l'hydrogène en hélium à des températures supérieures à 10 millions de degrés sur des durées de l'ordre de 10 milliards d'années ;

fusion de l'hélium : conversion de l'hélium en carbone, oxygène, etc. à des températures supérieures à 100 millions de degrés sur des durées de l'ordre de 10 millions d'années ;

fusion du carbone : production de néon, magnésium et aluminium à des températures supérieures à 600 millions de degrés ;

fusion de l'oxygène : production des noyaux entre oxygène et silicium à des températures supérieures à 1 milliard de degrés (production) sur des durées de 100 000 ans, sauf si cette nucléosynthèse est explosive, auquel cas elle ne dure que quelques secondes ;

fusion du silicium : production des noyaux entre le silicium et le zinc à des températures supérieures à 3 ou 4 milliards de degrés pendant quelques heures dans le cas non explosif et pas plus d'une seconde dans le cas explosif ;

processus-« s » (comme *slow* = lent) : responsable de la synthèse de divers noyaux au-dessus du fer, impliquant la capture lente de neutrons qui demandent des températures supérieures à 100 millions de degrés et des flux de neutrons soutenus sur des durées de mille à 100 millions d'années ;

processus-« r » (comme rapide) : production des noyaux au-dessus du fer à des températures supérieures à dix milliards de degrés et de brève durée ;

processus-« p » : production d'espèces rares riches en protons à des températures de 2 ou 3 milliards de degrés sur des durées de 10 à 100 secondes.

À tous ces processus de type fusion et capture de neutrons, s'ajoute un type de réaction nucléaire dénommé *spallation* qui procède non de la fusion mais de la brisure, qui casse les noyaux en morceaux ou les ébrèche pour en faire des espèces plus petites et que l'on tient responsable de l'origine du lithium, du béryllium et du bore.

Sur toute la variété de ces mécanismes créateurs de noyaux toujours plus élaborés nous reviendrons au fil des pages, non sans avoir au préalable porté une dernière touche au tableau des abondances, en revenant une nouvelle fois sur les météorites, car elles contiennent de véritables pépites d'information.

Poussières de supernovae

Pris dans le magma météoritique, on trouve des grains, des granules, ou *chondres*, dont la composition présente des écarts par rapport à la moyenne, avec des anomalies isotopiques par rapport à la table d'abondance canonique. Ces minuscules inclusions représentent de véritables fossiles minéraux des temps stellaires. Si la majeure partie de la matière du système solaire arbore une très grande homogénéité isotopique, ce qui permet de construire la table d'abondance discutée plus haut, une faible portion de cette matière (un dix millième, peut-être) se caractérise par une variété de compositions isotopiques qui diffèrent de la moyenne.

Les météorites de Allende, Murchison, Murray et Orgueil sont particulièrement prisées pour la recherche des grains stellaires car plusieurs kilos ont pu être recueillis de chacune, suffisamment pour que l'on puisse prélever sans dommage des échantillons de l'ordre du gramme et procéder à des analyses de composition. Mais comment extraire ces joyaux stellaires d'un micron, tout au plus, de leur gangue ? La meilleure manière de trouver une aiguille dans une botte de foin est de brûler la paille. C'est, toutes proportions gardées, la technique d'attaque chimique et de dissolution qu'utilisent les *cosmochimistes* pour isoler la poussière des étoiles prise dans la pierre des météorites. Ensuite, ils l'analysent à loisir au moyen de techniques éprouvées par les géochimistes. Sondes ioniques et spectrographes de masse deviennent alors des instruments d'astronomie[1].

Les rapports isotopiques, comme par exemple carbone-12 sur carbone-13, corrigés des processus physico-chimiques d'enrichissement ou d'appauvrissement, sont imputés à des processus purement nucléaires, et donc stellaires.

Grâce à l'observation astronomique et à la modélisation stellaire, nous savons aujourd'hui que la plus grande partie de la poussière galactique (environ 1 % de la masse des nuages interstellaires) est produite par les *géantes rouges* en fin de vie ou plus précisément dans la phase particulière de leur évolution appelée *Branche Asymptotique des Géantes*. Quand une étoile prend de l'âge, son enveloppe s'enrichit en carbone drainé de l'intérieur. Des courants de convection cyclopéens amènent en surface le carbone des profondeurs, lequel est synthétisé par la triple capture des noyaux d'hélium dans le cœur chaud. Le carbone l'emporte sur l'oxygène et une poussière carbonée se forme (carbure de silicium). La géante rouge se paillette de grains. La composition isotopique porte l'empreinte des événements profonds qui ont agité l'intérieur de l'étoile.

Il convient de relier les divers types de grains à des classes spécifiques d'objets stellaires. Les très chaudes et très lumineuses, les plantureuses étoiles Wolf-Rayet sont considérées à cet égard comme des sites favorables de formation de grains en raison de la richesse en carbone de leurs vents. La matière éjectée par les supernovae se refroidit très vite en raison de son expansion, ce qui fournit également une excellente occasion de formation des grains. Les éléments ayant une grande affinité pour l'état solide s'y précipitent.

---

1. La communauté astrophysique est reconnaissante à François Robert et Marc Chaussidon de leur apport à l'analyse isotopique de la matière météoritique.

Alors que la très canonique table d'abondance traduit le mélange achevé d'un grand nombre d'événements de nucléosynthèse, impliquant la contribution de sources distinctes (supernovae, géantes rouges et nébuleuses planétaires essentiellement) étalée sur la dizaine de milliards d'années qui ont précédé la naissance du Soleil, les anomalies isotopiques sont, pense-t-on, le résultat de la pollution de la nébuleuse protosolaire par quelques sources, tout au plus. Elles nous informent donc sur quelques étoiles individuelles qui ont mis une dernière touche aux abondances du système solaire. Ainsi, les grains stellaires sertis dans les pierres célestes fournissent une nouvelle information sur la nucléosynthèse et la nature de ses étoiles-sources. L'astronomie se lit aussi dans les pierres.

Ce fut une surprise bien plaisante que d'apercevoir que certains grains, portant la signature indubitable des supernovae, avaient survécu à la formation turbulente du système solaire, et qu'on pouvait les extraire des météorites sans les altérer, de sorte à les étudier à loisir dans les laboratoires terrestres. Après dissolution acide de la composante pierreuse suivie de plusieurs oxydations et séparations en chaîne, on a pu voir apparaître des composantes isotopiquement anormales.

Les graines de supernovae prises dans les météorites se signalent par des proportions anormales d'oxygène-16, magnésium-26, silicium-28, calcium-44. Les excès de magnésium-26 et de calcium-44 sont produits par la décroissance radioactive de l'aluminium-26 et du titane-44, respectivement, au sein des grains formés dans l'enveloppe brûlante des supernovae. Nous tenons aujourd'hui dans nos mains de minuscules solides qui ont pris existence avant le Soleil lui-même. Les grains présolaires sont des fossiles non biologiques d'importance scientifique et culturelle extrême. Ils sont nés dans les débris, les vents ou les éclats d'étoiles. Ils ont passé un temps indéterminé à errer dans l'espace avant de s'incorporer au nuage protosolaire.

À la différence de la spectroscopie stellaire, l'analyse des grains et inclusions météoritiques peut fournir une composition isotopique d'une grande précision. Le défaut de cette technique, cependant, est que les caractéristiques précises des étoiles à partir desquelles ces grains se sont formés ne peuvent être qu'inférées. Car si la lumière nous indique sa source céleste par prolongement de sa direction d'arrivée, et la composition de cette source par les raies spectrales qui s'y inscrivent, les grains météoritiques sont d'origine indéterminée, et seule leur composition fait foi de leur origine.

Chaque type de grain connu représente une forme particulièrement réfractaire de matériau. Nés dans la chaleur, les grains ont supporté sans coup férir celle qui a présidé à la formation du système solaire. Ils ont été capables de survivre durant toute la préhistoire solaire et ont conservé intacte la composition isotopique de leurs sources. Mais leur message est encore imparfaitement décrypté. À suivre donc la poussière, pourvu qu'elle soit d'étoile, d'autant qu'elle est radioactive et donc repérable par son émission gamma.

Astronomie de la radioactivité

L'*astronomie de la radioactivité* ne trouve pas meilleure illustration que le titane-44. Nous le choisissons comme archétype du bon isotope radioactif, relativement abondant et de durée de vie confortable (un siècle environ), ni trop longue, ni trop courte. Seul peut rivaliser avec lui, à cet égard, l'aluminium-26, tentation extrême de l'astronomie gamma nucléaire (figure 4).

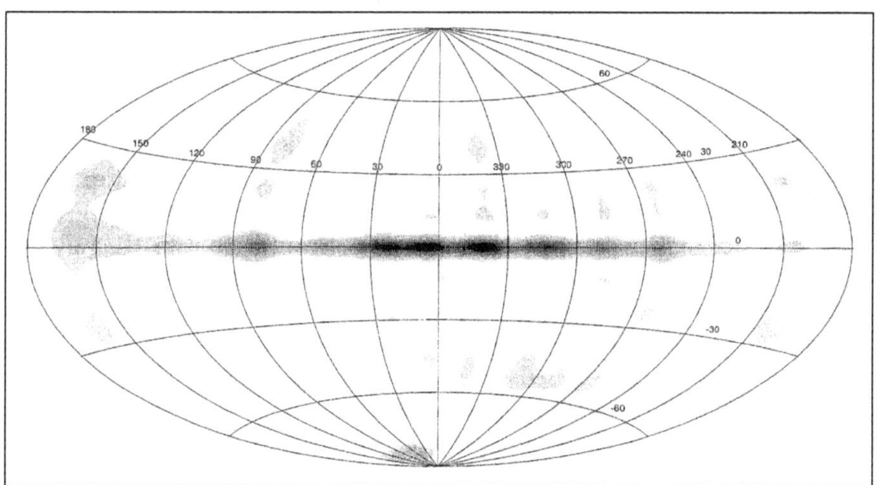

Figure 4 – Carte de l'émission gamma de l'aluminium-26 (d'après J. Knödlseder).
La distribution galactique de l'aluminium-26, dressée par l'expérience COMPTEL (Compton Telescope) à bord du satellite GRO (Gamma Ray Observatory) laisse supposer qu'il est dispersé dans la galaxie par les étoiles les plus massives (Wolf-Rayet et supernovae). ^{26}Al *est formé par la réaction* $^{25}Mg + p \rightarrow {}^{26}Al + \gamma$*. Cet isotope radioactif, dont la durée de vie moyenne est de 1 million d'années environ, est éjecté dans l'espace avant de décroître.*

Le calcium-44 est au titane-44 ce que le petit-fils est au grand-père, ils sont unis par une filiation radioactive :

$$^{44}Ti \rightarrow {}^{44}Sc \rightarrow {}^{44}Ca$$

Le titane-44 se transmute en scandium-44 en émettant deux raies gamma de 68 et 78 keV d'énergie. Ce dernier se transforme à son tour en calcium-44 non sans avoir au passage émis un rayon gamma de 1,157 MeV.

La recherche du titane-44 a été entreprise par le spectromètre gamma à bord du satellite GRO (*Gamma Ray Observatory*). La raie de 1,15 MeV a été détectée en direction de Cassiopée A et Vela, deux vestiges de supernovae récentes. La cartographie de la galaxie à l'énergie de 1,15 MeV sera sans conteste l'un des objectifs majeurs du satellite européen INTEGRAL, expérience spatiale dans laquelle la France est fortement impliquée[1].

Ainsi le titane-44 est-il un isotope d'une exceptionnelle valeur astrophysique. La détection de sa raie gamma caractéristique a suscité un grand enthousiasme dans la communauté astro-nucléaire, car cet isotope nous apporte une indication précieuse sur le mécanisme d'explosion des étoiles massives en nous permettant de déterminer la frontière exacte entre la partie de l'étoile qui implose, pour donner une *étoile à neutrons*, et la partie qui est éjectée et s'envole dans l'espace, chargée des noyaux d'atomes ouvragés par l'étoile, et encore la température et la densité maximales atteintes lors du passage de l'onde de choc concomitante à l'explosion.

Le deuxième intérêt de cet isotope, c'est que des grains infimes de carbure de silicium extraits des météorites ont été découverts, fortement enrichis en calcium-44, comme nous l'avons dit plus haut. Ils ont été identifiés à des grains présolaires condensés dans la matière éjectée par les supernovae au cours des premières années d'expansion. Les supernovae jettent de la poudre aux yeux ! Des résultats d'ISO (*Infrared Space Observatory*), expérience à laquelle le CEA a fortement contribué, ont clairement montré que de la poussière neuve s'est condensée à l'intérieur de Cas A très vite après l'explosion de la supernova afférente[2].

---

1. Qu'il me soit permis de remercier pour leur compétence et leur abnégation tous les artisans de ce gigantesque projet, et en premier lieu Jacques Paul, Bertrand Cordier, François Lebrun et Philippe Durouchoux ainsi que Jacky Grétolle, de Saclay, ainsi que Gilbert Védrenne, Jurgen Knödlseder, Peter Von Ballmos, Pierre Mandrou, Jean Pierre Roques et tout le groupe toulousain.

2. Qu'il me soit ici permis de rendre hommage à Catherine Cesarsky, Laurent Vigroux, David Elbaz, Pierre Olivier Lagage pour leur passion infrarouge.

CHAPITRE V

Soleils nucléaires

Lexique

ASTROPARTICULE : vocable nouveau signifiant le domaine commun à l'astrophysique et à la physique des particules.

ÉQUILIBRE STATISTIQUE NUCLÉAIRE : phase de nucléosynthèse de haute température où les noyaux se répartissent exclusivement selon leur solidité.

HÉLIOSISMOLOGIE : étude de l'intérieur du Soleil par l'analyse des vibrations de sa surface.

PLASMA : gaz ionisé.

PHOTODÉSINTÉGRATION : processus de brisure partielle des noyaux par les photons.

PARTICULE α = noyau d'hélium.

RAYONNEMENT CHERENKOV : émission de lumière bleue par les particules dont la vitesse est supérieure à celle de la lumière dans le milieu ($v = c/n$, où n est l'indice de réfraction).

SÉQUENCE PRINCIPALE : ligne que dessine sur le diagramme HR les étoiles qui convertissent l'hydrogène en hélium.

La référence solaire

Le Soleil et la Lune sont les astres dont les révolutions fondent la science des calendriers. La mesure du *temps mécanique* s'appuie essentiellement sur le retour du même : rythme des jours et des nuits, des saisons, apparition cyclique des planètes et des étoiles dans le ciel. Le devenir, quant à lui, se lit dans l'évolution globale, apparemment irréversible, du cosmos. Le *temps cosmique*, briseur d'éternité, est la mesure du devenir universel, de l'évolution de la matière, et cette évolution est essentiellement une complexification nucléaire dont le moteur est stellaire.

Et cette évolution matérielle travaille toutes les galaxies. L'univers est en évolution dans toutes ses régions, son moteur est stellaire. Partout sur Terre des femmes, des hommes et des enfants, partout dans le ciel des étoiles. L'étoile semble être la forme la mieux adaptée de l'univers *visible*.

Le chemin qui conduit de la multitude de particules élémentaires, anonymes et abstraites engendrées par l'explosion originelle, surnommée Big- Bang, à l'herbe des prés, à la pluie et au vent, à la variété infinie des formes et des états, à la profusion de sentiments, passe nécessairement par l'étoile. L'étoile est un lien essentiel entre la matière brute, primordiale, sortie du big-bang et la matière complexe qui pense. L'astrophysique nucléaire est le trait d'union entre la physique des particules élémentaires et la vie.

Etoile, moteur de l'évolution chimique des galaxies, étoile mère des atomes et de toute vie, étoiles douce ou explosive, nous te devons bien de te connaître. Car, constater l'unité de la matière atomique dans l'univers est une chose, l'expliquer en est une autre. C'est à cette tâche herculéenne que l'astrophysique nucléaire consacre le meilleur de ses troupes. Au point de départ de toute la quête est le Soleil, astre de référence.

L'un des buts de l'astrophysique nucléaire est de comprendre de quelle manière les processus nucléaires génèrent l'énergie du Soleil et des étoiles et leur assure leur brillance pérenne, et, ce faisant, synthétisent les éléments complexes à partir des plus simples, l'hydrogène et l'hélium primordiaux hérités du big-bang.

Le Soleil des astronomes est une étoile, la plus proche des étoiles du ciel. Nous ne voyons que sa peau lumineuse, sa photosphère (surface apparente, sphère de lumière). Sa forme est circulaire (sphérique en réalité). Son rayon est de 700 000 km. On le calcule d'après son diamètre angulaire apparent et sa distance. Sa température de surface est de 5760 K si l'on en juge à sa couleur. Sa masse est de $2 . 10^{30}$ kg, d'après la mécanique céleste. Sa luminosité intrinsèque est estimée à $4 . 10^{26}$ watts à partir du flux de lumière mesuré au dessus de l'atmosphère terrestre et de la distance Soleil-Terre. Enfin, outre l'activité électromagnétique de surface (éruptions et taches solaires, granules, etc.) qui n'intéressent que les dermatologues solaires, la composition chimique de son atmosphère peut être déterminée au moyen de la spectroscopie.

Une étude fine de lumière indique que le Soleil vibre. Il vibre comme une grosse caisse et sa lumière vibre aussi. Les vibrations de l'outre solaire nous renseignent sur son contenu, un peu comme le médecin qui frappe le thorax du malade de son index recourbé. Comme on sonde une noix de coco, ou encore un melon, on ausculte le grand astre. Selon qu'il résonne de telle ou telle manière, on en déduit qu'il est plein ou creux. Ici personne ne frappe. Les coups sont frappés de l'intérieur. Le Soleil tinte. Les oscillations solaires sont entretenues par le martèlement interne de granules en mouvement incessant. On en déduit la vitesse du son à diverses profondeurs et on se réserve de la comparer avec celle que donne le modèle.

Le Soleil est-il éternel ? Et sinon dans quelle phase d'évolution est-il ? Le Soleil est dans l'état le plus simple et le plus durable de l'évolution stellaire, la phase quasi statique de fusion de l'hydrogène, encore appelée *séquence principale*.

Est-il une étoile liquide ? Sachant que l'astre est une sphère de rayon R = 700 000 km, on calcule son volume $(4/3\pi R^3)$ et, faisant le quotient masse/volume, on en déduit sa masse volumique moyenne. Surprise ! 1 cm^3 de Soleil pèse 1 g. 1 cm^3 d'eau pèse également 1 g. Le Soleil est-il aqueux ?

Les étoiles sont, peut-on entendre dire, des globes de gaz incandescent. Il peut paraître surprenant que l'on persiste à traiter comme un gaz une matière dont la densité est celle de l'eau, comme c'est le cas de la substance du Soleil et de nombreuses étoiles.

Le caractère gazeux est pourtant une propriété réelle de la matière stellaire, et nous en savons la cause : les atomes sont dissociés par la chaleur, et les entités ainsi libérées, électrons et noyaux d'atomes, sont suffisamment distantes les unes des autres pour les considérer comme libres. La distance entre les particules constitutives est bien supérieure à leur taille. Telle est la définition d'un gaz parfait. La société des particules jouit alors d'une admirable souplesse et d'un pouvoir d'adaptation qui lui confère une belle longévité.

D'où tient-il sa souplesse et sa longévité ? Au vrai, le luminaire du jour doit sa longévité et sa stabilité à la souplesse de son cœur gazeux, car bien que sa densité moyenne soit celle de l'eau, il se comporte comme un gaz en raison de l'extrême chaleur qu'il entretient en son sein. Or, les gaz ont ceci de particulier que leur dilatation se solde par un refroidissement et leur contraction par un échauffement. Au fluide stellaire s'applique, en effet, l'équation des gaz parfaits : pression × volume = température, à une constante numérique près. Cette relation entre température et volume donne la clé de la stabilité solaire. De fait, si une réaction nucléaire vient à s'emballer au centre du Soleil, le cœur se dilate, la température décline et la réaction se modère. Si, au contraire, une réaction vient à faiblir, le cœur se contracte, la température s'élève et la réaction repart de plus belle. Cette autorégulation, liée à l'état gazeux, assure au Soleil longévité et stabilité.

L'état de plasma

Dans les conditions normales, les gaz sont isolants, ce qui signifie que l'électricité ne peut les traverser. Cependant, en les chauffant suffisamment, les physiciens ont découvert qu'ils devenaient bons conducteurs d'électricité. Ils sont alors transformés en *plasmas* dans lesquels les électrons circulent librement.

Dans un gaz atomique, les électrons sont prisonniers des noyaux d'atomes. Dans un plasma, ils sont libres de leur mouvement. Le déplacement des électrons désormais autonomes fait du plasma un bon conducteur d'électricité. Le plasma contient des électrons libres et des ions positifs mêlés.

Les corps solides résistent à la compression aussi bien qu'à l'expansion. Les forces qui assurent la cohérence des solides sont de nature électrique. Elles peuvent être brisées par la chaleur qui communique une énergie désordonnée aux molécules constitutives. Si le solide acquiert une chaleur (énergie) suffisante, les molécules sont libérées puis brisées en atomes. Tout matériau peut être amené à l'état gazeux en lui insufflant une énergie appropriée. Qu'arrive-t-il si nous injectons un surcroît d'énergie dans notre système déjà vaporisé ? La structure interne des atomes se brise et l'on assiste à l'effeuillage progressif des électrons. Si un atome perd un électron, il devient positivement chargé. S'il en perd deux, deux fois chargé, et ainsi de suite jusqu'à totale nudité du noyau (*ionisation* complète).

Nous voyons qu'en ajoutant suffisamment d'énergie à un quelconque matériau, nous pouvons finalement le dissocier en noyaux d'atomes et électrons, le « plasmifier » en quelque sorte. Notre propre Soleil, contrairement à la Terre et aux planètes, est dans l'état de plasma ainsi que les étoiles. Bien que les plasmas sur Terre soient artificiels, la plus grande partie de l'univers *visible* est composée de plasmas.

Le fait que le Soleil est à l'état de plasma lui confère la souplesse des gaz, et cette souplesse, à son tour, la longévité. En effet, la taille des particules qui le composent (noyaux et électrons séparés) est bien supérieure à leur distance moyenne, ce qui permet de l'identifier à un gaz parfait[1].

Le plus étonnant, à propos du Soleil, n'est pas que des doutes subsistent sur les processus qui se déroulent en son sein, mais qu'on ait pu en acquérir une connaissance aussi exacte. Nous voici enfin en mesure de répondre aux questions des enfants.

Qu'est-ce qui fait briller le Soleil ? L'atome du chimiste est incapable d'entretenir bien longtemps la flamme du Soleil. Un Soleil de phosphore, un Soleil allumette ne brillerait, au rythme actuel, pas plus de quelques dizaines de milliers d'années. Or le Soleil existe, comme la Terre, depuis 4,6 milliards d'années. Quel est son secret ? Son secret réside dans le noyau de l'atome, son grain à moudre ou plutôt à agglutiner. Ce secret est numérique.

---

1. La matière noire non baryonique, non électrisée, est donc éternellement neutre : on ne peut l'ioniser. Il n'y a pas de plasma de matière noire.

1 est l'hydrogène (1 proton), 4 est l'hélium (2 protons et deux neutrons).

4 protons fusionnent sous l'influence de la chaleur pour donner un noyau d'hélium, cela à des milliards d'exemplaires. La masse de ce dernier est inférieure à celle de 4 protons réunis. Où est passée la différence ? Elle a été rayonnée. C'est pour cette raison que le Soleil brille !

Fusion de l'hydrogène

Lorsque le cœur d'une étoile semblable au Soleil atteint une température de 10 à 20 millions de degrés environ et une densité approchant 100 g/cm^3, les protons, dans ce milieu dense et chaud, acquièrent suffisamment d'énergie cinétique pour que s'engagent les réactions nucléaires. Le processus de *fusion de l'hydrogène* peut démarrer et s'installer de manière durable. Les étoiles se figent sur la séquence principale du diagramme HR, à des altitudes variées selon leur masse, le Soleil se fixant dans une position moyenne. 90 % des étoiles dans l'univers sont à ce stade, brûlant l'hydrogène et le transmutant en hélium par la chaîne de réaction suivante

$$p + p \rightarrow D + e^+ + \nu \ (2 \text{ fois})$$
$$D + p \rightarrow {}^3\text{He} + \gamma$$
$$^3\text{He} + {}^3\text{He} \rightarrow {}^4\text{He} + 2\,p$$
$$\text{Au total : } 4\,p \rightarrow {}^4\text{He} + 2e^+ + 2\,\nu + 26{,}7 \text{ MeV}$$

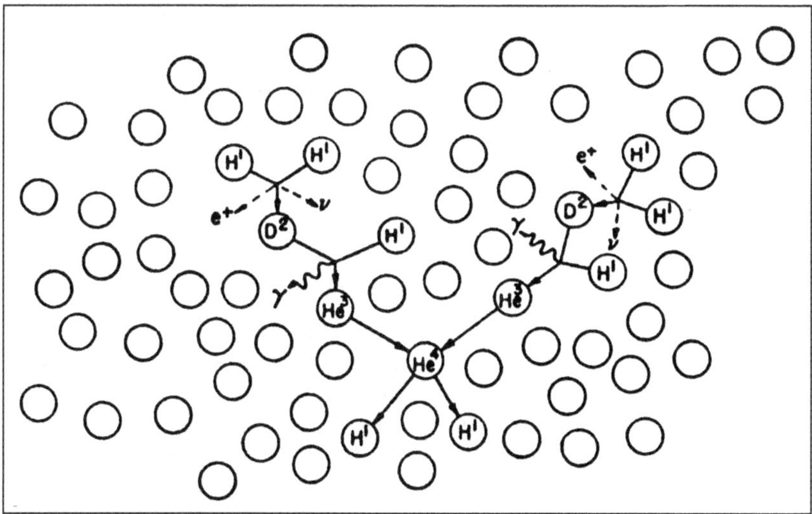

Figure 1 – Fusion de l'hydrogène via la réaction proton + proton.

On voit par quel chemin indirect procède la synthèse de l'hélium. L'étape la plus longue est la toute première, car elle implique la transformation d'un proton en neutron, transmutation qui relève de l'interaction faible (par conséquent lente). Cette lenteur de sénateur confère longue vie aux étoiles de la séquence principale. Le fait que des neutrinos sont émis au cours de cette réaction offre l'occasion d'observer directement les réactions nucléaires qui prennent place au cœur du Soleil. Notez que de l'antimatière (sous forme de positon, e^+ ou anti-électron) est produite dans cette étrange réaction. Les positons engendrés s'annihilent immédiatement avec des électrons du milieu pour donner des rayons gamma.

On peut dire, dans un langage un peu imagé, que l'hélium est la *cendre* de combustion de l'hydrogène. Le subtil se sépare de l'épais, les photons et les neutrinos s'envolent, laissant sur place les cendres lourdes d'hélium. L'ampleur de l'énergie dégagée (26,7 MeV) fait de cette chaîne de réactions l'une des sources d'énergies les plus généreuses que l'on connaisse. Par exemple, la fusion thermonucléaire d'un gramme d'hydrogène libère 20 millions de fois plus d'énergie que la combustion chimique d'un gramme de charbon.

L'énergie libérée dans la fusion de l'hydrogène sert à stabiliser l'étoile en contrecarrant sa tendance naturelle à s'effondrer sous son propre poids. La nature trouve ici un des ses plus beaux équilibres. Le combustible nucléaire est abondant et riche, ce qui lui permet de briller longtemps d'un éclat soutenu. Jusqu'à consommation complète de son fluide nucléaire dans 10 % de sa masse, aucun bouleversement ne se produit dans la structure interne, et l'étoile reste comme clouée sur la séquence principale du diagramme HR.

La fusion de l'hydrogène dans les étoiles de masse supérieures à 1,2 fois celle du Soleil procède par une autre voie, le cycle CNO. Ce processus enchaîne les captures de protons et les décroissances β

$$^{12}C + p \rightarrow {}^{13}N + \gamma$$
$$^{13}N \rightarrow {}^{13}C + e^+ + \nu$$
$$^{13}C + p \rightarrow {}^{14}N + \gamma$$
$$^{15}O \rightarrow {}^{15}N + e^+ + \nu$$
$$^{15}N + p \rightarrow {}^{16}O^*$$
$$^{16}O^* \rightarrow {}^{12}C + {}^{4}He$$

L'émission d'un noyau d'hélium dans le stade final régénère le carbone-12 qui a joué, de la sorte, le rôle de catalyseur. Le bilan de la série de réactions est la fusion de quatre protons en un noyau d'hélium. Ce cycle prend le pas sur la chaîne proton-proton aux hautes températures qui facilitent la pénétration de la barrière électrique relativement élevée érigée entre le proton et le noyau de carbone. Quel que soit le mécanisme de fusion de l'hydrogène, la masse des étoiles détermine le taux de consommation de leur combustible nucléaire et donc leur durée de vie. Plus la masse est élevée, plus elle brûle vite.

Le Soleil se vide-t-il de sa lumière ? Notre Soleil est simplement une étoile, la plus proche des étoiles du ciel. Sa brillance s'explique par sa proximité (150 millions de km) et la chaleur de sa surface (près de 6 000 degrés). Énorme sphère de gaz en équilibre hydrostatique, sa stabilité est conditionnée par l'équilibre entre gravitation et gradient de pression thermique. Chaque point du Soleil, partagé entre l'envol et la chute, reste comme suspendu. La nature donne ici à voir l'un de ses équilibres les plus merveilleux. Mais celui-ci ne durera pas indéfiniment, car le Soleil brille et briller c'est mourir. Il brille parce qu'il brûle. Et s'il brûle, il est périssable. Il est cependant fort durable car il se retient en quelque sorte de briller. La règle de vie de la parfaite étoile est de briller, mais pas trop.

L'*opacité* du gaz solaire est élevée, tout comme celle de l'univers archaïque qui laisse filtrer comme à regret la lumière fossile. De même le Soleil, à travers sa photosphère, consent à délivrer sa lumière, mais avec parcimonie. Le grand luminaire est en effet quasi opaque à sa propre lumière. La lumière filtre des profondeurs et s'adoucit au fil de sa remontée en surface. Elle filtre comme un lait. La centrale nucléaire enfouie sous le manteau solaire entretient l'éclat de l'étoile du jour et la chaleur de sa substance. Sa source d'énergie interne relève du noyau de l'atome.

Le soleil est un réacteur nucléaire à confinement gravitationnel fonctionnant sur le mode de la fusion thermonucléaire.

Voilà exactement sous quel angle dur et simple nous voyons notre étoile !

Sa vie se résume à une longue guerre entre le feu nucléaire et la gravitation. Son débit d'énergie est conditionné par son opacité (capacité de retenir ou de laisser fuir la lumière) et non par les réactions nucléaires. Celles-ci s'ajustent afin de remplacer l'énergie rayonnée. Pour le comprendre, on peut se représenter un entonnoir. Le débit de l'eau est lié au diamètre de son bec et à rien d'autre. L'énergie s'échappe de la photosphère à un rythme imposé par l'opacité des différentes couches traversées. L'opacité dépend de la composition, de la température et de la densité de ces couches. Résultant de l'absorption et de la diffusion de la lumière par les ions et les électrons du milieu (électrons libres ou liés), c'est le facteur déterminant qui limite les fuites d'énergie.

Tous ces principes simples, ces arguments de bon sens, peuvent être codifiés sous forme physico-mathématique, et les équations ainsi posées, résolues au moyen d'un ordinateur. Les équations de la physique, appliquées au Soleil, opèrent un miracle : le Soleil devient transparent. Le Soleil réel est transparent aux neutrinos, le Soleil simulé est transparent à la raison. On lit en lui comme dans un livre ouvert. Tous les chapitres de sa vie intérieure, aussi bien que ses changement de couleur et de physionomie, sont écrits dans les listings.

Le modèle numérique possède un intérieur et un extérieur, l'extérieur est défini, en l'occurrence, comme la frontière au-delà de laquelle l'étoile devient transparente. Cette frontière s'appelle *photosphère* ou sphère de lumière, car la lumière s'en détache, c'est donc la surface visible de l'étoile. Cette surface est située à une certaine distance du centre R définissant le rayon de l'étoile, et par conséquent sa taille. Cette photosphère possède une certaine température, à laquelle il est aisé d'associer une couleur, sachant qu'en première approximation la photosphère stellaire rayonne comme un *corps noir*, radiateur parfait, dont l'émission ne dépend que de la température. Le code de correspondance entre température et couleur est simple, la relation entre température et longueur d'onde (couleur) dominante est en effet donnée par la loi de Wien : *longueur d'onde (en centimètres) = 0,29 × température (en degrés absolus).*

Les frontières visibles de l'étoile modèle étant établies et les quantités globales mesurables désignées, il convient maintenant d'opérer une comparaison avec le Soleil réel et ajuster au besoin les paramètres du modèle pour obtenir un bon accord.

Mais qu'est-ce que le Soleil nous donne à mesurer ? Au regard de quoi nos modèles d'étoiles peuvent-ils être garantis ? Les quantités clé sont toutes superficielles : elles concernent la *luminosité intrinsèque* de l'étoile du jour, son *rayon* et sa *température effective*, c'est-à-dire celle du corps noir équivalent. À ces données visibles sont venues s'ajouter des contraintes nouvelles, touchant les profondeurs de notre étoile, le flux de neutrinos et les oscillations d'ensemble du grand corps du Soleil.

L'obtention d'un bon modèle de Soleil requiert une patience d'ange et un ordinateur d'enfer. Ci-dessous, un extrait des résultats anciens obtenus au Service d'astrophysique de Saclay concernant un Soleil mûr. L'exercice peut être recommencé pour un Soleil enfant et même agonisant.

Le Soleil est divisé abstraitement en un grand nombre de couches. Les paramètres physiques (température, densité, luminosité de la couche, taux de génération d'énergie, lumière émise, rythme de diverses réactions nucléaires) varient en fonction de la profondeur.

On lit dans les listings l'avenir du Soleil mieux que dans du marc de café, n'en déplaise à feu Madame Soleil ! Les caractéristiques actuelles du Soleil, mais aussi son passé et son avenir sont inscrits sur les pages imprimées que dégorge l'ordinateur.

Le modèle d'étoile qui recouvre toutes les étoiles, dans toutes les couches de leur être et dans leur devenir même, nous permet de reconstituer la carrière entière du Soleil, depuis sa naissance nuageuse jusqu'à sa mort nébuleuse, son dernier souffle.

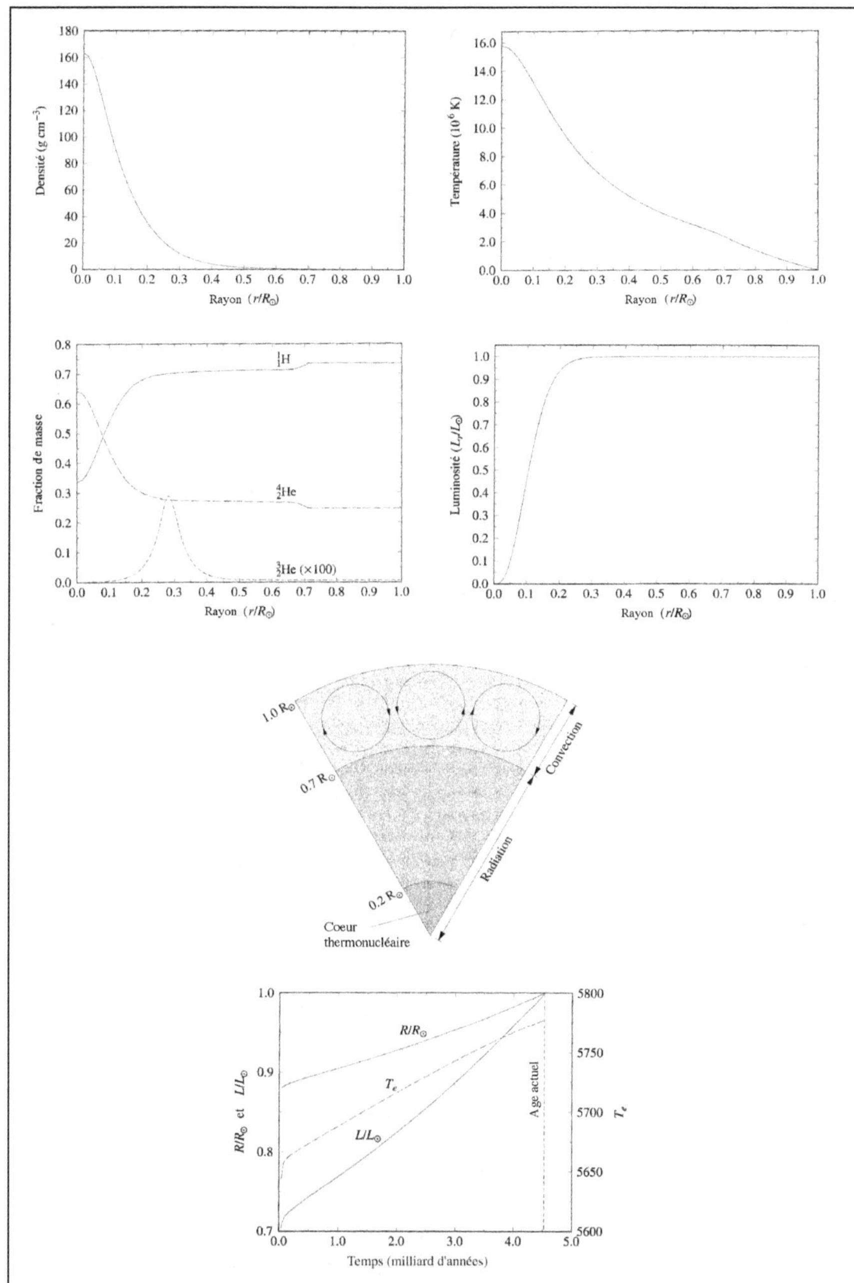

Figure 2 – Structure interne du Soleil et accroissement progressif de rayon, température et luminosité depuis sa naissance.
Les profils de densité, température, composition chimique et luminosité sont reconstituées par le calcul à toute étape de son évolution.

Cœur nucléaire

Le Soleil brille en convertissant les protons qu'il recèle à foison en noyaux d'hélium. 600 millions de tonnes d'hydrogène sont brûlées chaque seconde pour assurer la brillance de l'astre du jour. Les physiciens nucléaires ont travaillé un demi-siècle pour déterminer les détails de cette transformation. Cependant, ce n'est que très récemment que des preuves directes ont été apportées en faveur du mécanisme proposé au moyen d'un diagnostic original : la mesure du flux des neutrinos solaires arrivant sur Terre ou plus exactement sous Terre, car l'astronomie des neutrinos est une astronomie enterrée.

Le test est globalement positif bien qu'une différence non négligeable se fasse jour entre la prédiction et l'observation, qu'on tend aujourd'hui à imputer au comportement ambigu des neutrinos (mais ce n'est pas ici le lieu de détailler la subtilité du comportement de ces particules fantomatiques qui ont le front, semble-t-il, de changer de masque en cours du trajet). Une vivante énigme souffre de ne point être découverte : la nature versatile des neutrinos. La physique des neutrinos solaires a pris un tour nouveau, très différent du but affiché au départ. Le dessein principal est maintenant de comprendre le (ou les) neutrino(s). Nous avons glissé imperceptiblement de l'astrophysique à la physique des particules. Mais la saga n'est pas terminée et l'on peut s'attendre à un retour de balancier. L'énigme des neutrinos solaires appartient désormais au champ des *astroparticules*.

Neutrinos du Soleil

Le Soleil des neutrinos ne se couche jamais. Soixante milliards d'entre eux, envolés du cœur du Soleil il y a 8 minutes, traversent chaque seconde le moindre centimètre carré de notre corps. Nous ne sentons rien, eux non plus : quintessence de la discrétion. La nuit n'est pas absolue puisque nous baignons dans le rayonnement cosmologique fossile (micro-onde) et sommes traversés de pied en cap, la nuit et, inversement, le jour, par des volées de neutrinos, particules invisibles et quasi impalpables.

Dessinez un carré de 1 cm de côté et dites-vous qu'il est traversé chaque seconde par 60 milliards de neutrinos partis du Soleil il y a 8 minutes et 2 secondes !

Chaque fois qu'un proton se transforme en neutron, au cœur du Soleil, un neutrino s'envole et traverse le grand corps de l'astre comme s'il n'existait pas. La Terre est une boule transparente pour les neutrinos solaires et vous êtes visités en permanence par ces êtres invisibles.

Les détecteurs de neutrinos sont placés en profondeur, au fond de mines et de tunnels pour réduire les parasites qu'induit le rayonnement cosmique.

Deux techniques de détection ont été utilisées : la première, de type radio-chimique, implique par transmutation la production d'un isotope radioactif aisément détectable même en quantité minuscule.

Plus précisément, le principe de détection est la transformation d'un élément en un autre sous l'impact des neutrinos, via la réaction élémentaire au sein du noyau cible : neutrino + proton → neutron + positon.

La seconde se fonde sur la détection des électrons rapides induits par le transfert d'énergie des neutrinos aux électrons de l'eau. Ces électrons rapides produisent un rayonnement bleu, nommé « Cherenkov », du nom du physicien russe qui l'a découvert, détectable par des cellules photosensibles ou photomultiplicateurs.

La première méthode met en lice d'énormes détecteurs de chlore et de gallium, « Voir » en l'occurrence est chimique, ou plus exactement radio-chimique. Cette technique est à proprement parler *aveugle* car elle,

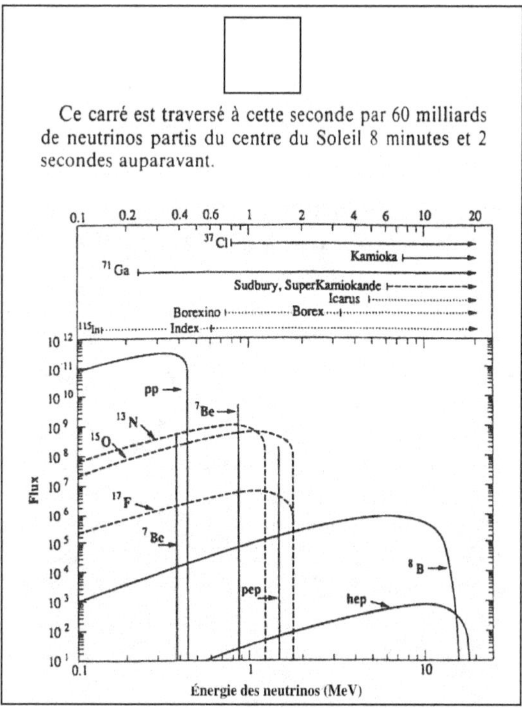

Figure 3 – Spectre des neutrinos solaires et gamme de détection des divers observatoires souterrains.
L'émission majeure provient de la réaction proton-proton (pp).

utilise la transmutation du chlore en argon et du gallium en germanium par exemple, sans qu'on puisse déterminer la direction des neutrinos incidents. On ne fait que compter des événements.

Historiquement, le chlore fut le premier à servir de cible aux neutrinos. Le chlore-37 est essentiellement sensible aux neutrinos de haute énergie émanant des réactions de fusion marginales (2 sur 10 000) qui aboutissent au bore-8. Dans d'aussi rares occasions, sous l'impact des neutrinos, il se transforme en argon-37 radioactif, aisément détectable par son rayonnement. Mais les myriades de neutrinos de basse énergie lui échappent.

Le gallium, quant à lui, permet de détecter les neutrinos de basse énergie émanant de la réaction proton + proton → deutérium + positon + neutrino.

Sous l'effet de la réaction neutrino + proton → neutron + électron, le gallium-71 se transforme, en quelques rares exemplaires, en germanium-71 radioactif.

On gagne sensiblement à utiliser le gallium pour cible à la place du chlore, car les neutrinos de basse énergie, beaucoup plus nombreux, deviennent accessibles à la mesure. Mais la mise au point de la technologie appropriée relève de la gageure.

Dans le camp des détecteurs de neutrinos électroniques se classe la grande expérience KAMIOKANDE et son extension SUPERKAMIOKANDE. Tapi au fond d'une mine, au Japon, ce dispositif, en vertu de son caractère directionnel, a permis de vérifier que les neutrinos capturés viennent bien du Soleil.

Cinq expériences ont jusqu'ici détecté les neutrinos solaires, basées dans des mines ou des tunnels (Homestake (USA), GALLEX, SAGE, KAMIOKANDE et SUPERKAMIOKANDE). Les flux détectés sont *qualitativement* en accord avec les prédictions théoriques, aussi bien en nombre qu'en énergie, et l'on peut dire que nous avons essentiellement compris comment le Soleil brille. Car le même jeu de réactions nucléaires que l'on invoque pour expliquer la luminosité solaire donne naissance aux neutrinos.

Très simplement, chaque fois qu'au centre du Soleil un proton se transforme en neutron, un neutrino s'envole. De ce fait, les expériences neutriniques ont établi définitivement, nous semble-t-il, que le Soleil brille parce qu'il pratique la fusion des noyaux du plus simple élément, l'hydrogène, en raison de la formule d'Einstein $E = mc^2$. Les architectes de la théorie des réactions de fusion dans les étoiles, Hans Bethe et Fred Hoyle, doivent s'en réjouir. *$E = mc^2$, le Soleil brille !* Einstein se frotte les mains.

Mais *quantitativement*, par contre, le désaccord d'un facteur 2 à 3 entre mesure et théorie, au détriment de la mesure, ne peut qu'interpeller le physicien. Il ne semble pas que cela provienne d'un quelconque défaut du modèle solaire lui-même, sondé par ses oscillations mécaniques.

	Chlore	SuperK	Gallium (Gallex)	Gallium (SAGE)
Expériences	2,55 ± 0,25	2,44 ± 0,26	76 ± 8	70 ± 8
Prédictions	7,1 ± 1,7	5 ± 1,3	127 ± 8	127 ± 8

Neutrinos solaires : Confrontation entre prédiction et détection
(*d'après Sylvaine Turck-Chièze, CEA*).
*L'unité pratique de flux est le SNU (solar neutrino unit = 10^{-36} capture
de neutrino/atome cible/seconde)*

On aurait tendance à incriminer aujourd'hui le rusé neutrino, le neutrino à triple face qui échappe à la vigilance des détecteurs radiochimiques car il porte un déguisement. Plus sérieusement, il se pourrait que les neutrinos, pour peu qu'ils aient une masse, puissent osciller entre divers états, disons trois, dont seulement un serait détectable, auquel cas une grande fraction du flux de neutrinos échapperait à la détection. Je ne peux entrer dans plus de détails tant la situation est alambiquée. Mais sachez que toute une batterie d'expériences futures, dont SNO (*Solar Neutrino Observatory*) au Canada, et ses mille tonnes d'eau lourde devraient permettre de lever le voile sur la véritable nature de ces particules à multiples faces[1].

Modèle stellaire

Les étoiles sont des soleils de masses variées, à des stades d'évolution plus ou moins avancés, nos modèles en font foi. Certains confectionnent des prototypes de voitures ou d'avions, d'autres des robes de mariées, nous, physiciens astraux, nous faisons des modèles évolutifs d'étoiles.

Ainsi peut-on reconstituer la carrière entière du Soleil, depuis sa naissance nuageuse et sa première réaction nucléaire jusqu'à son dernier souffle de géante rouge, le voir se gonfler d'orgueil lorsqu'il brûle son premier hélium, voir son enveloppe se détacher de son cœur dense et chaud, et ce cœur se figer faisant de lui une étoile naine et blanche, prise dans le cristal du gel. Merveille ! Mais sait-on la somme

---

1. Je rends ici également hommage aux goûteurs invétérés de neutrinos de Saclay, Michel Spiro, Daniel Vignaud et Michel Cribier ainsi qu'à Sylvaine Turck-Chièze et ses étudiants qui préparent la sauce solaire.

d'efforts qu'il a fallu consentir pour dire le premier mot de l'histoire des étoiles ?

Il a fallu bâtir de toutes pièces un modèle, une charpente d'étoiles (équations de structure, architecture du modèle). Sa chair est formée des données physiques qui décrivent le comportement de la matière à haute température et qui relèvent des physiques atomique et nucléaire.

Le tailleur d'étoiles numériques a dû s'interroger sur la transparence et l'opacité, sur l'origine de la lumière solaire et sur la propagation du rayonnement dans le Soleil. Par exemple, il a dû faire appel au physicien nucléaire pour que celui-ci lui fournisse les probabilités des différentes réactions nucléaires qui se développent dans notre étoile et qui dépendent des noyaux en présence et de la température qui prévaut à différentes profondeurs.

Le physicien nucléaire eut recours à toute sa science, au besoin il a déterminé les taux de réactions en étudiant de très près les collisions de noyaux accélérés avec des cibles appropriées. Ainsi, l'accélérateur de particules est devenu un instrument de l'astrophysique.

Et enfin, il a fallu que le modèle numérique converge, ce qui n'est pas une mince prouesse du point de vue informatique. C'est avec une évidente satisfaction qu'on voit, au bout du compte, émerger les résultats ordonnés sur une feuille de papier (un « listing », comme disent les informaticiens).

Le Soleil modèle ouvre son cœur. On peut lire alors dans toutes les profondeurs de l'astre sa température, sa densité, sa composition chimique, sa luminosité, et son taux de réaction nucléaire, et cela à différentes phases de son développement, Soleil jeune, Soleil actuel, Soleil vieillissant. L'astre du jour est devenu limpide et il en est de même de toutes les étoiles.

À vrai dire, un bon modèle ne se contente pas de décrire le connu, de se conformer aux apparences (de « sauver les apparences » comme disaient les anciens), de reproduire précisément l'aspect de l'étoile — taille, luminosité, couleur —, il en dévoile les profondeurs vertigineuses et les mécanismes invisibles. Il aide ainsi à la prédiction d'aspects inconnus, appelant de nouveaux types d'observations, comme, par exemple, celle qui consiste à saisir au vol quelques neutrinos parmi la pléiade de ceux qui s'échappent sans trêve de son centre.

La modèle révèle *l'invisible vérité*, cachée depuis l'origine de l'astre du jour : le cœur du Soleil abrite une centrale nucléaire. De surcroît, il prédit l'avenir de notre étoile et de toutes les étoiles de masse comparable : le soleil sera géant et rouge, l'enveloppe s'envolera pour ne laisser qu'un cœur blanc et dense.

Le Soleil est dans l'état le plus simple et le plus durable de l'évolution stellaire, la phase quasi statique de fusion de l'hydrogène, encore appelée *séquence principale* par les astronomes qui, répétant inlassablement le geste de Hertszprung et Russel, placent les étoiles sur un diagramme dont l'abscisse est la température de surface et l'ordonnée la luminosité. Actuellement, la température au centre du Soleil est de 15 millions de degrés et des poussières. Bien sûr, cette température ne peut pas être mesurée directement mais elle peut être précisément calculée au moyen d'un modèle physique d'étoile, lui-même testé par le flux de neutrinos et les modes d'oscillations solaires qu'il accrédite. Mais malheureusement, s'agissant des étoiles, nous ne disposons pas de ces mesures. Et le diagramme HR est le seul outil qu'il nous reste pour enraciner dans la réalité les modèles théoriques. Les simulations numériques demandent à être en permanence confrontées aux étoiles réelles, du moins à leur apparence, leur rayonnement de surface et leur température.

Ne pouvant saisir les étoiles, les galaxies et les univers, et les manipuler, nous en faisons des modèles. Ainsi l'expérience numérique vient-elle renforcer l'expérimentation réelle, par le biais des accélérateurs de particules qui restituent les conditions énergétiques du Big Bang et des étoiles, et l'observation télescopique.

Aujourd'hui, l'accélérateur de particules et l'ordinateur sont les instruments de l'astronomie au même titre que les télescopes voués à l'exploration du visible et de l'invisible. Les physiciens des hautes énergies restituent dans leurs accélérateurs de particules les conditions du Big Bang et du cœur des étoiles et, prenant leur suite, les adeptes de la simulation numérique sur ordinateur reconstituent l'histoire de la matière, à travers ses cycles de concentration, de nucléosynthèse et de dispersion.

Les modèles recouvrent aussi bien le Soleil dans toutes les couches de son être et dans son devenir que toute autre étoile. Dans un enchaînement de séquences temporelles se révèle le devenir de l'astre que l'on a choisi d'étudier. Il en va de même pour les galaxies et l'univers entier.

L'histoire de la matière se lit dans les modèles évolutifs forgés par les physiciens-astronomes-mathématiciens. Les modèles d'étoiles permettent de déterminer leur masse et leur âge à partir de leur couleur et de leur éclat. Mais ces étoiles de papier et d'équation demandent à être en permanence confrontées avec les étoiles réelles.

Cris et chuchotements

Permanence et solennité, mais aussi fureur et déchirement, toute la gamme des états d'âme est dépeinte là, dans le ciel. Sous sa face sereine, il dissimule au regard humain ses fureurs et déchirements intimes, invisibles. Sous le néant rassurant on devine des tempêtes. Qu'il nous semble dépassé ce contraste entre l'ordre parfait des planètes traversant régulièrement le zodiaque et le désordre propre à la vie humaine !

Supernovae, quasars, trous noirs, noyaux de galaxies en furie dominent maintenant la pensée astronomique et le bestiaire cosmique s'enrichit de nuit en nuit... Il n'est pas de science qui demande aujourd'hui de mise au point plus fréquente. Des astres apparaissent, accomplissent leur œuvre et disparaissent dans le noir apparent de l'espace.

La trompeuse sérénité du ciel que caresse l'œil de l'humanité depuis les temps ancestraux n'a-t-elle pas été la condition même de l'éclosion de la pensée rationnelle ? Si notre œil voyait, depuis le commencement, la totalité des phénomènes et non seulement les soleils calmes, l'esprit n'aurait-il pas été en perpétuel tourment ? La révélation de la violence créatrice permanente qui agite et recompose le cosmos, en ce siècle, est-elle le prélude d'une évolution spirituelle de la civilisation ? La révolution, dit Matta, c'est *changer de ciel*.

La puissance révélatrice de l'astronomie nouvelle, et singulièrement celle de l'astronomie des rayonnements extrêmes, réside dans ses capacités à ouvrir l'entendement aux phénomènes les plus violents de l'univers (astronomie gamma), telles l'explosion et la déchirure des étoiles, et aux plus tendres (astronomie infrarouge), telle la naissance des étoiles. L'astronomie optique comble l'intervalle, relativement calme, entre naissance et mort stellaire. La radioastronomie millimétrique, quant à elle, ouvre la perception à la structuration moléculaire des grands nuages de gaz froid et de poussière opaque qui s'engage à l'abri de la lumière dévastatrice.

Violence des commencements et apothéose finale, explosions régénératrices : issue d'une gigantesque déflagration, la matière est brassée, déchirée, divisée, broyée, éjectée, calcinée, encore et toujours par les monstres stellaires. Réfugiée dans les nuages froids, elle s'agrège en molécules et grains infimes qui tamisent la lumière des étoiles. Violence ici, permanence et douceur ailleurs.

Le ciel nouveau prend corps, il convient de lui donner un sens. L'univers ne peut être conçu sur le modèle de la chose. Ce serait plutôt un ordre à retrouver et cet ordre est temporel. L'univers est fait d'histoire autant que d'atomes.

Les véritables érudits me paraissent avoir raison de dire que l'histoire contée par les astronomes n'a rien à envier à la plus somptueuse des légendes, à l'épopée de Gilgamesh ou à la Bible. Le ciel de l'astronome n'est pas moins riche que celui du prophète ou celui du poète : n'y voit-il pas des flèches volantes et des amours stellaires s'embraser ? Mais il a quelque chance d'être plus réaliste : le ciel est un véritable parchemin où se lit la généalogie de la matière.

Histoire des étoiles : brillante et sombre

L'histoire du Soleil comme de chaque étoile est celle d'une lutte archaïque entre le feu nucléaire et la gravitation. La pression de la chaleur (ou plus exactement son gradient) s'oppose à l'effondrement. Un chef-d'œuvre d'équilibre s'accomplit. La règle de vie de la parfaite étoile est de brûler, au sens nucléaire du terme, c'est-à-dire transmuter les éléments par le truchement des réactions nucléaires.

Mais la description de l'œuvre des étoiles serait incomplète si l'on ne mentionnait pas un processus plus secret de densification et d'unification de la matière qui fait pendant à la nucléosynthèse et à la dissémination de la matière ouvragée. Celle-ci diversifie les espèces nucléaires et les disperse, celui-là les uniformise et les retient dans une prison gravitationnelle, un cadavre d'étoile en quelque sorte.

Les étoiles travaillent aussi au noir. Célestes sabliers, au moment ultime elles dévoilent les perles transcendantes (naines blanches, étoiles à neutrons et trous noirs) qu'elles couvent en leurs tréfonds alors que s'envole l'enveloppe chargée comme un galion de leurs richesses et de leurs largesses, cendres fertiles nommées « carbone », « azote », « oxygène »... Elles ne savent pas ce qu'elles font ! Elles déversent dans le ciel des tombereaux de chair future !

Les étoiles sont les moteurs de l'évolution galactique : au terme de leur existence, elles inséminent l'espace des produits de leur alchimie nucléaire. Ensuite, dans les nuages sombres, à l'abri des photons ravageurs, se constituent des molécules. Des étoiles et des planètes naissent sans cesse dans le froid de l'espace.

Les termes « naissance », « vie » et « mort » des étoiles sont couramment employés dans les textes de vulgarisation astronomiques, mais nous tenons, d'entrée de jeu, à préciser que les étoiles ne répondent pas au critère de la vie, même si au fil de leur évolution, leur aspect est changeant et si leur extinction peut parfois présenter la brutalité de la mort, du moins pour certaines d'entre elles de la catégorie des supernovae. Un être vivant, par définition, tire continuellement son énergie du milieu extérieur tandis qu'une étoile, autosuffisante, tire son énergie de sa propre substance.

Une étoile s'éteint comme une bûche lorsqu'elle a épuisé sa substance combustible et elle ne brille que parce qu'elle transmute les éléments. Ce n'est pas un être mais un état. Une étoile visible n'est qu'un feu, un feu nucléaire. L'étoile qui scintille est la phase brillante du cycle de la matière, et encore pas de toute la matière puisque les neutrinos et autres particules non sensibles aux interactions fortes et électromagnétiques, si elles existent, ne participent pas à la structuration de la matière en objets. De plus, il existe des astres invisibles (naines noires, étoiles à neutrons, trous noirs) qui sont les descendants des étoiles visibles.

Les étoiles ne sont pas des corps vivants mais ce sont des objets qui changent de structure et d'aspect. Ils évoluent et prolifèrent et c'est pour cela qu'on dit qu'ils « naissent, vivent et meurent ».

L'étoile, au terme de son évolution, restitue une partie d'elle-même, enrichie des cendres de son activité. Le ciel se charge en éléments lourds comme la terre se charge en sel. De ce fait, le milieu qui sépare les étoiles se transforme et évolue. Lorsque la teneur en éléments lourds atteint 2 % émerge la vie et la conscience, comme on peut le déduire du seul cas connu : le nôtre.

Les étoiles massives peuvent à bon droit être considérées comme les moteurs de l'évolution des galaxies, tant au sens chimique que mécanique du terme : elles émettent une grande quantité de lumière ultraviolette vu leur forte température superficielle, laquelle ionise le milieu galactique environnant. La poussière interstellaire chauffée par le rayonnement UV des étoiles massives rayonne l'énergie reçue sous la forme infrarouge. Elles échauffent et brassent le milieu interstellaire et y injectent des atomes nouveaux confectionnés en leur sein. Elles accélèrent des particules, dites *rayons cosmiques*, dont la vitesse peut atteindre une fraction non négligeable de la vitesse de la lumière, lesquels fragmentent sur leur passage les noyaux d'atomes de carbone et d'oxygène déposés par les étoiles mortes pour donner naissance à des espèces légères et rares qui ont pour nom *lithium*, *béryllium* et *bore*. Le lithium sert longtemps après à soigner les dépressions nerveuses des astronomes qui se penchent sur son origine. Le bore, sous forme de carborundum usait autrefois les chaussures des usagers du métro. Le béryllium donne sa couleur émouvante à l'aigue marine et au saphir.

À celui qui, sur le papier, voudrait bâtir un univers semblable au nôtre, un ajustement serait nécessaire dans une direction ou une autre pour éviter qu'il ne soit vide de noyaux complexes. Un univers composé uniquement d'hydrogène ne serait pas très différent du nôtre, mais si toutes les étoiles étaient composées d'hélium, originellement, elles auraient brûlé très vite. Un Soleil d'hélium n'aurait brillé que 10 millions d'années, environ. Les planètes n'auraient probablement pas eu le temps de se former. L'eau n'existerait pas.

Pour l'heure, les étoiles sont autant de soleils de masses variées à des stades d'évolution plus ou moins avancés. Elles brûlent longuement leur combustible, essentiellement constitué d'hydrogène, puis l'hélium, qui en est la cendre, puis le carbone et l'oxygène, et enfin le silicium, si tant est que leur température centrale (masse) le leur permette. Le fer, produit de combustion du silicium, refuse de brûler (au sens nucléaire du terme) car c'est le noyau le plus stable de la nature. Dès lors, les étoiles sont condamnées car la longue lutte entre le feu nucléaire et la gravitation tourne à l'avantage de cette dernière. Leur cœur s'effondre et sur lui viennent rebondir les couches périphériques. L'implosion précède d'un instant l'explosion. Elles essaiment dans l'espace les atomes qu'elles ont forgé. Ainsi, les plus fertiles des objets du ciel sont les supernovae (dossiers 3 et 4).

Tout le travail de la pensée astrophysique est de donner un sens au mot « étoile ». Il s'avère que la description de l'évolution stellaire est conforme aux théories physiques et aux processus nucléaires connus.

Sources des atomes

Partout dans l'univers, la prolifération des mêmes motifs : atomes dans le microcosme et étoiles dans le macrocosme. Atomes et étoiles sont liés : l'étoile est la mère des atomes. Cette phrase résume l'une des plus grandes découvertes de ce siècle. La tâche de l'astrophysique nucléaire est d'expliciter ce lien. La création de la matière est devenue un objet de recherche pour les sciences. Les sources de la plupart des atomes, ou plus exactement de leurs noyaux, sont les étoiles.

Une étoile, qu'est-ce, à vrai dire ? Un artisan, une abeille, une forge métallurgique, un système physique qui fonctionnent à très haute pression ? L'étoile joue dans l'économie générale de l'univers le rôle d'artisan consciencieux : c'est le lieu de l'alchimie nucléaire. La matière s'y dématérialise en se faisant lumière, partiellement, et le simple se complexifie, l'hydrogène se transmute en hélium, l'hélium en carbone et oxygène, l'oxygène en silicium et le silicium en fer...

L'étoile brûle ses cendres et les cendres de ses cendres, mais le fer refuse de brûler, alors le feu nucléaire s'éteint. Et les géantes bleues, le cœur effondré, s'ouvrent comme des fleurs et sèment dans le ciel leurs essaims d'atomes ailés. Leur mort en lumière est accueillie au cri de « supernova ! ».

Ces supernovae, dont les étoiles mères sont bleues, précisément, car massives et chaudes, sont le moteur de l'écologie des galaxies : de génération en génération d'étoiles bleues, le terreau interstellaire, beau précipité nuageux, s'enrichit en éléments propices à la vie, carbone, azote, oxygène, magnésium, silicium, soufre, etc. Feu nos ancêtres bleues, mères de nos atomes, nous vous devons de vous connaître, ainsi que vos aïeux les nuages, la lumière et son père le vide fleuri !

La théorie du Big Bang, fille naturelle de la Relativité générale et de l'astronomie, conjuguée à la physique nucléaire, nous enseigne que l'hydrogène et l'hélium sont originels et que les étoiles, réacteurs nucléaires à confinement gravitationnel, ont forgé dans leur creuset, à partir de ces éléments simples, tous les autres, depuis le carbone jusqu'à l'uranium. Elles se sont ouvertes comme des fleurs et se sont envolées des myriades d'atomes de toutes variétés, semences nécessaires à la vie, ceux-là mêmes qu'elles ont ouvragés. Les humanités à naître sont là, autour des supernovae, étoiles écartelées qui ont laissé fuir leur substance. Le lien entre les astres et les hommes est donc matériel, génétique et historique.

L'étude de la synthèse des noyaux d'atomes via les réactions nucléaires que font proliférer certains objets chauds ou événements astronomiques violents peut sembler surhumaine. Certes, il n'a pas été aisé de comprendre la synthèse des éléments chimiques et le perfectionnement des métaux dans les étoiles. Mais patience et longueur de temps ont eu raison des principales énigmes, et dans les années récentes des progrès substantiels ont été accomplis dans la compréhension de l'origine des éléments. Les principaux sites de nucléosynthèses sont maintenant assignés aux différentes espèces de noyau d'atomes.

Les planètes n'en font aucunement partie. Il est devenu parfaitement déraisonnable d'attribuer la paternité du mercure (vif-argent) à la planète Mercure, d'associer le fer à la planète Mars et le plomb à Saturne. Nous savons aujourd'hui que le fer, le plomb et le mercure viennent des supernovae.

Synthèse des nucléosynthèses

L'astrophysique nucléaire est comme la chimie un art combinatoire. Les réactions nucléaires s'écrivent comme les réactions chimiques, en remplaçant les atomes par des noyaux.

La première nucléosynthèse est cosmologique. Dans la chaleur des origines, entre 1 et 100 secondes après le Big Bang, une première flambée de réactions nucléaires se produit. Les espèces H, D, ^{3}He, ^{4}He, et ^{7}Li sont synthétisées dans des proportions qui dépendent de la densité baryonique de l'univers[1] (dossier 1).

Elle avorte essentiellement au nombre 7 en raison de l'instabilité maladive de la progéniture de l'hélium (^{4}He + ^{4}He → ^{8}Be instable). L'univers doit se doter d'étoiles pour poursuivre son ascension vers la complexité nucléaire.

Lithium, béryllium et bore sont des produits de brisure nucléaire (« spallation ») de noyaux plus lourds (essentiellement carbone, azote et oxygène : CNO), eux-mêmes originaires des étoiles. Des noyaux de CNO volants ou fixes se fragmentent par collision avec H et He fixes ou volants pour former les espèces ^{6}Li, ^{7}Li, ^{9}Be, ^{10}B et ^{11}B fragiles et légères, si fragiles qu'elles sont détruites dans les étoiles.

Dans un article classique paru dans *Review of Modern Physics*, Burbidge, Burbidge, Fowler et Hoyle (1957) ont décrit les différents processus responsables de la synthèse des éléments chimiques au cours de l'évolution stellaire. Les processus répertoriés relèvent de la fusion thermonucléaire et de la capture de neutrons.

Le fer est l'élément chimique dont le noyau a l'énergie de liaison la plus élevée, par conséquent le processus de fusion thermonucléaire ne peut procéder au-delà de lui. Les stades successifs de combustions (H, He, C, Ne, O et Si) demandent des températures toujours plus élevées pour circonvenir la répulsion électrique des noyaux réactifs. Les cendres d'un cycle servent de combustible au cycle suivant. Ainsi, le carbone est la cendre de l'hélium qui est lui-même la cendre de l'hydrogène, et ainsi de suite. L'hydrogène est le meilleur combustible et les cycles suivants ont un rendement énergétique d'autant plus mauvais que l'on s'en écarte. Ils sont de ce fait de moins en moins durables.

------

1. Voir l'article de E. Vangioni-Flam et M. Cassé, *La Recherche*, hors série n° 1, avril 1998.

La nature et la durée des phases de combustion dépendent de la masse de l'étoile incriminée. Seules les étoiles de masse supérieure à 8 $M_\odot$ peuvent enchaîner tous les cycles de fusion.

S'agissant de ces étoiles massives, il faut faire la part entre nucléosynthèse lente, séculaire, quasi *statique*, et nucléosynthèse *explosive* dont l'échelle de temps est de l'ordre de la seconde. Cette dernière n'affecte que les couches les plus internes des étoiles, riches en Si, O et C.

Au-delà du fer, la nucléosynthèse procède par capture neutronique sur le fer et ses voisins. Deux types de capture neutronique, lente (s = *slow*) ou rapide (r) entrent en lice selon l'intensité et la durée de l'irradiation neutronique. Une fois le neutron absorbé, le produit qui en résulte dépend de la possibilité de convertir un neutron en proton à l'intérieur du noyau avant qu'un nouveau neutron soit absorbé. Selon que la transmutation a lieu avant ou après la capture, on a affaire au processus-s ou r.

Dans le cas rapide, plusieurs neutrons sont ajoutés avant que les conversions n $\rightarrow$ p ne viennent ramener le rapport n/p à des proportions raisonnables. Le processus-r demande des flux de neutrons imposants et des densités et températures extrêmes qui ne peuvent être atteintes que dans les supernovae de type II ou la coalescence de deux étoiles à neutrons. On ignore encore les détails de son fonctionnement. Mais on n'a pas d'autre explication de l'existence de l'or et des isotopes lourds de l'étain (^{121}Sn et ^{124}Sn), par exemple. À cela s'ajoute un processus de *photodésintégration* (de courte durée) qui conduit à des noyaux pauvres en neutrons, ou si l'on préfère riches en protons (processus-p).

Dans le processus lent, les captures de neutrons sont entrecoupées de conversions n $\rightarrow$ p, si bien qu'on ne s'écarte jamais beaucoup de la vallée de stabilité.

Le processus-s agit dans des conditions moins extrêmes. On en distingue deux formes.

1. Le processus-s principal qui synthétise des noyaux riches en neutrons de nombre atomique A supérieur à 100, qui se produit dans les étoiles géantes rouges de type BAG (Branche asymptotique des Géantes) prises de palpitations thermiques.

2. Le processus-s faible qui produit des noyaux entre A = 60 et 100, qui accompagne la fusion de l'hélium dans les étoiles massives.

Les réseaux de réactions nucléaires couplés au modèle stellaire permettent de calculer dans toutes les conditions possibles les compositions résultant des processus nucléaires. Les probabilités de réaction sont fournies par les physiciens nucléaires. Par la grâce du modèle numérique stellaire armé des données microscopiques pertinentes, l'étoile devient transparente et l'on peut suivre sa carrière entière depuis sa naissance nuageuse jusqu'à sa mort en lumière, et voir s'enchaîner les cycles de combustion nucléaire

La *fusion de l'hydrogène* (via la chaîne p-p et le cycle CNO, non explicités ici) au centre des étoiles cesse lorsque la plus grande partie en est transformée en hélium.

La *fusion de l'hélium* produit deux éléments d'importance vitale, à savoir le carbone et l'oxygène. En fait le carbone constitue 18 % de notre corps et l'oxygène 65 %, la fraction de ces éléments dans la matière solaire étant de 0,39 % et 0,85 %, respectivement. Seuls l'hydrogène et l'hélium y sont plus abondants.

La fusion de l'hélium est théoriquement inhibée par l'absence de noyaux stables de masse 5 et 8, qui permettraient de passer de l'hélium au carbone. Mais l'existence de structures carbonées comme vous et moi implique que les étoiles ont pu circonvenir la difficulté. Ne pouvant produire le carbone par des réactions à deux corps, elles en font intervenir trois : $3\ ^{4}\text{He} \rightarrow\ ^{12}\text{C}$. Cette réaction triple bénéficie dans les géantes rouges (100 millions de degrés au centre) de circonstances très favorables liées à l'existence d'un état excité du carbone (7,65 MeV) qui accroît de manière considérable la probabilité de réaction. Sans ce niveau d'énergie providentiel, dont l'existence a été prédite par Hoyle (1954) et vérifiée par la suite, le carbone n'aurait pu être produit par les géantes rouges, et la vie aurait pris un autre tour. Nous nous réservons d'en parler.

La réaction $\alpha +\ ^{12}\text{C} \rightarrow\ ^{16}\text{O} + \gamma$ convertit une fraction substantielle du carbone en oxygène. La production d'oxygène peut être suivie parfois par celle du néon via la réaction $\alpha +\ ^{16}\text{O} \rightarrow\ ^{20}\text{Ne} + \gamma$.

Dans des étoiles de masse inférieure à 8 $M_\odot$, la fusion centrale s'interrompt et il en résulte un astre inerte dont le cœur de carbone + oxygène est dégénéré au sens quantique du terme : une *naine blanche*. « Dégénéré » est un terme du vocabulaire quantique qui s'applique en l'occurrence aux électrons dans des conditions de forte densité et relativement basse température. Les électrons, en vertu du principe d'exclusion de Pauli, refusent de se laisser réduire et exercent une pression qui s'oppose à la contraction gravitationnelle. La pression n'est plus proportionnelle à la température. La matière perd sa souplesse gazeuse.

Les naines blanches, sous des dehors placides, sont des astres très susceptibles, le moindre apport de matière extérieure, la moindre surcharge se solde par une éruption (*nova*) ou une explosion (*supernova de type Ia*).

Une autre chaîne de réaction d'importance pour les étapes futures, notamment l'équilibre statistique nucléaire final (voir plus bas), est celle qui enrichit la matière en neutrons, via l'interaction faible (β^+)

$$CNO \rightarrow {}^{14}N$$
$$^{14}N + \alpha \rightarrow {}^{18}F + \gamma$$
$$^{18}F \rightarrow {}^{18}O + \nu + e^+$$
$$\alpha + {}^{18}O \rightarrow {}^{22}Ne + \gamma$$
$$\alpha + {}^{22}Ne \rightarrow {}^{25}Mg + n$$

La fusion de l'hélium fait passer directement de l'hélium au carbone en sautant par-dessus le trio lithium, béryllium, bore. Ces noyaux ne sont pas produits dans les étoiles mais au contraire détruits, vu leur fragilité. Ils sont engendrés dans le milieu interstellaire par collision entre noyaux de haute énergie et protons et noyaux d'hélium au repos, et par le processus inverse qui revient à inverser cibles et projectiles, comme nous l'avons dit.

Dans les étoiles de masse supérieure à 8 $M_\odot$, la fusion thermonucléaire peut procéder plus avant. Les cœurs s'échauffent. En raison de l'émission de neutrinos (et d'antineutrinos), l'évolution est grandement accélérée. Le temps caractéristique d'évolution nucléaire du cœur devient plus court que le temps de réajustement de l'enveloppe visible. Il s'ensuit que l'évolution interne ne se solde par aucun changement de couleur et luminosité. Tout se passe comme si une étoile constituée d'éléments lourds vivait et évoluait au sein d'une supergéante rouge (pour les plus légères) ou bleue (pour les plus massives).

Lorsque cesse la fusion de l'hélium au centre des étoiles, leur cœur de C + O se contracte et la température s'élève et, à une température légèrement inférieure à 1 milliard de degrés, s'allume le carbone.

La fusion du carbone produit le néon, le sodium et le magnésium via des réactions de la forme

$$^{12}C + {}^{12}C \rightarrow {}^{24}Mg + \gamma$$
$$^{23}Mg + n$$
$$^{23}Na + p$$
$$^{20}Ne + \alpha$$

(γ, n, p et α désignant respectivement un photon gamma, un neutron, un proton et un noyau d'hélium).

La *fusion du néon* prend le relais lorsque la température atteint 1 milliard de degrés. À cette température, les photons thermiques commencent à entamer le néon en lui arrachant des fragments d'hélium.

$$\gamma + {}^{20}Ne \rightarrow {}^{16}O + \alpha$$

Les noyaux d'hélium ainsi libérés sont capturés par le néon encore intact pour former le magnésium-24.

$$\alpha + {}^{20}Ne \rightarrow {}^{24}Mg + \gamma$$

Au terme de la combustion du néon, l'étoile est constituée principalement d'oxygène et de magnésium.

La *fusion de l'oxygène* débute lorsque la température atteint 2 milliards de degrés. Ses réactions principales sont :

$$^{16}O + {}^{16}O \rightarrow {}^{32}S + \gamma$$
$$^{31}P + p$$
$$^{31}S + n$$
$$^{28}Si + \alpha$$

Le produit de synthèse le plus important, le silicium-28, résulte de l'addition de deux noyaux d'oxygène avec perte d'un noyau d'hélium.

Dans le cas de la *fusion du silicium*, qui débute à environ 2 milliards de degrés, les réactions procèdent d'une manière légèrement différente et l'on retrouve un schéma semblable à celui de la fusion du néon. À cette température, le silicium est graduellement attaqué par les photons thermiques qui détachent des noyaux d'hélium, des protons et des neutrons. Ces noyaux légers se combinent au silicium survivant pour donner des noyaux de la région du fer. Schématiquement

$$^{28}Si + \gamma \rightarrow 7\alpha$$
$$^{28}Si + 7\alpha \rightarrow {}^{56}Ni$$
$$^{28}Si + \gamma + p + n \rightarrow \text{pic du fer.}$$

Les réactions, très rapides, sont dans de nombreux cas compensées par les réactions inverses si bien que l'approximation de *l'équilibre statistique nucléaire* peut être appliquée. Dans ces conditions, les espèces les plus stables (possédant l'énergie de liaison la plus élevée) sont favorisées. Le résultat n'est fonction que de trois paramètres : la température, la densité et le rapport neutron/proton. Ce dernier, à son tour, résulte des réactions nucléaires précédentes et de la composition de l'étoile à la naissance, au travers du néon-22 (voir plus haut).

Les fusions du carbone et du néon d'une part et de l'oxygène et du silicium d'autre part sont regroupées car elles aboutissent très souvent à des résultats semblables.

Dans les phases finales de leur évolution, les étoiles prennent la forme d'oignons, avec un cœur central de fer et des pelures successives de silicium, néon, carbone et oxygène, hélium et hydrogène. À ce stade, le cœur, dominé par le fer-54, est dégénéré en raison de la forte densité, alors qu'au-dessus de lui s'étagent des couches silicium, oxygène, hélium et hydrogène en combustion. L'étoile brille de ses derniers feux.

L'étape suivante est l'effondrement du cœur causé par la capture électronique ou la photodésintégration du fer.

L'effondrement, selon la vison traditionnelle, conduit d'une part à la formation d'une étoile à neutrons qui se refroidit par émission de neutrinos et d'autre part à une décompression de la matière lorsqu'elle atteint la densité nucléaire (10^{14} g/cm^3). Le rebond qui s'ensuit se solde par l'émergence d'une onde de choc qui traverse l'enveloppe stellaire non sans avoir au passage rallumé maintes réactions nucléaires.

Le choc, renforcé par l'absorption de neutrinos énergétiques, conduit à l'expulsion des couches externes. Vu de l'extérieur, l'étoile a explosé. Et cet événement fabuleux est accueilli sur Terre par le cri joyeux de « supernova ! ».

Le réchauffement brutal occasionné par le choc et le refroidissement rapide qui s'ensuit ont donc ravivé la nucléosynthèse. La composition de la couche de silicium et d'une partie de la couche d'oxygène est modifiée par la nucléosynthèse explosive qui ne dure pas plus d'une seconde et diffère des précédentes par le fait que l'interaction faible est gelée, paralysée. Les noyaux radioactifs produits, dont le principal est le nickel-56, assurent la brillance (déclinante) de la supernova.

Au total O, Ne et Mg trouvent leur origine dans les combustions hydrostatiques en couches et la quantité synthétisée et éjectée augmente avec la masse du géniteur, alors que S, Ar, Ca et Fe sont essentiellement dus à la nucléosynthèse explosive et leur masse éjectée est moins variable d'une étoile à l'autre.

Ainsi gravit-on les marches de la complexité nucléaire !

Noyaux s et r

Les éléments au-delà du fer ne peuvent être efficacement produits par fusion nucléaire en raison de la forte répulsion électrique suscitée par la charge élevée des noyaux. Les températures requises pour circonvenir cette répulsion sont si élevées qu'aucun noyau ne résiste à l'attaque des photons déchaînés (photodésintégration). Le fer lui-même est détruit. Les éléments lourds, de ce fait, ne peuvent être synthétisés que par des captures successives de neutrons sur les éléments du pic du fer, entrecoupées de transmutations de neutron en proton (décroissance β).

Les captures neutroniques peuvent opérer sur une échelle de temps suffisamment longue pour que toutes les décroissances β aient le temps de se développer ou tout au contraire, on parle alors de processus–s et de processus-r, comme mentionné plus haut.

Ces deux processus conduisent à des distributions d'abondance distinctes.

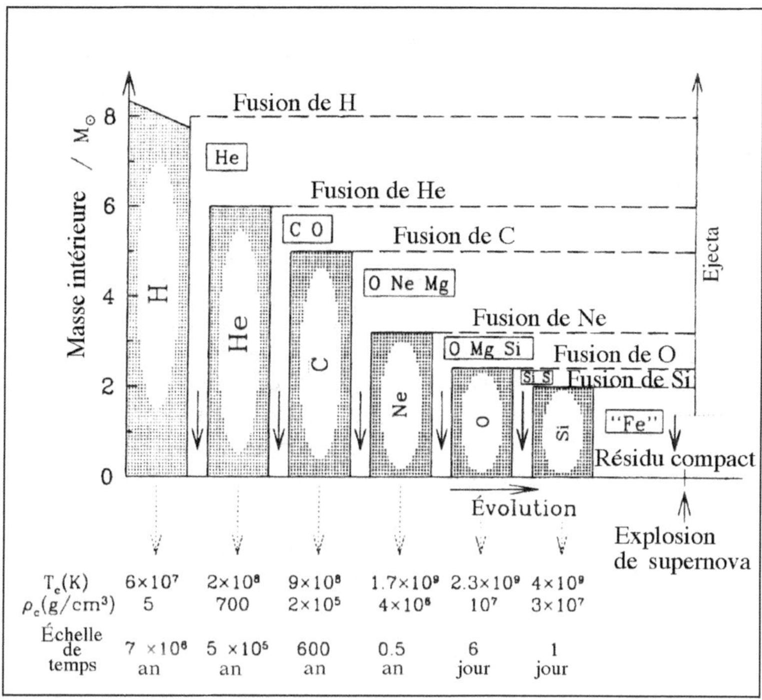

Figure 4 – *Évolution schématisée de la structure interne d'une étoile de 25 masses solaires* (*d'après Marcel Arnould de l'Université Libre de Bruxelles*).
On peut discerner, en grisé, les différentes phases de combustion ainsi que leurs principaux produits. Entre deux phases de combustion, le cœur stellaire se contracte et la température centrale s'élève. Les phases de combustion sont de plus en plus courtes. Avant l'explosion, l'étoile épouse une structure étagée. Le centre est occupé par le fer et la périphérie par l'hydrogène, l'entre-deux par les éléments intermédiaires.
L'effondrement puis la détente (rebond) du cœur engendre une onde de choc qui rallume les réactions nucléaires dans les profondeurs et propulse dans l'espace les couches qu'elle traverse. Le cœur effondré se refroidit par émission de neutrinos pour devenir étoile à neutrons (voire trou noir). La plus grande partie de l'énergie gravitationnelle dégagée par l'implosion du cœur (10^{53} erg) est libérée en 10 secondes environ sous forme de neutrinos.

Dans un flux permanent de neutrons, l'abondance de chaque isotope est inversement proportionnelle à la probabilité (section efficace) de capture de neutrons. Les noyaux disposant de couches fermées de neutrons (N = 50, 82, 126) répugnent à s'adjoindre des neutrons supplémentaires, ce qui conduit à une accumulation et des pics d'abondance.

De même, les noyaux pairs (de nombre de protons pair) ont une probabilité (section efficace) de capture de neutrons inférieure à celle des noyaux impairs, ce qui a pour résultat une plus grande abondance des premiers. Il s'agit d'une nouvelle manifestation de l'effet pair-impair.

Le processus-s construit une distribution d'abondance avec des pics au nombre de masse (A = Z +N) 87, 138 et 208 et présente un effet pair-impair accusé.

La composante principale du processus-s est associée aux pulsations thermiques des étoiles de la Branche asymptotique des Géantes (1 à 3 $M_\odot$) qui produisent des densités neutroniques de 10^7 à 10^9 par cm^3.

La distribution des noyaux r est caractérisée par des pics décalés à 80, 130 et 195, et une absence d'effet pair-impair.

Le site du processus-r est encore débattu, bien que les supernovae aient été soupçonnées dès le début (Burbidge et al 1957). Le modèle le plus populaire est celui qui suggère que le processus-r a lieu dans la bulle chaude (de haute entropie) qui entoure les étoiles à neutrons naissantes. Dans cette région, le rapport photon/baryon élevé favorise la photodésintégration, ce qui a pour effet de générer un nombre de neutrons élevé et un nombre de noyaux de fer bas. Ainsi chaque noyau de fer peut-il être courtisé par de nombreux neutrons (10^{20} par cm^3). Ceux-ci, dénués de charge électrique, s'immiscent insidieusement dans le fer pour le transformer en espèce exotique saturée de neutrons, qui ensuite se stabilise au terme d'une chaîne de transformation de neutrons en protons (radioactivité β moins). Cependant ce modèle, aussi séduisant qu'il soit, rencontre oppositions et difficultés.

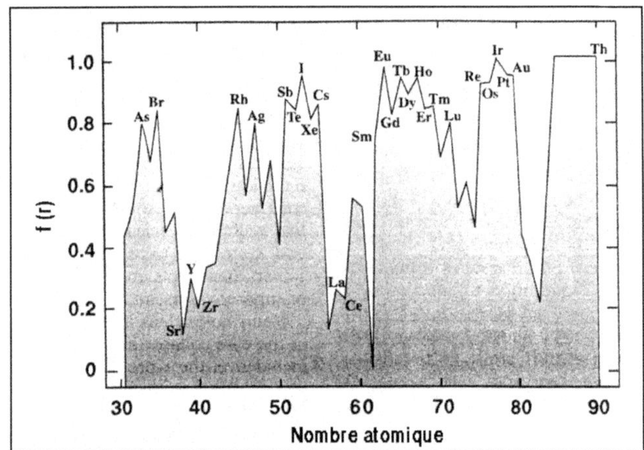

Figure 5 – Décomposition des abondances du système solaire en s et r (d'après Sneden).
Ayant constitué à grand peine une table d'abondance des isotopes du système solaire, on a pris grand soin à séparer les noyaux en deux classes, ceux qui émanent des processus-s et r, ce qui nécessite un long travail de tri, isotope par isotope. La détermination des contributions relatives des deux processus aux abondances solaires commence par extraire la composante s, la plus facile à isoler, car le produit de la section efficace de capture de neutron et de l'abondance est approximativement constant pour tous les éléments de cette classe.
La figure indique que l'europium, l'iridium et le thorium proviennent essentiellement du processus-r, à la différence du strontium, du zirconium, du lanthane et du cérium.
Les autres éléments sont d'origine plus mélangée.

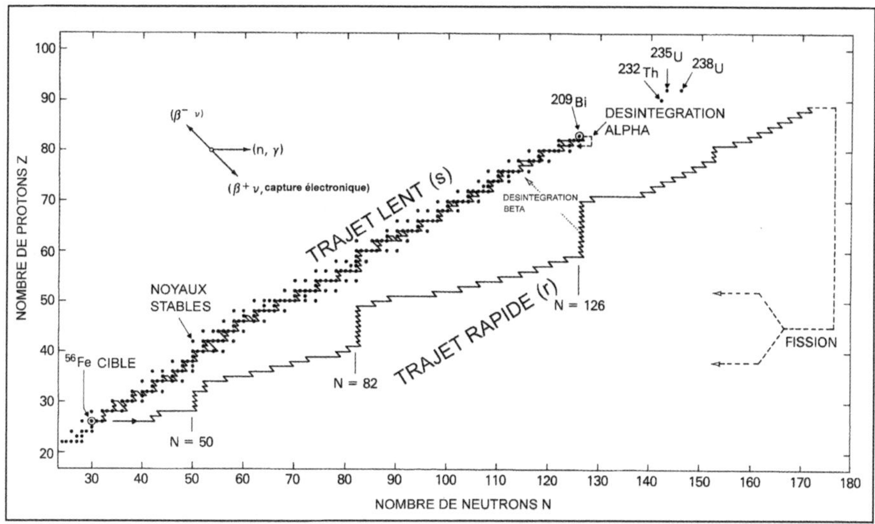

Figure 6 – *Trajectoire des processus-s et r dans le plan Z-N.*
Tout part du fer. Le processus-s suit au plus près la vallée de stabilité et coule comme un fleuve entre ses rives. Il se termine par la désintégration alpha du bismuth-209. Le processus-r entraîne la matière loin de la vallée, sur le versant riche en neutrons, et l'interaction faible l'y ramène. La capture de neutrons s'effectue jusqu'à la fission des noyaux. L'ascension vers les cimes de la richesse neutronique est en l'occurrence fort brutale.

Sociologie des étoiles
et des nuages

Lexique

CHAMBRE À ÉTINCELLES : dispositif de matérialisation des rayons gamma (formation de paire e^+-e^-).

GLOBULES DE BOCK : petits nuages interstellaires, denses, compacts et froids.

EFFET DOPPLER : décalage de fréquence entre lumière émise et lumière perçue dû au mouvement relatif de la source et de l'observateur.

LEPTONS : particules légères, du genre de l'électron.

MICROQUASAR : quasar modèle réduit découvert dans notre propre galaxie.

ONDE DE CHOC : manifestation des mouvements supersoniques.

PHOTODISSOCIATION : rupture de molécules par les photons.

SUPRALUMINIQUE : de vitesse (apparemment) supérieure à celle de la lumière.

Galaxies : unités structurelles du cosmos

Par une belle nuit, on peut apercevoir une bande faiblement lumineuse de lumière diffuse qui barre le ciel en biais. La non-uniformité, ou anisotropie, de la distribution des étoiles est la griffe de notre galaxie, disque aplati contenant des milliards d'étoiles que nous observons sur la tranche depuis la périphérie, exilés aux deux tiers du rayon, à quelque trente mille années-lumière du centre.

Nous ne sommes même pas au centre de notre propre système d'étoiles ! L'épaisseur du disque n'est que de quelques centaines d'années-lumière si l'on excepte le bulbe galactique, excroissance sphérique remplie d'étoiles vieillies.

La distance moyenne entre étoiles est de quelques années-lumière ; elles sont si éloignées que nous les percevons comme des points. Parmi toutes les étoiles, le Soleil, situé à 8 minutes-lumière, est suffisamment proche pour qu'il apparaisse sous forme de disque. Sphère de gaz incandescent de plus d'un million de kilomètre de diamètre, l'astre du jour doit sa brillance et sa chaleur à sa proximité.

Entre les étoiles et autour d'elles flottent d'immenses nuages de gaz froid et raréfié, composé en majeure partie d'hydrogène, qui est l'élément le plus répandu de la nature. Ces nuages sont à la fois le lieu où les étoiles se forment et le réceptacle de leurs cendres.

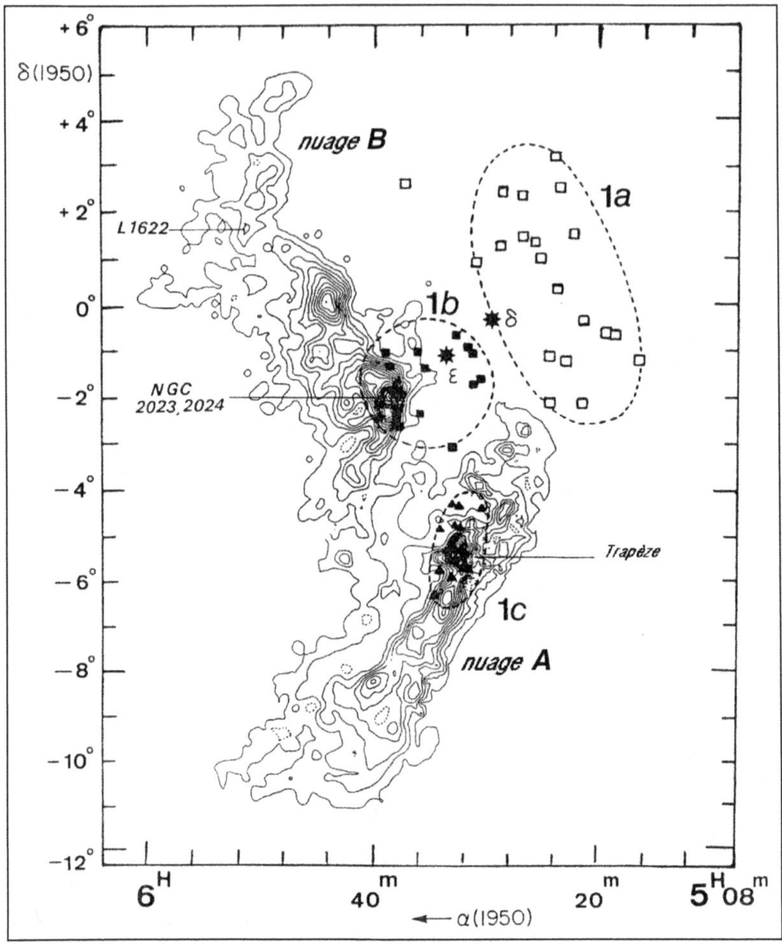

Figure 1 – *Une pépinière d'étoiles, le Complexe d'Orion.*
Les nuages moléculaires A et B, détectés par leur rayonnement radio, semblent accoucher de lignées entières d'étoiles (1a, b, c).

L'aplatissement de la galaxie indique qu'elle est en rotation autour d'un axe central perpendiculaire au disque, ce qui est confirmé par l'observation directe du mouvement global des étoiles : elles orbitent autour du centre de la galaxie faisant un tour complet en 200 millions d'années.

L'univers visible est peuplé de toute une variété de galaxies, de formes contrastées — *irrégulière, spirale, elliptique* —, leur taille varie de quelques milliers à plusieurs centaines de milliers d'années-lumière. On les rencontre seules ou rassemblées en groupes par myriades. Elles sont séparées les unes des autres par une distance de l'ordre de un million d'années-lumière. Toutes sont en rotation, les plus rapides étant les spirales. Les galaxies irrégulières contiennent de grandes quantités de gaz, les spirales des quantités moindres et les elliptiques presque pas du tout.

En plus de leur rotation, les galaxies sont animées d'un mouvement systématique : elles s'éloignent les unes des autres à des vitesses qui augmentent en proportion de leur distance — environ 100 km/s pour 3 millions d'années-lumière de séparation. Ce mouvement d'ensemble est l'évidence la plus nette de l'expansion de l'univers.

Comment former les galaxies ou les protogalaxies, collecter la matière en dépit de l'expansion de l'univers qui tend au contraire à la diluer ?

Si les distances croissent au fil du temps, dans le passé les galaxies étaient nécessairement plus proches les unes des autres. Fut-il une époque où elles étaient toutes confondues ? Était-ce l'origine de l'univers, le début du temps ? En aucune manière ! Ni étoiles ni galaxies ne sauraient exister dans la fournaise originelle, car si l'on inverse la flèche du temps, l'univers se réchauffe. Et quand le ciel est plus chaud que l'étoile, l'étoile se dissout dans le ciel. Lorsque le fond du ciel était à plusieurs milliers de degrés (équivalent à la température de surface de nos étoiles), la matière ne pouvait s'assembler en étoiles. Les étoiles sont faites pour briller dans le ciel noir et froid, c'est-à-dire donner la lumière et non la recevoir. Les étoiles et les galaxies, donc, n'ont pu exister, en tant que telles, dans l'univers archaïque, lorsque la lumière et la matière étaient mêlées.

En règle générale, la *cosmologie*, qui s'intéresse à l'évolution de l'univers, est plus transparente que la *cosmogonie*, qui se préoccupe de création. Les naissances (de l'univers, des galaxies, des étoiles) ou événements originels sont les épisodes les plus obscurs de l'histoire du cosmos. « Origine » est plus opaque qu'« évolution », on ne s'en étonnera pas. La première genèse des motifs architecturaux de l'univers, nous l'observerons un jour. Des signes avant-coureurs nous disent que la naissance des galaxies sera bientôt connue, et nous en avons déjà la prémonition théorique.

Seuls des flocons de matière plus concentrés que le milieu dans lequel ils germent laissent augurer de l'émergence des formes cosmiques. Ces embryons de galaxies ne peuvent être que des floculations aléatoires du magma indifférencié composé de photons, de baryons et de particules non baryoniques.

Les modèles à base de matière non baryonique massive (du type neutralino) laissent supposer une formation hiérarchique des structures. Ils font valoir que des fluctuations primordiales de densité se développent dans le substrat sombre, qu'elles croissent et prospèrent sous l'effet de la gravitation, permettant ainsi à de petites structures, constituées tout à la fois de matière baryonique et noire, de se condenser en premier. Les nuages baryoniques se refroidissent et perdent suffisamment d'énergie cinétique pour tomber sous l'emprise de leur propre gravité. L'effondrement par condensation des régions particulièrement denses et froides pourrait amener une formation d'étoiles ou de systèmes protostellaires à des décalages vers le rouge, z, de 10 à 30, probablement. La prise en masse de protogalaxies s'ensuivrait, lesquelles s'assembleraient par la suite pour donner des galaxies bien constituées.

La structuration stellaire et galactique, ou si l'on préfère les actes élémentaires d'astration et de galactification réels seront analysés dans les domaines infrarouge et submillimétrique au moyen des télescopes NGST, FIRST et ALMA, et le voile se lèvera sur l'un des épisodes les plus émouvants de l'histoire de l'univers : l'émergence de la première lumière stellaire et des premières formes matérielles.

Mais de cette floraison, le noir ne sera pas absent. Il devient de plus en plus évident que la formation de trous noirs supermassifs — cent mille à cent millions de masses solaires —, fruit de l'effondrement illimité de la matière baryonique, influence la genèse et la préhistoire des sociétés stellaires. Les premiers trous noirs géants auraient ainsi pris naissance à z = 10 environ. Ces titans seront vraisemblablement détectés dans leur phase enfantine par l'effet qu'ils induisent sur le gaz environnant, cela dans la bande X au moyen d'instruments appropriés, tel le futur télescope XEUS de très haute sensibilité.

Grâce à l'étude de la raie X du fer (6,7 keV), la connaissance de la synthèse progressive des métaux s'enrichira considérablement, et plus généralement celle de l'évolution chimique du cosmos. La composition, la masse, la température du véritable milieu intergalactique, dominé selon toute vraisemblance par un gaz très chaud de structure filamenteuse, sera également révélée par XEUS, balcon de luxe sur univers X. Acceptons-en l'augure !

Dialectique des étoiles et des nuages

Mais revenons à notre arche originaire, la Voie lactée ! L'actualité astronomique résonne de découvertes certes passionnantes mais qui n'impliquent parfois que de menues parties de notre île d'univers.

Bien que l'étude des objets particuliers soit intéressante en soi, il serait préjudiciable de perdre de vue la grande architecture qu'ils composent. Nuages, étoiles, rayons cosmiques et champs magnétiques se mêlent et s'entremêlent en un entrelacs confus que nous appelons bellement « Voie lactée ». Il est difficile d'en apprécier la perspective de l'intérieur car les objets les plus proches font rideau et l'arbre cache souvent la forêt.

Ensevelis dans son disque poussiéreux (2 grains par million de m^3), nous ne pouvons obtenir une bonne vision de la galaxie qui nous abrite. Avec elle nous conaviguons, mais nous allons nous en extraire par la pensée et essayer de dessiner l'image qu'un astronome, juché sur une hypothétique planète sise dans l'une des galaxies de l'amas de la Vierge, saisirait en regardant notre système d'étoiles. Il verrait comme une roue de feu fuyant à près de 1 500 km/s, plus brillante et plus rouge au centre que sur les bords. Il discernerait une onde spiralée, vague d'étoiles bleues de forme torsadée.

Analysant au moyen de son spectrographe la lumière des étoiles et des nébuleuses gazeuses à différentes distances du centre du disque, il constaterait des différences de composition, la teneur en oxygène, par exemple, diminuant du centre au bord.

Il distinguerait un renflement lumineux au centre du système, comme un abcès ou un bulbe d'étoiles. Il percevrait tout autour du disque aplati un essaim de globules rouges. Cette image que l'astronome extragalactique percevrait aisément, armé du télescope approprié, les humains l'ont construite de toutes pièces, avec difficulté, en raccordant des millions d'observations et en les complétant, si nécessaire, par des extrapolations théoriques, tant il est vrai qu'immergés dans notre système d'étoiles nous ne pouvons en percevoir la perspective générale.

Évadons-nous de notre prison d'étoiles. Quand l'astronomie devient un sentiment, celui-ci se rapproche de celui que suscite la vallée des Rois. L'architectonique globale des sociétés d'étoiles nous apparaît dans toute sa magnificence.

La lumière visible des galaxies semblables à la nôtre provient essentiellement des étoiles, spécialement les plus jeunes, les plus massives, les plus bleues, et des nuages de gaz qu'elles illuminent. Les galaxies qui forment des étoiles à un rythme élevé, comme le grand Nuage de Magellan, sembleront plus bleues et moins uniformes que la Voie lactée et autres galaxies spirales. Celles dont la formation d'étoiles est à son niveau d'étiage paraissent uniformément rougeoyantes.

Très naturellement, on constate que les premières regorgent de nuages froids et poussiéreux, dont nous savons pour les avoir étudiés localement qu'ils accouchent de lignées d'étoiles alors que les secondes montrent un déficit de nuages fertiles.

Pourquoi certaines galaxies auraient-elles transformé virtuellement tout leur contenu gazeux en étoiles dans le passé alors que d'autres l'auraient préservé pendant tout ces milliards d'années ?

Un indice est fourni par leur forme. Toutes les galaxies se composent probablement d'un disque plat et d'un halo sphérique. Elles se différencient par la prééminence de l'un ou de l'autre. Le disque est le lieu où se forment actuellement les étoiles. Le halo fait foi du passé car il est le rassemblement des étoiles antiques. Et seules persistent à y briller les plus petites (rouges) car les bleues (massives et éphémères) ont disparu.

Le disque des galaxies elliptiques est quasiment invisible aussi bien que le halo des galaxies irrégulières. Notre Voie lactée, quant à elle, est pourvue d'un disque très apparent couronné par un halo qui ne l'est pas moins. Les étoiles brillantes et le gaz ionisé dessinent les bras spiraux, ornement du disque. Les vieilles étoiles, groupées en amas globulaires, offrent une couronne au disque précieux.

Comme nous l'avons dit à plusieurs reprises, on distingue deux types d'étoiles selon leur composition chimique, leur mouvement (vitesse) et leur appartenance au halo ou au disque de la galaxie. Les premières sont vieilles et pauvres en métaux. Elles portent témoignage d'une époque où la galaxie, à peine née, cherchait encore sa forme.

Les galaxies sont les unités structurelles de l'univers, les pierres de construction du cosmos. Aussi, plutôt que demander « quel est l'âge de l'univers ? », nous pourrions poser la question « quel est l'âge des galaxies ? » en commençant par la nôtre. « L'homme a l'âge de ses artères », dit-on, la galaxie a celui de ses amas globulaires, c'est-à-dire de 12 à 14 milliards d'années.

La masse totale de la galaxie est environ de 10^{12} M$_\odot$, sur ces mille milliards de masses solaires, la part de la matière visible (brillante) n'est que d'un dixième — c'est ce que signifie la courbe de rotation de la galaxie, c'est-à-dire le graphe de la vitesse de rotation par rapport à la distance au centre de la galaxie —, tout le reste est sous forme de matière sombre. La masse des étoiles est donc de cent milliards de masses solaires et celle du milieu interstellaire de quelques milliards environ.

Les étoiles sont très éparses. Si elles étaient des gouttes de pluie, elles seraient séparées d'environ 100 km.

Le milieu interstellaire est constitué essentiellement d'hydrogène et d'hélium, divisés en nuages de gaz brillants ou sombres, élégamment pailletés. Les paillettes sont de minuscules grains de matière solides. La masse de la poussière n'est que de un centième de celle du gaz, soit dix millions de masses solaires, mais son effet sur la lumière des étoiles et la chimie interstellaire est capital.

La plus grande partie du gaz galactique est contenue dans le disque et plus particulièrement dans les bras spiralés, c'est-à-dire dans une couche de quelques centaines d'années-lumière d'épaisseur. Bien que nous ne puissions dire explicitement que l'espace qui sépare les étoiles est vide puisque le milieu interstellaire est observable, il n'est pas loin de l'être. Il ne contient en effet, en moyenne, qu'1 atome par cm^3, environ, c'est-à-dire bien moins que le meilleur vide de laboratoire.

Le milieu interstellaire est donc très dilué et fortement inhomogène. La matière éparse qui flotte entre les étoiles a une masse qui ne dépasse pas quelques pour cent de celle des étoiles visibles. Ce milieu interstellaire est baigné par plus diffus que lui, un essaim léger de particules rapides le baigne de part en part, il est zébré de photons et de particules.

Un gaz extrêmement ténu de particules de haute énergie se mêle en effet à celui des atomes presque au repos qui constitue le disque de la galaxie. Il est constitué de tous les noyaux d'atomes que nous connaissons. On y rencontre également un peu d'antimatière élémentaire (antiprotons et positons), mais cette antimatière n'est pas originelle, elle est engendrée au fil des collisions entre protons (une partie de l'énergie cinétique des protons se transforme en paire électron-positon et proton-antiproton, rien de plus naturel). Ce serait par contre miracle si l'on y trouvait un seul noyau d'anti-hélium. L'astrophysique et la cosmologie en seraient toutes retournées ! Le projet AMS (*Anti Matter Spectrometer*), qui consiste à installer un aimant supraconducteur sur la future station spatiale pour séparer matière et antimatière dans le rayonnement cosmique, est destiné à donner une réponse claire à la question de l'existence d'anti-étoiles dans l'univers.

Irradié en permanence par des photons, bombardé par des particules, l'espace est radioactif. Les seuls endroits relativement abrités sont peut-être les nuages moléculaires denses, comme en témoigne leur température glaciale (3 à 30 Kelvin).

La composante gazeuse est constituée d'un mélange d'atomes et de molécules et ceux-ci peuvent être ionisés ou neutres. La poussière, malgré sa représentation modeste, joue un rôle déterminant dans la thermodynamique et la chimie du MIS (milieu interstellaire) et dans le processus de formation d'étoile qui conditionne toute l'évolution galactique.

Les grains de poussière agissent comme des pierres dans le désert, ils accumulent de la chaleur et la restituent au milieu sous forme de rayonnement infrarouge. Ils jouent les intermédiaires entre la lumière des étoiles et le gaz interstellaire car ils absorbent les photons stellaires de manière très efficace. C'est pour cela que les nuages paraissent sombres sur les photographies. En fait, ils brillent dans l'infrarouge.

La poussière qui poudre la galaxie échange les grosses coupures de la lumière stellaire pour de la menue monnaie infrarouge.

La règle de vie du parfait nuage est de confisquer la lumière visible en l'absorbant ou en la diffusant. Cet effet collectif est appelé « extinction ». Cet assombrissement assure une protection contre les UV dévastateurs. À l'abri au cœur des nuages denses, les molécules peuvent proliférer et il s'y concocte toute une chimie, dite « chimie interstellaire », souvent catalysée par les grains de poussière eux-mêmes qui offrent leur surface comme terrain de jeu. Des molécules organiques complexes peuvent ainsi se constituer et une mince pellicule de glace peut recouvrir les grains eux-mêmes.

Chimie interstellaire

Jusqu'en 1968, les astronomes supposaient que le MIS était constitué essentiellement d'hydrogène atomique ; celui-ci, en effet, ubiquiste, laissait partout la trace de sa présence sous la forme d'un rayonnement spécifique de 21 cm de longueur d'onde. Ensuite l'ammoniac NH_3 fut découvert près du centre galactique, suivi de la vapeur d'eau, puis vinrent une litanie de molécules plus complexes jusqu'à l'éthanol (CH_3CH_2OH). Il y a beaucoup plus d'alcool dans les nuages interstellaires que dans toutes les bouteilles d'armagnac.

Les radiotélescopes de l'IRAM (Institut de Radio Astronomie Millimétrique), consortium franco-hispano-allemand, ont à leur actif une bonne partie des découvertes des molécules cosmiques nouvelles effectuées depuis une dizaine d'années. L'interféromètre de l'IRAM sur le plateau de Bures combine les signaux collectés par cinq antennes paraboliques. Sa résolution est de 0.5 seconde d'arc à 1,3 mm.

Cette longueur d'onde est celle d'une transition de la molécule CO (monoxyde de carbone) qui est répandue partout dans la Voie lactée et les galaxies extérieures. Les radioastronomes le considèrent comme traceur d'hydrogène moléculaire avec lequel il cohabite et qui fleurit en étoiles. Les étoiles viennent du froid. Des cartes précises obtenues par interférométrie démontrent l'extrême richesse chimique des enveloppes d'étoiles évoluées.

La liste des molécules détectées s'allonge de jour en jour, en l'an 2000 elle en comporte plusieurs dizaines.

Notre dette à la radioastronomie est immense. Nous savons grâce à elle que le MIS est le site d'une chimie complexe et variée, différente de celle que nous pouvons voir se développer sur Terre. Les conditions sont en effet très particulières : basses température et densité, chimie sous rayonnement. Toute chimie s'accomplissant dans l'espace dépend des abondances cosmiques des réactifs. Les éléments les plus communs, participant de l'art combinatoire des atomes, sont déclinés dans la liste suivante, reprise de la table d'abondance :

O	$7 \ 10^{-4}$
C	$3 \ 10^{-4}$
N	10^{-4}
Si	$3 \ 10^{-5}$
Mg	$3 \ 10^{-5}$
S	$2 \ 10^{-5}$
Fe	$4 \ 10^{-6}$

Abondance fractionnelle des éléments par rapport à l'hydrogène

La découverte d'une nouvelle molécule dans le ciel combine l'observation radioastronomique, la spectroscopie de laboratoire et la chimie quantique, ainsi que les mesures de taux de réactions moléculaires à très basse température, y compris de *photodissociation*. On peut y voir l'analogue froid de l'astrophysique nucléaire dont la méthodologie a été déclinée plus haut.

Les conditions physiques extrêmement variées régnant dans le milieu interstellaire (pression, température, densité, différents types de rayonnement électromagnétique existants) font donc naître une chimie complexe et inusitée. Le produit ultime en est la matière moléculaire brute, matériau de construction des planètes et de la vie elle-même. Ces molécules présolaires, on en retrouve prises dans la gangue des météorites et des comètes, à notre grand émerveillement. Sans la poussière, l'évolution de la galaxie aurait été différente, car le développement des systèmes planétaires eût été impossible. La poussière est le trait d'union entre les étoiles et la vie. L'*astrochimie* ouvre peut-être la voie à l'*astrobiologie* !

L'hydrogène dans tous ses états

Les nuages de gaz qui constituent le MIS (milieu interstellaire) sont appelés « nébuleuses gazeuses ». Les nébuleuses représentent des régions du MIS de densité plus élevée que la moyenne. Le MIS contient les éléments en proportions conformes aux abondances de la table, à savoir 90 % d'atomes d'hydrogène, 9 % d'atomes d'hélium et moins de 1 % d'atomes plus lourds (ces pourcentages sont maintenant en nombre d'atomes et non en masse relative).

On les divise en nébuleuses sombres, nébuleuses réfléchissantes, régions HII, nébuleuses planétaires et vestiges de supernovae.

Les nébuleuses sombres se laissent observer par le fait qu'elles masquent les étoiles. Le noir intégral des régions du ciel dépourvues d'étoiles laisse en effet soupçonner l'existence d'un écran. S'il n'y a rien, c'est qu'il y a quelque chose.

Certaines sont sphériques et autogravitantes, on les appelle *globules de Bock*, ce sont probablement des sites de formation d'étoiles, des lieux fertiles. On les trouve parfois enfouis dans les nuages moléculaires géants qui sont comme les unités de base, les pierres de construction de la galaxie. Les complexes moléculaires (comme celui d'Orion, par exemple) sont froids, ils ont une durée de vie de l'ordre de 10 millions d'années, ce qui est très court par rapport à celle du Soleil, et comme leur nom l'indique ils sont riches en molécules, tels l'hydrogène H_2 et le monoxyde de carbone CO.

Les nébuleuses par réflexion, du plus bel effet visuel, sont des nuages de gaz et de poussière qui brillent en empruntant leur lumière aux étoiles, tout comme les planètes. La lumière stellaire est diffusée par les grains de poussière qui flottent dans le gaz environnant, révélant ainsi sa présence. Ces nébuleuses paraissent plus azurées que de nature car la lumière est bleuie par la diffusion. C'est pour cette raison que sur Terre le ciel est bleu. Car c'est l'air qui bleuit le ciel, Léonard de Vinci l'avait parfaitement compris.

À toutes fins utiles, on considère l'espace galactique comme rempli d'hydrogène à raison d'1 atome par cm^3 en moyenne, avec des régions localisées toutefois beaucoup plus denses et par conséquent d'autres moins denses, mais plus étendues. Lorsque la densité dépasse un certain seuil critique, les atomes d'hydrogène s'assemblent deux à deux pour former des molécules du même nom (H_2). La partie la plus dense de la nébuleuse d'Orion recèle 1 million de molécules par cm^3 voire plus.

Les zones localisées d'hydrogène ionisé sont appelées régions HII (pour signifier que l'hydrogène est dans son deuxième état d'ionisation). Elles apparaissent partout où des atomes d'hydrogène neutres (HI) sont exposés à des photons d'énergie supérieure à 13,6 électron-volts (énergie de liaison des électrons dans les atomes d'hydrogène). Les photons de haute énergie ionisent les atomes d'hydrogène pour former des protons (H⁺) et des électrons. Les régions HII sont donc des régions brillantes et ionisées qui entourent les étoiles massives et jeunes (de type spectral O et B). Leur spectre est dominé par des raies d'émission.

L'étude des spectres radio et optiques des régions HII et des nébuleuses planétaires, qui nous attendent quatre lignes plus bas, nous fournit les abondances de plusieurs éléments, spécialement l'hélium, absent du spectre solaire, ce qui est du plus haut intérêt cosmologique, mais aussi l'azote et l'oxygène.

Nébuleuses planétaires

Les nébuleuses planétaires tirent leur nom du fait que certaines d'entre elles, vues au télescope, présentent une vague ressemblance avec les planètes. En vérité, elles sont 1 000 fois plus vastes que le système solaire entier et n'ont rien à voir avec les planètes. La plus fameuse est la nébuleuse de l'anneau dans la constellation de la Lyre (Messier 57). On peut en trouver de merveilleux exemples sur le réseau Internet (eso.org).

Une étoile chaude au centre est entourée d'une coquille de gaz brillant qui s'est détaché de l'étoile centrale. Le gaz brille par fluorescence. Il absorbe le rayonnement ultraviolet de l'étoile centrale, petite et chaude (naine blanche) et le restitue sous forme de lumière visible. Il échange les gros billets (les photons UV) en petites coupures (photons visibles). Cette image préfigure la mort du Soleil. La Terre sera balayée par un vent chaud et les atomes de tous les morts ensevelis sous la glèbe seront dans le Soleil. Venus des étoiles, les atomes retourneront aux étoiles.

Elles sont semblables aux régions HII si ce n'est que la source d'ionisation est une vieille étoile (naine blanche) à l'agonie plutôt qu'une plantureuse étoile bleue. La région fluorescente est tout à la fois plus dense et chimiquement plus complexe car elle compte dans ses atomes ceux de l'enveloppe de l'agonisante expulsée sous forme de vent.

Ces superbes corolles gazeuses doivent donc leur apparence au rayonnement UV émis par l'étoile centrale chaude et compacte. Les photons UV excitent et ionisent les atomes de la nébuleuse. Quand les

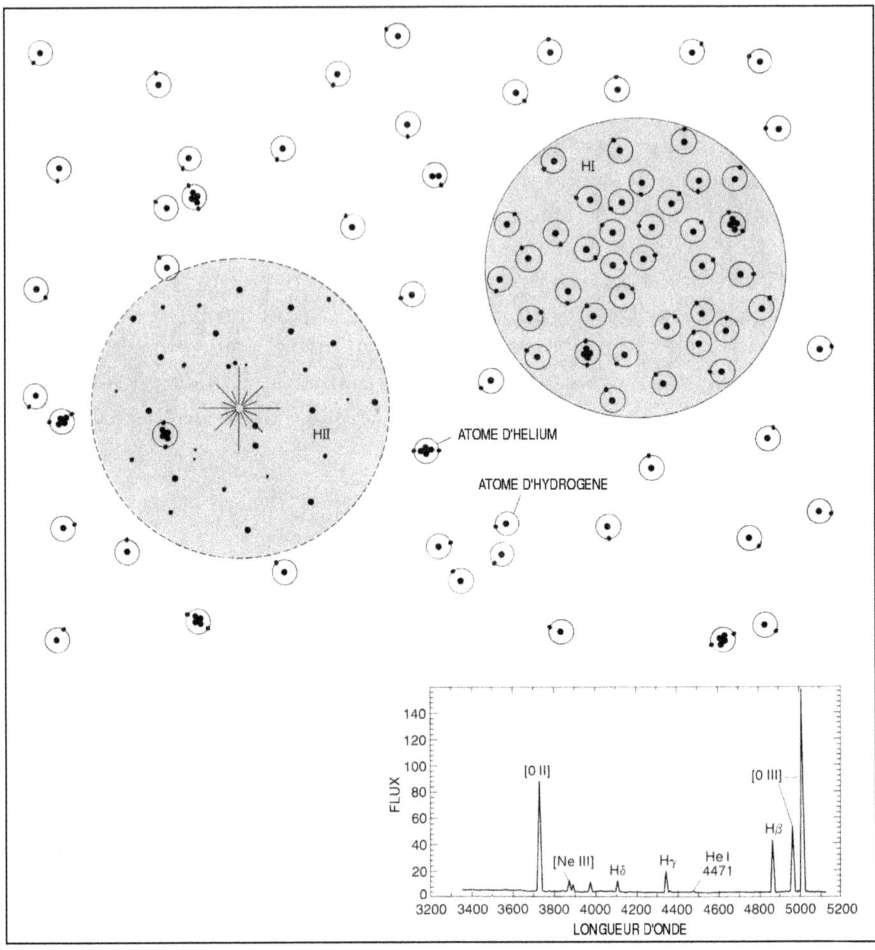

Figure 2 – Hydrogène (HI) neutre et ionisé (HII) (d'après Pasachoff).

électrons retombent en cascade sur leur niveau d'origine, des photons sont émis dont la longueur d'onde est dans la portion visible du spectre électromagnétique. La couleur bleu-vert de nombreuses nébuleuses planétaires est due aux raies à 500,68 et 495,89 nm de l'oxygène deux fois ionisé. La température caractéristique de ces objets est de 10 000 K. La vitesse d'expansion du gaz, mesurée par effet Doppler, est typiquement de 10 à 30 km/s. Combiné à un rayon maximum de 0,3 pc, leur âge estimé est de l'ordre de 10 000 ans. Au bout de 50 000 ans, le gaz se dissipe dans le MIS. Le stade de nébuleuse planétaire est très éphémère comparé à la vie entière de l'étoile. Environ deux mille de ces objets sont connus et répertoriés. Mais on ne voit que les plus proches. Leur nombre total dans la galaxie est estimé à 50 000. Si en moyenne chacune contient 0,5 $M_\odot$, les nébuleuses planétaires restituent à la galaxie dans son ensemble plusieurs masses solaires de matière ouvragée. Cette matière est enrichie en hélium et en azote, cendres de la combustion nucléaire de l'hydrogène.

Vestiges de supernovae : un crabe brillant

Les supernovae ont été classées en deux types, selon l'absence ou la présence de raies d'hydrogène dans leur spectre lumineux. Celles du premier type ne laissent subsister aucun vestige compact.

La nébuleuse du Crabe, archétype, est le résultat du second type de supernova car elle abrite en son sein une étoile à neutrons, cadavre de l'étoile explosée, qui se laisse admirer sous forme de pulsar.

Parmi les vestiges de supernovae, le plus célèbre est la nébuleuse du Crabe, située dans la constellation du Taureau. L'embrillancement qui suit l'explosion a été perçu par les guetteurs du ciel de la cour de Chine le 4 juillet 1054, alors qu'en Occident le schisme déchirait l'Église. Aujourd'hui, presque mille ans après que le signe de l'explosion eut atteint la Terre (l'explosion elle-même a eu lieu 6 500 ans auparavant puisque le Crabe est situé à 6 500 années-lumière), la nébuleuse qui résulte de l'explosion s'étend à une vitesse de 1 500 km/s et brille comme 80 000 soleils. La plus grande partie du rayonnement est émis sous forme synchrotron. Ce rayonnement particulier est produit lorsque des électrons de haute énergie sont pris dans des champs magnétiques, nous l'avons dit.

Les électrons perdent de l'énergie en rayonnant et leur durée de vie est limitée. Il faut donc remplacer les électrons fatigués. La source permanente de ces électrons relativistes est le *pulsar* central. En effet, au centre de la nébuleuse en expansion siège une étoile à neutrons en rotation rapide (33 tours par minute) comme en témoigne le message haché que nous recevons sur Terre, celle-ci étant de toute évidence un excellent accélérateur d'électrons.

Un second exemple de vestige explosif est la superbe dentelle du Cygne, située à 2 500 années-lumière de la Terre. Le gaz en expansion supersonique produit des ondes de choc qui excitent et ionisent la matière interstellaire et l'amènent à briller.

L'émission radio-synchrotron est d'origine non thermique. En revanche, une grande partie du rayonnement des vestiges de supernovae est thermique, il est engendré par le chauffage produit par l'onde de choc de l'explosion. Ils rayonnent la plus grande partie de leur énergie thermique sous forme de rayons X. Des raies d'émission se détachent du spectre, dévoilant la présence de magnésium, de soufre, de silicium, de calcium et de fer. Il est malheureusement difficile, vu les conditions agitées, d'en déduire l'abondance réelle de ces éléments dans les débris des supernovae, cadavres d'étoiles encore fumants.

Rayons cosmiques

Le « rayonnement cosmique galactique », pour conserver le terme consacré, est constitué d'électrons et de noyaux rapides qui sillonnent l'espace en tout sens. Les noyaux, vu leur vitesse, sont déshabillés de tous leurs électrons et leur charge électrique est celle des noyaux, elle est donc positive (+6 pour le carbone, +26 pour le fer, par exemple). Étant chargés d'électricité, ils sont déviés par les champs magnétiques désordonnés qui s'enchevêtrent dans la galaxie, si bien que la direction d'arrivée de ces particules ne dit rien sur leur direction de départ, sauf à très haute énergie. Ainsi leur étude ne relève pas d'une véritable astronomie.

Le rayonnement cosmique galactique porte bien son nom. Celui-ci ainsi que le champ magnétique qui le confine doivent être absolument inclus dans le bilan énergétique de la Voie lactée. En effet, leur densité d'énergie (1 eV/cm^3) est du même niveau que celle des étoiles et du gaz interstellaire. Ces rayons cosmiques exercent une pression qui doit être prise en compte dans tout calcul d'équilibre de la galaxie.

L'étude du rayonnement cosmique galactique relève plus de la saveur, si j'ose dire, que de la vision, car on détermine sa composition sans jamais le voir. Il constitue le seul échantillon de matière provenant de l'extérieur du système solaire. On détermine la composition chimique et isotopique de cet échantillon au moyen de détecteurs de particules portés en ballon ou en satellite, car l'atmosphère leur est fatale. Ils se fracassent sur les noyaux de l'air et se fragmentent en infimes particules, perdant ainsi leur identité.

La composition et la répartition en énergie (spectre d'énergie) sont les deux indices qui vont nous permettre, au terme d'une longue enquête, de retourner aux sources des noyaux rapides et de déterminer les mécanismes de leur accélération.

La teneur en lithium, béryllium et bore est particulièrement élevée (Li + Be + B/C + N + O = 0,25). On peut y voir la preuve directe du processus de *spallation*, c'est-à-dire de brisure. Les noyaux rapides, sur leur trajet entre leur source et nous, subissent des accidents, des collisions avec les noyaux des atomes au repos (ou quasiment) du milieu interstellaire. Dans ces collisions, ils perdent un ou plusieurs nucléons et de ce fait ils changent de nature. Ainsi dans une collision avec un proton ou un noyau d'hélium, un noyau de carbone-12 rapide peut perdre un proton et se transformer en bore-11. Le rapport B/C donne une idée de la quantité de matière traversée.

Pour restituer les abondances relatives des noyaux à la source, il convient de l'expurger de tous ses débris de fragmentation. Cela s'effectue au moyen d'un modèle, appelé *panier percé*. En effet, la galaxie n'est pas totalement étanche aux rayons cosmiques. Les dangers qui guettent toute particule lancée à haute vitesse dans la galaxie sont de trois ordres :

1. ralentissement et intégration au MIS ;
2. fuite dans l'espace extragalactique ;
3. mort dans un accident de circulation, ou plutôt mutilation.

La vitesse du noyau après l'accident et des fragments qui l'accompagnent est identique à celle du noyau avant l'accident. L'exclusion de quelques particules de la communauté des thermiques, essentiellement démocratique, même si quelques-unes disposent de trois à quatre fois plus d'énergie que les autres, et leur accession au titre de « rayons cosmiques », requiert, comme nous l'avons dit précédemment, une sélection et une promotion en énergie. La sélection semble s'effectuer sur des critères *atomiques*.

On observe que les éléments ayant les électrons les moins liés, en d'autres termes ceux qui se laissent facilement ioniser, sont les mieux représentés dans la population des rayons cosmiques. Dès lors, on est amené à penser que le mode de triage des noyaux est électromagnétique. On pense que seules les particules chargées sont transportées dans la région d'accélération proprement dite.

L'agent essentiel de l'accélération, qui amène les noyaux à des énergies parfois supérieures à celles qu'atteignent nos meilleurs accélérateurs, est, pense-t-on, *l'onde de choc*. L'accélération par cet agent est de grande efficacité et elle aboutit, de manière naturelle, à un spectre d'énergie de la forme observée. Les ondes de choc les plus puissantes sont engendrées par les explosions d'étoiles et les vents stellaires supersoniques. Les agents d'accélération du rayonnement cosmique sont donc, en dernière analyse, les étoiles. La violence des étoiles est communiquée à quelques atomes environnants qui, sous l'effet de la secousse, perdent leurs électrons : ainsi naît le rayonnement cosmique.

Soient deux parois convergentes percées de trous ; lançons une balle au milieu : par collision, elle acquiert une énergie grandissante pourvu qu'elle ne soit pas évacuée. Pour les balles de plus en plus rares qui subsistent, plus les murs se rapprochent, plus la fréquence de collision est grande (mais aussi la probabilité de fuite), et plus l'énergie augmente, ce qui accroît encore la fréquence de collision. L'énergie maximale atteinte dépend de la durée du phénomène, de la forme des parois, et de leur dureté. En effet, au-delà d'une certaine énergie, les particules se transforment en véritables balles de fusil et transpercent les parois, et de lui-même le mécanisme cesse. Les capacités de confinement étant annulées, le mécanisme cesse d'opérer. Les particules s'échappent dans l'espace avec une répartition statistique de l'énergie (spectre) fortement décroissante au fur et à mesure que l'énergie augmente[1]. Le mécanisme d'accélération invoqué relève du jeu de ping-pong : les particules sont renvoyées d'un côté à l'autre tout le temps que dure la partie. À chaque impact (coup de raquette), leur énergie s'accroît légèrement, si bien qu'au bout d'un grand nombre d'échanges elles acquièrent une énergie considérable.

Les protons, noyaux et électrons du rayonnement tiendraient leur spectre d'énergie de ce mécanisme, que l'on associe aux ondes de choc. Une composante non thermique du rayonnement X du vestige de la supernova de l'an 1006, nouvellement découverte, en porte le témoignage direct.

Les ondes de choc abondent dans la galaxie. Elles sont produites par tout mouvement de matière supersonique. La vitesse du son dans le milieu interstellaire moyen est de 10 km par seconde, il n'est pas rare qu'elle soit très largement dépassée. La vitesse du vent des étoiles massives (de type Wolf-Rayet, en particulier) atteint, en effet, deux à trois mille km/s et celle de la matière éjectée par les supernovae dix mille. Par le biais du mécanisme décrit plus haut, une partie de l'énergie cinétique portée par une population entière de particules est conférée à quelques rares individus qui atteignent de ce fait une vitesse considérable : on les appelle alors « rayons cosmiques ».

Les particules promues n'accèdent pas directement au titre de « rayon cosmique », il faut qu'elles soient préalablement injectées dans la zone d'accélération à bonne vitesse, et cela semble se faire de manière sélective. Les éléments les plus faciles à ioniser (qui sont aussi généralement ceux qui se trouvent dans les grains de poussière interstellaire) sont ceux qui sont le mieux injectés. Cela laisse penser qu'un premier processus, de nature électromagnétique, amène les espèces ionisées à des énergies de plusieurs centaines de keV, et que celles-ci sont portées dans un second temps à haute énergie par les ondes de choc selon le mécanisme de ping-pong décrit plus haut.

Effets secondaires des rayons cosmiques

Leur énergie fabuleuse, les rayons cosmiques ne demandent qu'à la partager. Ils la cèdent de diverses manières tout en ionisant et échauf-

---

1. Le nombre de particules d'énergie E est proportionnel à $1/E^{2.7}$, au-dessus de 1 GeV.

fant la matière qu'ils traversent, c'est-à-dire en interagissant avec les électrons du milieu : ils les arrachent des noyaux et les mettent en mouvement, les électrons rapides à leur tour cédant leur énergie au milieu environnant. Les protons énergétiques (1 GeV et plus) suscitent des rayonnements gamma par pions neutres interposés (p + p $\rightarrow \pi^\circ \rightarrow$ 2 γ)

Les électrons rapides, quant à eux, en spiralant dans les champs magnétiques, émettent le rayonnement synchrotron fort reconnaissable, notamment au moyen d'un radiotélescope. Communiquant une partie de leur énergie cinétique aux photons stellaires ou cosmologiques, les électrons produisent également des photons gamma de basse énergie (effet Compton inverse). Ces rayonnements non thermiques ont un spectre particulier, facilement identifiable. Ces spectres se rencontrent non seulement dans notre galaxie mais dans de nombreuses autres, et spécialement dans les galaxies à noyaux actifs comme celles de Seyfert et les quasars. On en conclut que les régions centrales des galaxies sont des sites d'accélération de particules (électrons ou protons, ou plus généralement leptons et baryons). Les accélérateurs de leptons semblent légion ; les accélérateurs de baryons sont plus rares.

Voilà présentés les acteurs de la dramaturgie cosmique. Le rideau peut se lever.

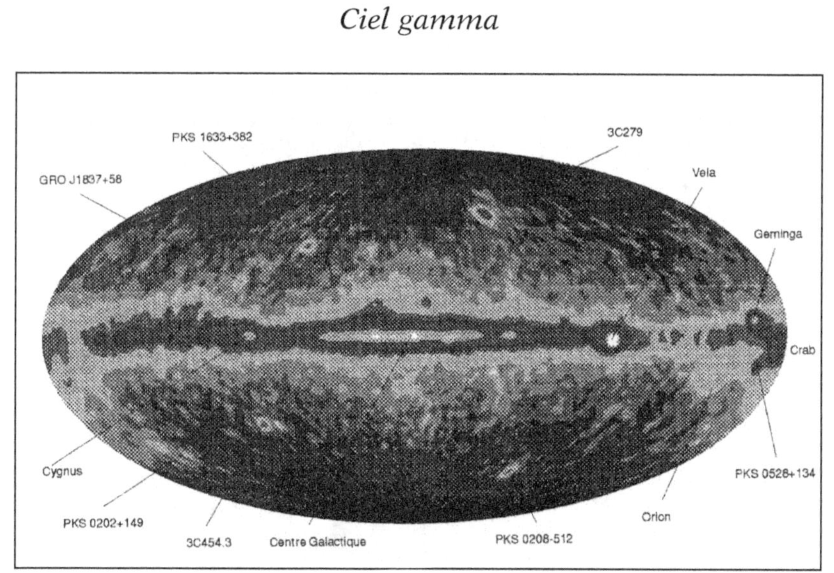

Figure 3 – Ciel gamma de haute énergie.

Une carte du ciel a pu être dressée en relevant, au moyen d'une chambre à étincelles, les directions des rayons gamma d'énergie supérieure à 100 MeV. Elle dessine un ciel étrange où de très rares sources émergent d'une Voie lactée proéminente. Toute une population de sources de rayons gamma a été découverte par l'expérience EGRET à bord du satellite GRO. Cette expérience est dévolue à la détection des rayons gamma de haute énergie (> 30 MeV). EGRET est muni d'une chambre à étincelles dans laquelle les rayons gamma sont amenés à se transformer en paires électron-positon aisément détectables car il est toujours plus facile de révéler une particule électrique qu'une particule neutre. L'énergie et la direction des rayons gamma de haute énergie (> 30 MeV) ont pu être mesurées. Ce rayonnement gamma spécifique provient essentiellement de la formation de pions neutres (π^0) dans les collisions entre protons. Les particules π^0 se désintègrent chacune en deux photons gamma de haute énergie.

La carte gamma de EGRET, comme celle de COS B auparavant, indique clairement que le rayonnement cosmique de haute énergie est partout présent dans notre galaxie, qui plus est avec une intensité comparable en différents lieux. La carte du ciel de la violence extrême exhibe les sites où se produisent les collisions les plus énergétiques de la galaxie et du cosmos. Quelques sources ponctuelles se détachent sur la galaxie gamma. Ces étoiles gamma sont pour la plupart des *pulsars*, qui ne sont rien d'autre que des *étoiles à neutrons* magnétisées, résultant de l'explosion d'étoiles massives. L'une de ces étoiles gamma, découverte par Félix Mirabel, du service d'astrophysique de Saclay, sur la carte gamma dressée par le satellite SIGMA est un *micro-quasar* appelé ainsi, car, sans être aussi lumineux que ces phares cosmiques, il en présente les caractéristiques essentielles (jets et mouvement en apparence supraluminique). Cependant, un certain nombre de sources de rayons gamma restent inexpliquées. Et c'est comme un clou dans la chaussure de l'astronomie des hautes énergies[1].

---

1. Pour plus de détails, on se référera au livre de Jacques Paul, *L'Homme qui courait derrière son étoile*, Paris, Odile Jacob, 1988 et on lira le commentaire d'Isabelle Grenier dans *Nature*, avril 2000.

CHAPITRE VII

Histoires

Lexique

ACCRÉTION : succion et avalement de matière par un astre compact fortement attractif.

CORONÈNE : $C_{24}H_{12}$.

COURBE DE LUMIÈRE : déclin de la luminosité d'un astre en fonction du temps.

FLASH DE L'HÉLIUM : convulsion qui secoue le cœur des petites étoiles.

NÉBULEUSE PLANÉTAIRE : terme déplacé qualifiant le vestige gazeux des étoiles de masse comprise entre 1 et 8 masses solaires.

NEUTRONISATION : transformation en neutrons.

PRINCIPE D'EXCLUSION DE PAULI : deux électrons ou deux neutrons ne peuvent coexister que s'ils affectent des états de mouvement dissemblables.

PRINCIPE D'INCERTITUDE D'HEISENBERG : la localisation des particules se fait au détriment de la détermination de leur impulsion et inversement.

PULSATIONS THERMIQUES : étapes convulsives de l'évolution stellaire.

RÉSONANCE : renforcement de la probabilité de réaction sur une plage étroite d'énergie.

SUPERNOVA GRAVITATIONNELLE : supernova qui tire son énergie de l'effondrement du cœur d'une étoile massive.

SUPERNOVA THERMONUCLÉAIRE : explosion thermonucléaire d'une naine blanche gavée par une étoile compagne.

Histoire du Soleil

NAISSANCE NUAGEUSE

Le ciel n'est pas un théâtre vide et l'étoile n'est pas seule sur scène. L'autre acteur de la dramaturgie cosmique est le nuage.

La règle de vie du parfait nuage interstellaire est de confisquer ou tamiser la lumière des étoiles qui se trouvent derrière lui ou encore en son sein. Certains nuages s'illuminent, éclairés de l'intérieur, on les appelle *nébuleuses brillantes*. Ils sont en passe de donner naissance à une lignée d'étoiles car comme les rats, les chats et les poissons, celles-ci naissent par couvées. Ainsi, les grands nuages interstellaires poussiéreux et glacés sont tout à la fois les réceptacles des cendres des étoiles défuntes et le matériau qui donne chair aux nouvelles. Les étoiles actuellement en formation, encore enfouies dans leur placenta nuageux, sont observées dans les domaines radio, millimétrique et infrarouge pour la raison que l'absorption de ces rayonnements par le gaz et la poussière est minimale.

Les embryons stellaires, toujours blottis au creux du nuage parent, attirent à eux leur matière pour aboutir au stade visible d'objet en équilibre hydrostatique dont la masse est fixée. Ils dispersent la matière environnante pour vivre enfin en plein ciel leurs libres vies d'astres.

En vérité, l'étude de la formation des étoiles à partir des nuages moléculaires est un formidable défi, car les processus mis en jeu font passer, en quelques dizaines de millions d'année, la densité de 10^{-23} g cm^{-3} à environ 1 g cm^{-3}, typiquement. Seule la force de gravité, dont la longue portée joue le rôle essentiel, est capable de conduire à des taux de compression aussi considérables.

L'évolution protostellaire et la dissipation graduelle des enveloppes de gaz excédentaires sont encore mal connues. Voici, cependant, une description plausible. L'*accrétion* de matière par l'embryon stellaire est le moteur de sa croissance. Il s'entoure, en raison de la rotation, d'un disque lumineux et ce système se love dans une cavité de 10 à 100 unités astronomiques d'étendue. Cette cavité est entourée de grandes coquilles de matière qui alimentent le disque et par conséquent l'objet central, absorbant par ailleurs la plus grande partie du rayonnement qui en émane. La dissipation de ces enveloppes de gaz et de poussière se produit par l'intermédiaire d'un vent moléculaire bipolaire. L'évolution ultérieure du nuage parent et sa capacité à faire éclore de nouvelles étoiles sont fortement affectées par cette injection violente d'énergie. Le grand nombre de jets découverts conjugués avec la courte durée du phénomène d'éjection, indique que toutes les étoiles doivent passer par une phase venteuse au début de leur évolution.

Mais comment un objet peut-il simultanément accumuler de la matière et en perdre ? Comment une étoile peut-elle se former en perdant de la masse ? La solution de ce problème paradoxal réside, pense-t-on, dans le vent. La substance qui se dépose sur l'étoile en provenance du disque qui l'entoure en augmente dangereusement la vitesse de rotation. Une barrière centrifuge vient s'opposer à toute addition de matière. Aussi, le processus de croissance stellaire ne peut se poursuivre que si l'étoile modère sa vitesse de rotation au cours même de l'accrétion. Le vent stellaire fournit un frein opportun à condition qu'il évacue peu de masse et beaucoup de moment angulaire. Les flots gazeux fournissent également, comme nous l'avons vu, le mécanisme naturel qui dissipe l'enveloppe extérieure. Au terme du processus émerge une étoile bien constituée de masse donnée, par exemple une étoile T-Tauri, s'il s'agit d'un objet de masse comparable à celle du Soleil. Aussi, la physique des vents protostellaires est intimement liée au problème central de l'évolution galactique via la répartition de la masse des étoiles (dossier 5).

Au début, avant que le Soleil ne devienne une étoile, sa seule source d'énergie est la gravitation. Il rayonne sous l'effet de sa contraction. La matière est brassée par de forts courants intérieurs : l'étoile est totalement convective car très opaque à la lumière en raison de sa faible température. Ce brassage titanesque conduit à homogénéiser la substance solaire en lui donnant une composition identique à toutes les profondeurs. Ainsi est-on amené à penser que la composition chimique observée aujourd'hui dans la photosphère (non contaminée par les réactions nucléaires centrales, et donc vierge de toute scorie du feu nucléaire) est identique à la composition natale de notre astre, c'est-à-dire à celle du nuage protosolaire.

Puis la luminosité décroît rapidement de 20 à 0.5 $L_\odot$ ($L_\odot$ est la luminosité actuelle du Soleil), alors que la température de surface se stabilise autour de 4460 K. Le Soleil ressemble à une orange. La zone convective se résorbe et vient le recouvrir comme une couverture isolante (1 % de la masse mais 30 % du rayon !).

Vie lumineuse

Puis Phébus aux crins dorés s'installe dans une phase calme et durable. Les réserves d'hydrogène sont à moitié consommées. L'hélium, cendre de l'hydrogène, s'accumule au centre. La température y atteint 15 millions de degrés et la densité 150 g cm^{-3}.

La fusion de l'hydrogène stabilise les étoiles de manière durable et engendre de l'énergie en transformant l'hydrogène en hélium. Cependant, en ce qui concerne la production chimique, le bilan est maigre : l'œuvre du Soleil et des multiples étoiles qui lui ressemblent est fort modeste, elle se solde par une petite quantité d'hélium supplémentaire, faible comparée à l'hélium originel engendré dans le Big Bang. L'hélium frais reste bouclé à la fin de la séquence principale dans la région centrale des soleils.

Le fait que des neutrinos sont émis au cours de cette réaction offre l'occasion d'observer directement les réactions nucléaires qui prennent place au cœur du Soleil. Mais son cœur est comme un coffre fort ou une urne dans laquelle s'amassent les cendres.

Cependant à la fin de sa vie, le Soleil laissera s'envoler une partie de sa substance et l'hélium produit tout au long de sa carrière sera déversé dans le milieu interstellaire. L'astre du jour ne gardera pas dans un bas de laine les produits de son alchimie nucléaire.

Le Soleil brille.
Nous y gagnons
Lui y perd.
Briller pour le Soleil
C'est perdre de l'énergie.
Le Soleil retient sa lumière,
Mais il ne peut s'empêcher de briller.
Il brille ce que lui permet
Sa médiocre transparence
Sa quasi-opacité.
Brillant, il se consume
Et transforme son cœur en cendre.

Mort par coquillage

La parure brillante du grand luminaire dissimule sa véritable nature. Vieux, il porte encore l'enfer au cœur sous sa face sereine. Son grand âge, il le doit en grande partie à sa souplesse gazeuse. Par opposition, le cœur sclérosé et dur de certaines étoiles les condamne à l'explosion ou à la séparation du cœur et de l'enveloppe.

L'astre du jour est une étoile exceptionnellement stable, mais non éternelle. Bien que gérant avec une remarquable subtilité son potentiel nucléaire, il en sera réduit à effectuer dans quelques milliards d'années, d'après les calculs, des contorsions internes se soldant par un ajustement drastique de la structure de son réacteur. Lorsque l'hélium atteindra dans son cœur une haute teneur, il se contractera pour surseoir à la diminution de luminosité. La matière en son sein se réchauffera et s'engagera alors la fusion thermonucléaire du deuxième élément de la nature, génératrice de carbone et d'oxygène. L'augmentation de sa luminosité rendra l'astre très dangereux pour l'espèce humaine, si tant est qu'elle ait survécu jusque-là et qu'elle ne se soit pas expatriée, ce qui est fort improbable.

Depuis que le Soleil est le Soleil, sa taille, sa température de surface et sa luminosité n'ont pratiquement pas bougé. La luminosité solaire a augmenté de 30 %, tout au plus, au cours des derniers 4,6 milliards d'années, et des mécanismes rétroactifs (*feedback*) ont offert à la Terre l'inestimable présent de l'eau liquide.

Mais nos modèles indiquent que la luminosité augmentera progressivement jusqu'à ce que le réservoir d'hydrogène du Soleil soit à sec. Cela s'explique ainsi : au fur et à mesure que l'hydrogène se transforme en hélium, la densité reste virtuellement inchangée mais le nombre de particules par cm^3 dans le cœur nucléaire décline. En conséquence, celui-ci se contracte légèrement et s'échauffe. Cet accroissement de densité et de température se solde par une augmentation du taux de réactions nucléaires qui se répercute sur la brillance de l'étoile.

À vrai dire, le système climatique terrestre se laisse décrire comme un thermostat bien réglé et il n'est naturellement pas insensible à un quelconque changement de la luminosité de notre étoile. La luminosité solaire augmentera linéairement de 10 % au cours du prochain milliard d'années et la température de surface augmentera de 1 %. Cela peut laisser de marbre les spécialistes des supernovae qui voient en un instant la luminosité monter vertigineusement, mais pour les spécialistes du climat, un accroissement de 10 % de la brillance du Soleil est fort alarmant.

Le plus modeste accroissement de luminosité solaire, disons de 0.25 %, peut occasionner des modifications notoires du climat, dont il est toutefois difficile de prédire l'ampleur, ce qui nous ramène au grand débat du réchauffement de notre planète.

Selon les simulations numériques, les changements de température ne sont pas linéaires. Quand la Terre s'échauffe, par exemple, la glace fond, ce qui signifie que plus de lumière solaire est absorbée et l'atmosphère s'en échauffe davantage. Cet effet se prolonge jusqu'à ce que toute la glace de mer soit fondue, ce qui demande un accroissement de la luminance solaire de 4 %.

Moins bien compris est le rôle de la vapeur d'eau, un gaz à fort effet de serre. Au fil de l'augmentation de température aérienne, la concentration en eau croît exponentiellement et l'effet de serre prend des proportions alarmantes et irréversibles.

Lorsqu'on accroît de 2 % la luminosité, par exemple solaire, le modèle climatique du *Goddard Institute for Space Studies*, par exemple, indique une élévation de température de 4 degrés. Habituellement, les climatologues ne se projettent pas à des milliards d'années en avant, aussi le modèle n'a-t-il pas été poursuivi, mais on peut penser qu'un accroissement de luminosité solaire de 10 % devrait se solder par une élévation de température de 12 degrés. Le résultat en serait catastrophique, le niveau de la mer augmenterait de 40 cm en raison de la fonte des glaces. 21 degrés de réchauffement et les glaces polaires fondraient, le climat serait définitivement déréglé.

Comble d'ironie, c'est par l'eau que nous sommes nés et c'est par son retrait que nous périrons. Car l'eau entretient l'un des plus puissants mécanismes de contrôle que nous connaissions. La Terre vue de l'espace est une planète bleue émaillée de nuages. Le blanc nuageux est aussi vital que le bleu aquatique. La couverture nuageuse et la couche glaciaire sont des régulateurs effectifs à court terme, mais le thermostat principal réside dans la relation entre dioxyde de carbone (gaz carbonique) et température de surface globale.

La plus grande partie du carbone dans le monde est prise dans les roches sous forme de *carbonates*. Un échauffement planétaire aurait pour conséquence un accroissement du taux d'évaporation de l'eau. Il s'ensuivrait d'abondantes chutes de pluie et des vents plus forts, ces deux facteurs contribuant à l'érosion. Les roches seraient délavées, ce qui déclencherait une série de réactions en chaîne : le calcium libéré par l'érosion des roches ferait son chemin vers les océans où il se combinerait avec les carbonates et les coquillages de sorte que les coraux proliféreraient... Le calcium plongerait donc au fond des mers suivi du CO_2 car la noyade des carbonates serait compensée par une ponction de ce gaz dans l'atmosphère. Et finalement, le gaz carbonique finirait englouti au fond de l'océan où il se fixerait sous forme de roches carbonatées.

La bride est lâchée, car le puissant régulateur de gaz carbonique qui maintenait le réchauffement global sous contrôle depuis quatre milliards d'années est brisé. Je ne fais que rapporter les propos de James Kasting, de l'Université de Pennsylvanie. Dans les simulations numériques du climat, ajoute ce même Kasting qui étudie les facteurs physiques définissant la zone habitable autour des étoiles, la concentration en CO_2 s'abaisse à 140 ppm (parties par million) au bout de 500 millions d'années alors que 150 ppm sont nécessaires à la survie des plantes les moins exigeantes C3, d'après le type de photosynthèse qu'elles mettent à profit. Cette sorte de plantes constituant 90 % de la flore terrestre, représente la plus grande source de nourriture de la planète.

Ces 500 millions d'années peuvent paraître suffisantes pour que les plantes C4, qui demandent moins de CO_2, remplacent les plantes C3 plus gourmandes et pour que les survivantes s'adaptent afin de parfaire leur moisson de CO_2. Mais une fois enclenché, le cycle de disparition du CO_2 ne peut s'arrêter, tout au contraire il s'accélère. Au bout de 900 millions d'années, les plantes C4 connaîtront elles-mêmes des problèmes, prophétisent les augures. Plus de carbone, plus de plante, plus d'animaux... quelle tristesse !

L'apocalypse s'accélère, à 1.1 milliard d'années de l'époque actuelle, la stratosphère s'humidifie. L'eau est dissociée par la lumière ultraviolette si bien que l'hydrogène libéré s'envole et quitte la Terre. Les océans s'évaporent et toutes les formes de vie restantes sont oblitérées.

Bien avant que l'astre du jour n'épuise sa réserve d'hydrogène, la vie tirera sa révérence, du moins si j'en crois les simulations numériques. Qu'en sera-t-il de la planète que la vie laissera derrière elle ? Jusqu'à très récemment, les astronomes croyaient que le Soleil perdrait assez de masse à travers ses vents de géante rouge pour que l'orbite de la Terre, distendue, la mette à l'abri d'une absorption par le Soleil agrandi. Le destin de la Terre ne tient qu'au dernier souffle de son étoile. Tout dépend de sa perte de masse, et donc de l'intensité et de la durée du vent solaire. Si celle-ci est précoce, la Terre sèche et stérile échappera à la vaporisation par l'étoile mourante, car elle s'écartera à la bonne distance, le lien gravitationnel étant distendu par la perte de masse du Soleil. Elle orbitera entre la position actuelle de Mars, mémorial silencieux de la vie qui un jour a orné sa surface. Si le processus de perte de masse se produit plus tardivement, la Terre sera réduite en cendres et probablement avalée par l'énorme Soleil rouge.

Le Soleil vire au rouge, l'homme est mort ou envolé, mais qu'importe, poursuivons par l'esprit l'astre du jour jusqu'à son trépas, car l'étoile s'étiole ! Comment le Soleil se transformera-t-il de bouillonnante géante en naine blanche dormante ?

Naine blanche

Il perdra sa perfection gazeuse car le cœur stellaire n'est pas à l'abri de la sclérose. Qu'on veuille bien imaginer le phénomène de *dégénérescence quantique* qui se déclare au cœur des étoiles de petite masse lorsqu'elles ont brûlé en leur centre la totalité de leurs réserves d'hydrogène et qu'elles s'acheminent vers l'état de naines blanches ! Cette raideur cadavérique, nous allons maintenant l'analyser en détail.

Pour certains, le verbe « expirer », s'agissant du Soleil, n'évoque aucune convulsion d'agonie mais un simple soupir d'étoile. Certes, la sortie de scène de Phébus aux crins dorés n'aura rien de comparable avec l'apothéose d'une supernova, mais la discrétion de sa transfiguration finale en cristal et en fumée cache d'admirables subtilités. Pour décrire l'effondrement du cœur et l'envol de l'enveloppe, la science convoque ses meilleurs modélistes d'astres, lesquels sont capables, grâce à la simulation numérique sur leurs ordinateurs, de restituer l'histoire des étoiles de toute masse, depuis leur naissance nuageuse jusqu'à leur fin ombreuse, de déterminer le moment de leur mort et même de décrire leur état *post mortem*, si le terme « mort » a encore un sens au royaume des étoiles. Il apparaît que l'espérance de vie des étoiles ainsi que la forme définitive qu'elles épousent au terme de leur vie lumineuse dépend au premier chef de leur masse à la naissance.

Raidissement de la matière

Comprimez un gaz, il s'échauffera ; dilatez-le, il refroidira. C'est bien connu des adeptes de la pompe à vélo mais cesse d'être vrai pour les gaz d'électrons (ou de neutrons) à très haute densité. Cette déviation par rapport à la loi des gaz parfaits a un effet catastrophique sur les étoiles. Par ailleurs, le comportement d'un gaz de photons vis-à-vis du changement de volume est différent de celui d'un gaz habituel composé d'atomes, d'ions ou de molécules. La relation température-densité (d'énergie) d'un gaz de photons est donc distincte de celle d'un gaz de particules matérielles.

Du point de vue thermodynamique, les composantes de base des étoiles se divisent en photons, ions et électrons. Les gaz de particules matérielles (fermions) et les gaz de photons (bosons) réagissent différemment à la compression ou à la dilatation. Mettons dans une boite n photons et le même nombre de particules matérielles. Soit R la taille de la boîte (la dimension caractéristique, ou facteur d'échelle). La relation entre température et taille est TR = constante pour les photons et TR^2 = constante pour les particules. Cette différence de comportement a une grande importance pour la théorie du Big Bang car ces équations indiquent clairement que la matière se refroidit plus vite que le rayonnement sous l'effet de l'expansion. Ainsi, un univers dont la densité d'énergie est dominée par le rayonnement ne le reste pas bien longtemps (moins d'un million d'années).

S'agissant des étoiles, il convient d'abord de décider qui des photons, des ions ou des électrons détermine la pression vitale. Le rôle déterminant revient aux photons à haute température et basse densité, aux électrons à basse température et haute densité, et aux ions dans la situation intermédiaire.

Un gaz dont la pression ne dépend plus de la température est dit *dégénéré*, terme malheureux s'il en est puisque l'état correspondant confine à la perfection, au plein parfait oserai-je dire, car aucun interstice n'est laissé vacant. Les électrons occupent tous les états d'énergie possible, l'ordre est total, la conductibilité électrique idéale ainsi que la fluidité. La forme des objets constitués de cette sublime matière est parfaitement sphérique. Et pourtant, dans les cénacles quantiques, on persiste à qualifier cet état de nature de « dégénéré » !

Ainsi au-dessus d'une certaine densité, la matière stellaire affecte des propriétés toutes différentes, seulement descriptibles par la mécanique quantique. Les électrons du milieu deviennent les opposants majeurs à la gravitation en vertu de leur individualisme forcé. En effet, les particules élémentaires dont le spin est demi entier, comme les électrons, les neutrons et les protons, obéissent au *principe d'exclusion de Pauli* qui stipule qu'un système ne peut admettre deux éléments affichant exactement le même ensemble de caractéristiques quantiques. Il en résulte que deux électrons de spins parallèles ne peuvent posséder la même vitesse.

Pour expliquer ce comportement, le physicien en appelle aux fondements mêmes de la théorie quantique. En raison du rétrécissement de leur espace de liberté, les particules peuvent être considérées de mieux en mieux localisées. En vertu du *principe d'incertitude de Heisenberg*, l'incertitude sur leur vitesse ne peut qu'augmenter. Autrement dit, la vitesse de chaque particule peut prendre des valeurs élevées, bien supérieures à celles qu'autorise la température. La pression quantique trouve à s'exprimer à haute densité, lorsque la distance moyenne entre électrons devient comparable à leur longueur d'onde associée (λ = h/mv). La vitesse v étant proportionnelle à la racine carrée de la température ($1/2\ mv^2$ = kT), on voit que l'effet quantique se manifeste d'autant plus nettement que la densité est forte, que la particule en question est légère et que la température est basse. *La pression devient alors indépendante de la température.* Inversement pour une densité donnée, les effets quantiques disparaissent au-dessus d'une certaine température critique. La matière stellaire reprend alors sa souplesse initiale.

Dans cet état physique, tout emballement des réactions nucléaires peut avoir des conséquences explosives. La combustion nucléaire en milieu dégénéré est, croit-on, responsable du *flash de l'hélium* qui secoue les petites étoiles vieillissantes et de l'explosion des *supernovae de type Ia* dont il sera question plus loin. Les étoiles dont la pression quantique contrebalance la force de gravitation sont de deux types : les naines blanches et les étoiles à neutrons. Dans le premier cas, la pression est exercée par les électrons, dans le second, par les neutrons.

Étoile, dis-moi combien tu pèses, je te dirai combien de temps tu brilleras et comment tu passeras du lumineux à l'obscur !

Le Soleil est aujourd'hui tranquille car chaque parcelle de son vaste corps est à la fois attirée vers le centre par la gravitation et repoussée vers l'extérieur par la pression de la chaleur. La centrale nucléaire solaire est autocontrôlée. Mais le feu nucléaire, par le biais de la pression thermique, ne peut éternellement s'opposer à l'effondrement. Il s'éteindra, faute de combustible, et l'implacable gravitation prendra possession des cendres.

Toute l'évolution stellaire se résume à une règle simple : l'étoile essaie de se faire la plus petite possible. Son histoire est celle d'une contraction entrecoupée de pauses, parfois très longues, avec des phases d'envol des couches périphériques sous la pression du rayonnement (vents stellaires, éjection de l'enveloppe) et de brèves périodes où l'étoile se réajuste violemment sans pour autant se briser (flash de l'hélium, pulsations thermiques).

Les apparences passées, présentes et futures sont calculables au moyen des modèles d'étoiles et peuvent être mises en rapport avec des astres observables. Tel objet céleste représente un Soleil jeune, tel autre un Soleil agonisant. Cette nébuleuse dite « planétaire », du plus bel effet visuel, n'est autre qu'un Soleil déchiré.

Pour diverses masses stellaires s'étageant entre 1 et 100 fois celle du Soleil, des chemins évolutifs sont tracés dans le plan température-luminosité encore appelé « diagramme de Hertzsprung-Russell » (HR en bref) qui revient en permanence sur notre langue.

Une étoile fictive de la masse du Soleil décrit, au fil du temps, une trajectoire bien définie qui la distingue de toutes les autres par sa forme et la vitesse avec laquelle elle est parcourue. Le point figuratif de notre Soleil est situé sur ce que les astronomes ont coutume d'appeler « la séquence principale » qui barre en diagonale le plan température-luminosité. Comme la majorité des étoiles visibles, il transmute en son cœur l'hydrogène en hélium. Dans les deux milliards d'années à venir, l'augmentation de sa luminosité (40 %) provoquera un sérieux effet de serre sur la planète dont nous avons décrit plus haut les signes avant-coureurs. Il n'y aura plus d'hiver. Les arbres prendront feu, les océans seront portés à ébullition, l'atmosphère s'opacifiera. La Terre sera comme Vénus. Dans 3,5 milliards d'années, lorsque l'hydrogène sera épuisé dans les tréfonds de l'astre du jour, il quittera la sereine séquence principale et entrera dans la tourmente rouge. La vie aura disparu depuis longtemps de la surface de la Terre mais l'homme, je le jure, aura maîtrisé le vol interstellaire…

Maintenant qu'il ne reste plus d'hydrogène au centre de l'étoile, son évolution s'accélère. Les régions centrales se contractent rapidement car la production d'énergie nucléaire a cessé et la gravitation n'est plus contrebalancée par la pression thermique. Mais autour de la région où l'hydrogène est épuisé, les réactions nucléaires se poursuivent. Et les cendres s'ajoutent aux cendres. La masse d'hélium ne fait que croître et la région de combustion se déplace vers la surface. Le cœur d'hélium, privé de la chaleur nécessaire à sa lévitation, se contracte de plus belle, produisant toujours plus d'énergie gravitationnelle. L'étoile, dans son ensemble, doit ajuster sa structure pour évacuer le surcroît d'énergie. Elle en améliore le transport au moyen de la convection. Ainsi se développent des courants cyclopéens. La zone convective exté-rieure s'étend rapidement vers le centre de l'étoile pour prendre possession des trois quarts de sa masse. Mais la convection est insuf-fisante pour transporter la totalité de l'énergie dégagée, ce qui entraîne les couches extérieures à se dilater pour en laisser passer toujours plus. Le rayon stellaire augmente et la température décline, la photo-sphère vire au rouge. Le point représentatif de l'étoile sur le diagramme HR se déplace vers la droite pour rejoindre le groupe des *géantes rouges*.

Le Soleil atteint une luminosité 2 300 fois supérieure à la valeur actuelle et un rayon 170 fois supérieur. Il engloutit la planète Mercure. Le vent solaire s'amplifie, et notre étoile perd 38 % de sa masse sous l'effet de ce vent.

Après avoir résidé 110 millions d'années sur la *Branche horizontale* (qui, en l'occurrence, se réduit à un point) tout au long de la fusion centrale de l'hélium, l'astre du jour grimpera précipitamment *la branche asymptotique des géantes*. Il connaîtra alors quatre pulsations thermiques. À la première, il atteindra sa dimension maximale de 213 $R_\odot$ (0.99 unité astronomique [1 u.a. = distance Terre-Soleil = 150 millions de km]). Cependant, la Terre et Vénus ne seront point englobées, car la masse du Soleil sera réduite à 0,60 $M_\odot$ sous l'effet de son évaporation, et les deux planètes, bénéficiant du relâchement du lien gravitationnel, auront émigré à 1,2 et 1,7 unité astronomique. La face de la Terre s'en trouvera transformée. La température atteindra 2 000 degrés et les montagnes fondront. La luminosité solaire culminera à 5 200 $L_\odot$ lors de la quatrième pulsation thermique.

Tout au long des phases finales, le vent du Soleil balaiera la Terre emportant sa surface. Alors les atomes de tous les morts sous la glèbe seront dans le Soleil. Venus des étoiles nos atomes retourneront aux étoiles. La Terre rendra les morts qui étaient en elle. Enfin, la matière envolée, éclairée par la vive lumière blanche de l'étoile centrale, fera s'épanouir une belle *Nébuleuse planétaire* comparable à celle qui orne la constellation de la Lyre. Et les atomes de tous les humains brilleront dans le ciel, mêlés à ceux des animaux, des plantes et des pierres.

Revenons au cœur d'hélium car tout est une histoire de cœur. En raison de la contraction incessante, la densité ne fait que croître ainsi que la température, mais à un rythme inférieur. Quand la température centrale approche 100 millions de degrés, la densité dépasse 10 000 fois celle de l'eau. Les électrons, soumis à un principe quantique impérieux qui leur interdit le chevauchement, résistent à l'écrasement et à la confusion. De ce fait, ils prennent une part croissante à la pression.

Leur vitesse et par là leur pression ne sont déterminées que par la densité du milieu. La température n'intervient plus. Dans le cœur de la géante rouge où la pression quantique règne en maître, la souplesse gazeuse est perdue et avec elle la non-violence de la réaction. Mais la contraction libère quantité d'énergie gravitationnelle qu'il s'agit d'évacuer. Quand notre étoile accède au sommet de la *branche des géantes*, la température du cœur franchit la valeur fatidique de 100 millions de degrés. À ce moment se déclenche la fusion de l'hélium. L'énergie nucléaire libérée par la transmutation de l'hélium en carbone et oxygène induit une élévation notoire de température. Le cœur, ayant perdu sa souplesse d'antan, ne se rafraîchit plus simplement en gonflant et la température peut augmenter librement. Les réactions nucléaires s'emballent. Des quantités énormes d'énergie sont libérées en des temps très brefs. Mais cette débauche d'énergie ne laisse presque aucune trace à la surface. L'énergie produite, en effet, ne filtre que très lentement vers la photosphère lointaine de la géante rouge et quand l'énergie excédentaire y parvient, elle est diluée et adoucie.

Le cœur se refroidit tout à coup aussi vite qu'il s'est réchauffé car il a repris ses prérogatives de gaz sous l'effet de la chaleur intense. Au-dessus d'un certain seuil de température, la pression thermique reprend en effet ses droits, et cette frontière a été franchie. La pression est à nouveau influencée par la température et le contrôle est rétabli. L'expansion du cœur diminue la densité d'un facteur cinquante et l'évolution reprend son train sénatorial. L'étoile, ayant échappé au flash de l'hélium entame la deuxième phase calme et durable de son existence. Dans ses profondeurs, elle transforme maintenant sereinement l'hélium en carbone et oxygène. La transmutation de l'hydrogène en hélium se poursuit dans une couche sphérique contiguë au cœur où brûle l'hélium.

Au terme de 12,3 milliards d'années d'existence solaire, l'hélium est consumé au centre. La production d'énergie nucléaire cesse et une nouvelle contraction s'amorce. La densité augmente au point que la pression quantique des électrons devient dominante. En périphérie, l'hydrogène brûle dans une mince couche. Puis l'hélium lui-même se met à brûler en couche, et comme précédemment les régions extérieures de l'étoile réagissent à ce déversement d'énergie en augmentant de volume. La voici redevenue géante rouge. Elle dispose maintenant de deux zones de fusion en couches, l'une d'hélium, la plus profonde, l'autre d'hydrogène. Cette situation n'est pas de tout repos. Des flambées éruptives se produisent, appelées « pulsations thermiques » et la luminosité de l'étoile augmente brutalement. Le Soleil est alors localisé sur la bande verticale du diagramme HR identifié à la Branche asymptotique des géantes. Sous la pression intense du rayonnement, l'enveloppe s'envole par bouffées. L'étoile, exsangue, se recroqueville. Son rayon se réduit à 3 % de celui de notre Soleil. En 50 000 ans, elle traverse tout le diagramme HR, sa température de surface passant de 4 000 à 100 000 degrés et sa couleur du rouge au blanc. Les réactions nucléaires cessent dans l'astre allégé et racorni. La petite étoile blanche peut alors illuminer le gaz éjecté et lui donner des couleurs chatoyantes.

Dans 7,7 milliards d'années, en lieu et place de notre étoile, subsistera une naine blanche, une étoile solide et compacte, pas plus grande que la Terre, soutenue par la pression obstinée des électrons luttant pour conserver leur espace vital, selon une tradition quantique bien établie. Le minuscule Soleil cristallin, se refroidissant progressivement, continuera d'irradier pendant des milliards d'années et finira par s'assombrir. Le système solaire éteint, privé de la planète Mercure et peut-être de la Terre, comptera comme matière sombre. La moitié des atomes de l'ancien Soleil, prise dans le cristal du gel, sera mise en marge de l'évolution galactique. Mais l'autre moitié partira en errance dans l'espace. Les atomes de la surface de la Terre seront de la diaspora. Les atomes portés par les vents de feu du Soleil seront intégrés dans de nouvelles étoiles, de nouvelles planètes et peut-être de nouveaux hommes.

Résumons : à l'âge de 12 milliards d'années environ, le nain jaune se sera transmuté en géant rouge, de rayon cent fois supérieur. Puis celui-ci cédera sa place à un nuage vaporeux admettant en son centre un astre blanc de fort petite taille. Lorsque le nain jaune fera place à la naine blanche, le spectacle solaire touchera à sa fin... mais pour l'instant il brille avec la plus grande constance.

Acharnement lumineux

Une nouvelle fois nous nous extasions sur la longévité des étoiles et la persévérance dans leur être. Il semblerait que les étoiles aiment à briller longtemps et à poursuivre leur carrière lumineuse aussi durablement que possible en différant au maximum leur extinction ou leur désagrégation. Quels sont ces astres dont l'être s'obstine à briller ? Sont-ce d'ailleurs des êtres ? Les étoiles sont des entités évolutives et reproductibles, ce qui n'en fait pas pour autant des vivants. Encore une fois, il est abusif, ou tout au moins métaphorique, de dire que les étoiles naissent, vivent et meurent. Elles se forment, évoluent et cessent de briller. Cependant le vocabulaire anthropomorphique sied admirablement à l'étoile et il serait dommageable pour la beauté du verbe de le bannir absolument. Aussi sacrifierai-je, ici et là, à une certaine prosopopée stellaire, non sans d'ailleurs y prendre un malin plaisir.

L'impressionnante longévité stellaire n'est pas liée à une quelconque intentionnalité mais à une série de causes physiques, auxquelles s'ajoute une remarquable souplesse structurelle. La règle de vie de la parfaite étoile est de briller, mais pas trop, répétons-le, car l'énergie de chaque photon perdu doit être remplacée, or une étoile parfaitement transparente se viderait instantanément de son énergie. Elle brûlerait comme un feu de paille. L'interaction faible (radioactivité), que l'on devrait plutôt appeler « lente », est aussi un facteur de longévité, car elle ralentit considérablement la fusion thermonucléaire de l'hydrogène à travers la réaction initiale proton + proton $\rightarrow$ deutérium + positon + neutrino. Sans elle pas de neutrons et donc pas de noyaux d'atomes. De plus, elle est responsable de l'émission de neutrinos, car elle est gouvernée par la désintégration des protons en neutrons, ce qui ne peut que bénéficier à la stabilité nucléaire.

Notons qu'outre leur opacité, c'est-à-dire le fait que les étoiles retiennent leur lumière pour ne pas se vider instantanément de leur énergie, l'un des facteurs déterminants de leur longévité est l'extrême lenteur des deux réactions qui initient respectivement la fusion de l'hydrogène et de l'hélium, pour des raisons très différentes.

La première cause de lenteur est liée à la nature même de l'interaction faible, qui de toute nécessité doit transformer un proton en neutron au cours d'un choc fugace entre deux protons pour que le produit de la réaction soit viable.

La seconde cause de lenteur est liée à la rareté des collisions triples, propres à transformer l'hélium en carbone, bien qu'il soit si facile de dire trois fois deux égale six.

Histoire du carbone

ÉTOILES ET VIE

L'espace entre les étoiles n'est pas vide, il est rempli de matière essentiellement composée de poussière et de gaz rassemblés en vastes nuages. Dans notre galaxie, ces nuages se distribuent en une mince couche étroite mais étendue qui, vue de haut, dessine une élégante spirale. *Gaz, poussière* et *rayonnement* sont les trois composantes essentielles de la galaxie, comme de toutes les galaxies.

Les tout premiers pas de l'astronomie moléculaire sont intimement liés à la naissance de la spectroscopie moderne. Ce fut la découverte, au début du XIXe siècle, du fait que le Soleil et les étoiles sont composés des mêmes éléments que la Terre qui conduisit à se rendre compte que les techniques spectroscopiques permettent l'observation de processus chimiques cosmiques.

L'accord étroit entre le spectre de laboratoire et le spectre observé est une preuve indubitable de bonne identification. Les molécules sont essentiellement détectées dans la partie submillimétrique du spectre et la frange infrarouge adjacente.

Une centaine d'espèces moléculaires différentes ont été identifiées dans les nuages moléculaires ou circumstellaires. La majorité des molécules interstellaires sont à base de carbone, ce sont des *molécules organiques* en d'autres termes, ce qui indique une évolution chimique d'envergure cosmique. De nombreuses molécules prises dans la liste interstellaire sont des bases fondamentales, des pièces de construction de structures biologiques.

Les molécules observées dans la phase gazeuse et à la surface des grains de poussière cosmiques sont vraisemblablement produites à partir d'atomes, d'ions ou de molécules plus petites par le truchement de processus chimiques locaux. Il ne s'agit plus ici de *chimie nucléaire* comme dans les chapitres précédents, mais bien de *chimie atomique* ordinaire qui procède par électrons et ions interposés.

Bien que les molécules organiques dominent, on doit également noter la présence de radicaux libres et de structures qui contiennent des groupes fonctionnels comme NH, NH$_2$ et COOH.

Parmi les éléments biologiques d'importance particulière se situe le trio carbone, azote et oxygène (C, N, O).

Le carbone atomique assume un rôle très spécial dans la mesure où sa configuration électronique et sa *tétravalence* (les quatre électrons les plus externes sont disponibles pour autant de liaisons) le dote de la propriété unique de former de longues chaînes et des anneaux complexes, essentiels à la vie. Ces propriétés, bien établies sur Terre, se conservent aussi bien dans le froid et la dilution de l'espace galactique.

La vie apparaît au terme d'une longue chaîne, une longue séquence de petits pas enchaînés. Dans le référentiel cosmique, les quatre premières marches sont importantes, voire indispensables au développement de la vie.

1. *La lancée de l'évolution nucléaire* qui débute avec le Big Bang, la création de la matière, l'émergence des nucléons, et dans son sillage la construction des premiers noyaux H, D, He et Li, suivie dans l'univers antique par la formation des premières étoiles, la mise en route de la nucléosynthèse stellaire avec l'apparition du carbone et de tous les éléments chimiques.

2. *L'évolution moléculaire* qui trouve son terrain d'élection dans un milieu très dilué, froid et en permanence irradié par des photons de tous crins et des rayons cosmiques. Elle a progressé au point de produire une vaste variété de molécules relativement complexes, mais s'est arrêtée, manifestement devant la vie interstellaire.

La plus grande des molécules interstellaires que l'on trouve en phase gazeuse contient 11 atomes. La question de la présence de molécules plus développées reste sans réponse. Rien de comparable avec les molécules de la vie.

De grands anneaux plats de molécules d'une classe spéciale, les hydrocarbures polyaromatiques (HPA), ont été proposés pour expliquer des incongruités spectrales dans l'infrarouge. On suppose qu'ils sont faits d'anneaux benzéniques attachés, comme le naphtalène ($C_{10}H_8$), le coronène ($C_{24}H_{12}$), et bien d'autres dont l'apparence s'approche de celle de la poussière de graphite.

L'une des tâches de l'astronomie moléculaire future sera de combler le fossé qui sépare les molécules à 11 atomes des HPA, des fullerènes (20 à 60 atomes) et des grains de poussière. Un gouffre sépare les molécules les plus développées d'un simple grain de poussière qui contient, au bas mot, un milliard d'atomes.

La question clé pour le physicien du milieu interstellaire est en l'occurrence celle de la longueur maximale des chaînes carbonées linéaires et à partir de quel nombre d'atomes de carbone les chaînes linéaires tendent à se boucler et à se rassembler en anneaux plans et fullerènes tridimensionnels par polymérisation spontanée.

3. *L'évolution prébiologique,* qui donne naissance à des macromolécules à travers lesquelles se transmet l'hérédité, assure un pont entre matière brute et matière vivante. Elle est censée opérer la synthèse des molécules complexes comme les acides aminés, les polypeptides, les protéines et l'ADN qui pourraient constituer le matériau génétique universel. L'astrobiologie est à naître. Mais tout en se réjouissant des avancées de la science dans ce domaine clé, on mesure l'ampleur du chemin qui reste à parcourir.

Il est à présent impossible de conclure à une évolution prébiologique dans le cosmos, mais rien ne peut l'exclure. En toute hypothèse, elle devrait être circonscrite aux régions les plus chaudes (si l'on ose dire) des nuages interstellaires, siège de la formation des étoiles. Les recherches astrophysiques intenses de l'acide aminé le plus simple, la glycine (NH_2CH_2COOH) dans les cœurs denses des nuages interstellaires ont échoué.

L'évolution biologique semble liée à un environnement plus chaud, plus dense et humide que celui des nuages, et qui correspond aux conditions planétaires. Ici la synthèse des macromolécules peut procéder à un rythme plus vif. Elles sont responsables du maintien de la structure de la cellule puisqu'elles convoient les informations génétiques. Les protéines, quant à elles, sont des assemblages d'acides aminés. La relation entre une séquence d'ADN et la séquence de la protéine correspondante est appelée *code génétique.* L'établissement de ce code est fondamental au transfert de l'information et donc à la vie.

Mais ce carbone si fertile, sait-on ce qu'il a fallu de ruse au ciel pour le fabriquer, le pétrir et l'extraire des hauts fourneaux stellaires ?

D'un pas rapide, nous parcourrons à nouveau les grandes avenues de l'astrophysique nucléaire, en méditant toutefois sur la vie telle que nous la connaissons, ou plutôt sur l'une de ses conditions de possibilité, le carbone.

Pendant les quelque dix milliards d'années qui se sont écoulées depuis le Big Bang, un réseau complexe de processus évolutif s'est tramé. Ces phénomènes, incluant l'émergence des galaxies, des étoiles, des corps planétaires et, au préalable, de leurs éléments chimiques constitutifs comptent comme des conditions de possibilité de l'existence de la vie intelligente sur notre planète, fondée sur le carbone. Par définition, avant que l'élément carbone ne se forme, il n'y avait pas la moindre chance que la moindre molécule organique ne se développe. De même, l'existence de molécules de complexité véritablement biologique dépend de l'existence d'autres éléments comme l'azote, l'oxygène, le phosphore et le fer. Par ailleurs, une source constante d'énergie est nécessaire pour maintenir l'existence d'êtres vivants. Cette énergie est offerte par les réactions nucléaires qui synthétisent l'hélium dans le Soleil. *Matière* et *énergie* sont les conditions *sine qua non* de la vie. Celle-ci provient des étoiles massives et explosives, ou *supernovae*, celle-là du Soleil, modeste représentant de la majorité silencieuse des étoiles.

Nous avons pris au ciel les éléments dont nous sommes composés. Il s'agit aujourd'hui d'une évidence. D'hydrogène en uranium, les sources des noyaux d'atomes sont soigneusement établies. Ces sources, répétons-le, sont le Big Bang (hydrogène, hélium et une pincée de lithium 7), les étoiles (du carbone à l'uranium) et le rayonnement cosmique (lithium, béryllium, bore). Là où semblaient régner l'ordre et la violence de la mort mécanique d'un univers d'horloger apparaît l'exubérance vitale de l'explosion originelle, de l'étoile et des particules errantes qui dansent dans les champs magnétiques.

Géantes rouges : d'hélium en carbone

Dans une étoile vieillissante, qui a laissé derrière elle la séquence principale, deux régions se distinguent : premièrement, un cœur composé largement de l'hélium produit par la fusion de l'hydrogène, et deuxièmement une enveloppe composée largement d'hydrogène intact. La fusion de l'hydrogène continue à la frontière du cœur et de l'enveloppe.

À basse température (15 millions de degrés), les réactions entre noyaux d'hélium sont inhibées en raison de la répulsion électrique. L'étude des propriétés nucléaires des noyaux de lithium, béryllium et bore ($Z = 3, 4, 5$), notamment de leur stabilité, indique que ces noyaux sont extrêmement fragiles et se désintègrent à des températures de l'ordre du million de degrés. Pour cette raison, ils ne sont pas formés de manière appréciable dans les étoiles et ne peuvent servir de pont entre l'hélium et le carbone, espèces notoires pour leur stabilité nucléaire et dont l'abondance dans la nature est infime, il convient de le redire.

Si la masse de l'étoile est suffisante, la force de gravité réitère la contraction du cœur, ce qui conduit à des températures et des densités toujours plus élevées. Cette contraction du cœur s'accompagne d'une dilatation de l'enveloppe (la raison en est obscure) et donne naissance à une nouvelle étape visuelle dans la vie de l'étoile. Son apparence se transforme : elle se mute en géante rouge.

Les étoiles dont la masse est insuffisante pour engager la fusion de l'hélium épuisent leur hydrogène et cessent d'évoluer. Naines blanches, elles rejoignent leurs semblables dans le grand cimetière stellaire.

Dans la phase de géante rouge, la force gravitationnelle poursuit sa tâche inlassable de compression du cœur. La densité et la température augmentent de concert car la compression des gaz produit automatiquement un échauffement.

Quand la température atteint environ 100 millions de degrés, ce qui correspond à une densité de 100 mille g/cm^3, un nouveau type de réaction nucléaire entre en lice au centre des étoiles.

Parmi toutes les réactions concevables qui mènent de l'hélium au carbone à de telles températures, les études de laboratoire et la réflexion des théoriciens ont conduit à penser qu'une seule est vraisemblable. Cette réaction à deux étapes, la *fusion de l'hélium*, n'a pas été établie sans difficulté. Elle est représentée par les équations

$$^4He + \,^4He \rightarrow \,^8Be^* + \gamma$$
$$^8Be^* + \,^4He \rightarrow \,^{12}C + \gamma$$

L'astérisque accolé au ^8Be indique le caractère extrêmement éphémère de cette espèce nucléaire. Sa durée de vie est estimée à 10^{-16} seconde. Pour produire un noyau de carbone, trois ^4He doivent donc entrer en collision presque simultanément.

Les chances de telles collisions sont maigres en raison de la brièveté de l'existence du noyau intermédiaire ^8Be, ce qui assure au stade de géante rouge une longévité enviable de plusieurs millions d'années, même si elles sont amplifiées par un phénomène opportun de *résonance*, sur lequel nous reviendrons tout à loisir.

La nucléosynthèse stellaire a donc sauté par-dessus trois éléments fragiles (lithium, béryllium, bore), c'est-à-dire d'hélium en carbone. À cette étape du développement de l'étoile ont déjà été forgés les éléments nécessaires à la formation des composés biologiques. Le carbone est le premier des éléments légers exclusivement formés à l'intérieur des étoiles. À sa traîne vient le cortège des éléments.

Quand commence la fusion de l'hélium, le cœur de l'étoile est stabilisé et un nouvel équilibre sphérique s'instaure. La contraction gravitationnelle et la pression expansive de la chaleur entretenue par les réactions de fusion nucléaire se compensent mutuellement. L'oxygène est engendré au détriment du carbone par la réaction

$$^{4}\text{He} + {}^{12}\text{C} \rightarrow {}^{16}\text{O} + \gamma$$

Mais les produits frais de nucléosynthèse sont enfermés dans les profondeurs de l'étoile comme dans un garde-manger.

Récapitulons. L'étoile brûle d'abord l'hydrogène sur la séquence principale en le convertissant en hélium. La concentration d'hélium augmente progressivement, Le cœur de l'étoile s'échauffe jusqu'à ce que la fusion triple de l'hélium forme le carbone-12 et, à partir de celui-ci, l'oxygène-16. À cette étape, si l'étoile est de masse supérieure à huit fois celle du Soleil, des réactions nucléaires plus complexes peuvent se produire. Dans le cas contraire, l'activité nucléaire cesse et l'étoile se fige dans la pose de naine blanche riche en carbone et en oxygène après avoir éjecté une grande partie de ses couches extérieures.

Dentelle nucléaire

Pourquoi l'univers, dans la gloire de son Big Bang, n'a-t-il pas, en un clin d'œil, engendré le carbone ? Pourquoi la « création » ne s'est-elle achevée à la troisième minute ?

Le premier élément de réponse tient à la fragilité et à l'instabilité native de la progéniture de l'hélium. Pourquoi l'hélium est-il si stable et ses rejetons si fragiles ? Pourquoi les noyaux de masse 5 et 8 fois celle du proton sont-ils si bancals qu'ils disparaissent du tableau du monde ? Cela tient à la microarchitecture du noyau de l'atome, un thème peu propice à la littérature.

Le second élément de réponse en est que la densité et la température de l'univers, en raison de son expansion, ont décliné trop fortement pour que le pontage entre l'hélium et le carbone s'effectue à travers la réaction 3 hélium-4 → carbone-12. Cela appelle naturellement une autre question : pourquoi la vitesse d'expansion était-elle si élevée ? La réponse en est : parce qu'il en fut ainsi.

Il a donc fallu que l'univers invente l'étoile pour que l'édification nucléaire reprenne son cours. Nous voudrions revenir en détail sur l'étrange histoire du carbone, l'or de la vie, né, semble-t-il, d'exquises coïncidences nucléaires se réalisant dans un contexte stellaire. Les coïncidences dont il s'agit impliquent les propriétés quantiques des noyaux de carbone et de ce fait prennent vertu de conditions de possibilité de notre propre vie.

À des fins de bonne compréhension, un léger crochet est nécessaire dans le domaine de la physique nucléaire.

Tout système composite adopte, selon les circonstances, différents états et configurations caractérisés par des niveaux d'énergie différents. Les noyaux n'échappent pas à la règle. L'existence des états excités est caractéristique de l'état composite du système. Un système comme le carbone consiste en un nombre fini de constituants élémentaires, six neutrons et six protons en l'occurrence, et il développe un nombre fini de configurations distinctes. L'activité interne des objets structurés se solde d'ordinaire par des réarrangements. C'est ainsi que l'on observe, s'agissant du carbone comme des autres noyaux, de nombreux niveaux d'énergie, autant que de manière d'être. À chaque configuration est associé un certain niveau d'énergie, évalué en kilo-électronvolts ou mégaélectronvolts, ce qui prouve, sans l'ombre d'un doute que dans l'objet « carbone » se cachent d'autres objets. Ce sont bien sûr les protons et les neutrons. Chaque proton ou neutron agit sur les autres et s'expose à leur action.

Par quelle ruse la nature accole-t-elle ensemble trois noyaux d'hélium ? se demandaient obstinément les astrophysiciens nucléaires de l'époque héroïque. En effet, deux noyaux alpha qui entrent en collision, avec l'énergie cinétique suffisante pour circonvenir leur mutuelle répulsion électrique, forment transitoirement une structure à 8 nucléons, le béryllium-8. Mais pour ce noyau particulier, la force répulsive (électrique) l'emporte sur la force de cohésion (nucléaire). De fait, le béryllium-8 est spectaculairement instable, à l'inverse de son géniteur, l'hélium-4, chef-d'œuvre de cohésion. Il se brise en deux en 10^{-17} seconde. Aussi, la confection du carbone requiert-elle l'adjonction immédiate d'un troisième noyau d'hélium. Le simple calcul montre que ce processus est hautement improbable. La production du carbone, passage obligé vers l'oxygène et les espèces plus lourdes, restait donc une énigme. En 1952, Edwin Salpeter, directeur de thèse d'Hubert Reeves, suggéra que le carbone 12 est produit en deux étapes très rapides.

Mais cela n'avançait à rien car le troisième larron brisait le plus souvent le béryllium-8 en deux ! Sur ces entrefaites, Fred Hoyle eut un coup de génie. Pour circonvenir la difficulté, l'astrophysicien britannique fit l'hypothèse que les niveaux d'énergie du béryllium, de l'hélium et du carbone devaient avoir des valeurs très précisément ajustées pour donner toute sa vigueur au processus en deux étapes proposé par Salpeter et l'accélérer notoirement. Tout reposait donc sur des propriétés de consonance entre niveaux d'énergie.

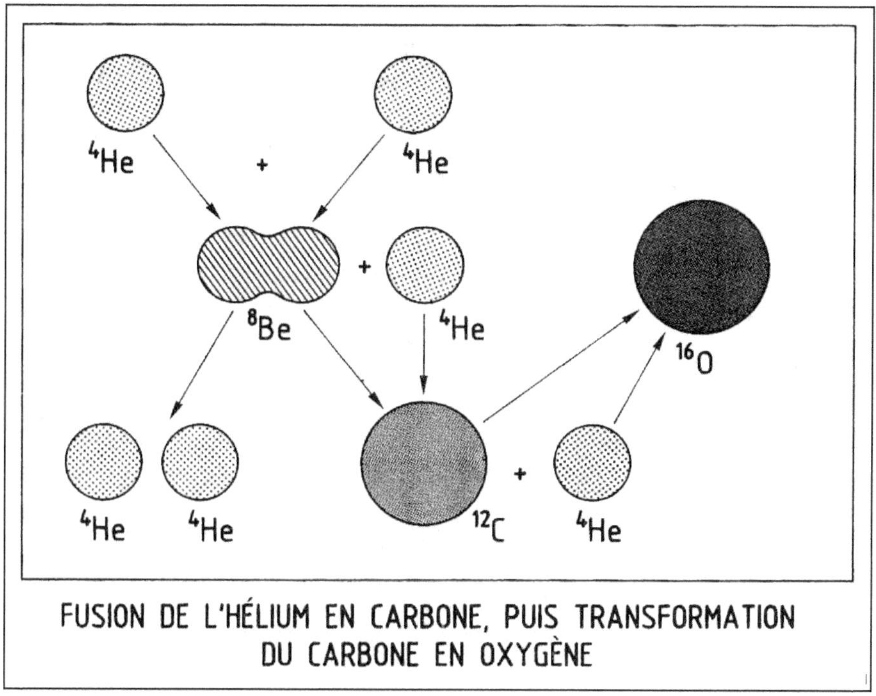

Figure 1 – Synthèse et destruction du carbone dans les étoiles.

Le coup de pouce de la nature, ayant pour conséquence l'heureuse existence du carbone et des noyaux plus lourds, relevait, en effet, du réglage fin des niveaux d'énergie des trois noyaux cruciaux. Sachant que les niveaux d'énergie sont des propriétés purement quantiques des systèmes de nucléons, on ne pouvait que s'extasier devant cette délicate attention de la nature.

Pour mieux apprécier la finesse du phénomène, il convient de l'observer à la loupe. Quand deux noyaux entrent en collision, le nouveau noyau est dépositaire de l'énergie cinétique de ses deux géniteurs et de leur énergie de masse, diminuée de son énergie de liaison.

Le nouveau noyau cherche tout naturellement à occuper l'une des marches de sa propre échelle énergétique, c'est-à-dire un niveau d'énergie bien défini. Si l'énergie combinée des particules incidentes (énergie de masse + énergie cinétique) n'est pas exactement la bonne, toute énergie en excès est utilisée pour éjecter des particules du nouveau noyau, ou, si l'excès est conséquent, à casser celui-ci en morceaux. Cela réduit la probabilité de voir deux noyaux, à plus forte raison trois, s'agréger lorsqu'ils entrent en contact. Dans la majorité des cas, les protagonistes rebondissent l'un sur l'autre.

Cependant, si tout colle parfaitement, c'est le cas de le dire, le nouveau noyau sera créé avec la quantité exacte d'énergie qui correspond à l'un de ses niveaux d'énergie naturelle. Alors il se débarrassera de l'énergie excédentaire, se désexcitera en émettant un ou plusieurs photons gamma, descendant ainsi l'escalier énergétique. Dans ce cas, la réaction produite se fera de manière extrêmement efficace. Cette correspondance entre énergie des particules initiales et niveau approprié du noyau résiduel, connu sous le nom de résonance, dépend de manière cruciale de la structure interne des espèces impliquées dans la collision et, partant, des inter-actions fondamentales (forte, faible et électromagnétique) qui la charpentent.

Hoyle comprit donc que la seule façon de manufacturer une quantité convenable de carbone dans les étoiles était de passer par une résonance impliquant les trois noyaux hélium 4, béryllium 8 et carbone 12. L'énergie de masse des trois édifices nucléaires est fixée et ne peut changer ; l'énergie cinétique des trois réactants, par contre, dépend de la température stellaire, calculable. Sur la base de cette température, déduite des modèles de géantes rouges, Hoyle prédit l'existence d'un niveau de carbone-12 jusque-là non détecté, en harmonie avec les énergies de masse combinées du béryllium-8 et de l'hélium-4. Ward Walling, tout d'abord sceptique, s'en fut à l'accélérateur du laboratoire Kellog de Caltech, en Californie, et découvrit ce niveau excité à 7654 kiloélectronvolts (keV) du niveau fondamental, soit 4 % au-dessus de l'énergie de masse combinée du béryllium-8 et d'hélium-4. Ainsi, pour que la consonance se réalise, les deux noyaux devaient entrer en collision relativement douce de sorte que leur énergie cinétique soit environ 4 % de leur énergie de masse, c'est-à-dire 287 keV. Le centre des géantes rouges fournissait un site idéal à la réaction dite 3 α, car, selon les estimations, la température y était de 200 millions de degrés et la densité de cent kilogrammes par centimètre cube. Notons incidemment qu'il fallait accorder une grande confiance aux modèles stellaires encore balbutiants pour oser présenter une aussi ferme suggestion. La prédiction de Fred Hoyle fut vérifiée et confirmée par des expériences postérieures. Ce qu'il affirmait, en substance, c'est que *puisque nous existons*, le carbone *doit* avoir un niveau d'énergie à 7,6 MeV au-dessus de l'état fondamental. Ce raisonnement frappant alimentera plus tard la spéculation autour du « principe anthropique », mais cela n'entre pas dans notre propos.

La nature remarquable de l'argument ne doit cependant pas être sous-estimée. Supposons, par exemple, que le niveau d'énergie clé soit 4 % plus bas que l'énergie de masse du système $^8Be + {}^4He$; dans ce cas, la résonance ne se serait pas produite pour la bonne raison qu'on

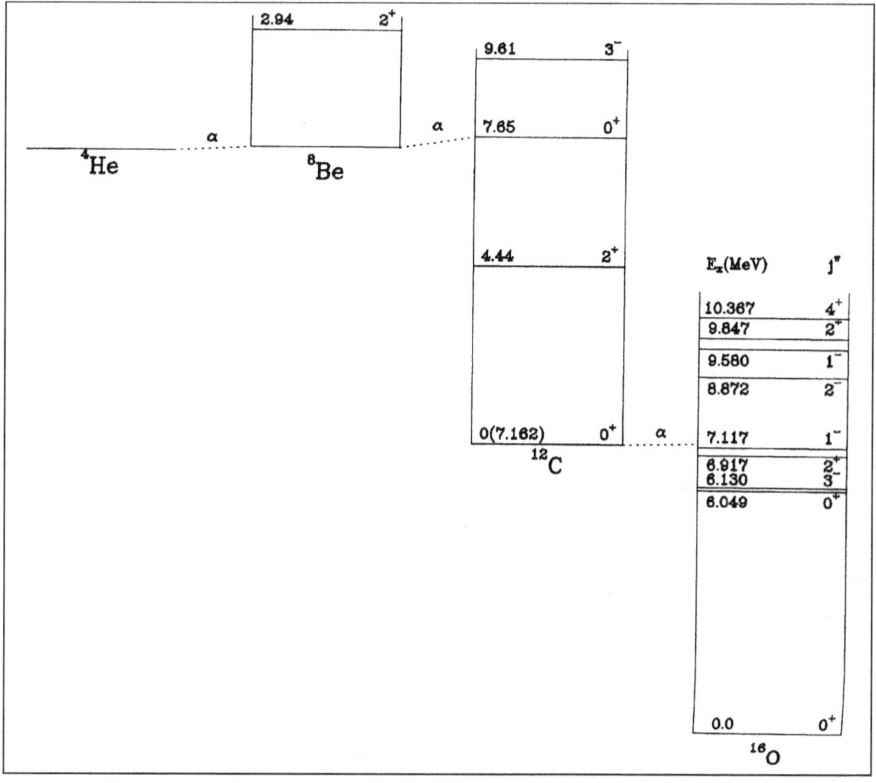

Figure 2 – *Niveaux d'énergie des noyaux impliqués dans la fusion de l'hélium.*
L'existence d'un niveau d'énergie du noyau de l'atome de carbone à 7.65 MeV au-dessus de l'état fondamental est particulièrement bien venue, car elle multiplie par un facteur considérable la probabilité de sa synthèse dans les géantes rouges.

peut toujours additionner de l'énergie cinétique au bilan général mais non en défalquer. Il convient également d'ajouter que lorsqu'un noyau de carbone-12 et un hélium-4 se rencontrent au cœur des géantes rouges, donc dans des conditions typiques de fusion de l'hélium, un noyau d'oxygène a de bonnes chances de se former. Il se trouve que la somme des énergies de masse du carbone et de l'hélium se situe juste 1 % *au-dessus* d'un niveau d'énergie de l'oxygène-16. Mais cette différence de 1 % est insuffisante pour que tout le carbone disparaisse dans les creusets stellaires et avec lui toute promesse de vie.

Ainsi nous existons, semble-t-il, par le jeu d'au moins deux coïncidences, l'une négative et l'autre positive, impliquant les niveaux d'énergie du carbone et de l'oxygène. Ce n'est pas tout. Pour que le carbone et l'oxygène soient dispersés aux quatre vents de la galaxie, il a fallu que certaines étoiles explosent. La dissémination des atomes de la vie dans le cosmos peut être, de la même manière, imputée à un ajustement spetial des forces, des propriétés des particules et des constantes de la nature. Notre existence dépend, en apparence, d'une série de coïncidences. Nous savons par quel chemin nous sommes venus, mais nous ne savons toujours pas pourquoi.

Histoire du fer

LA COURSE VERS LA MORT

La question du sort de l'espèce stellaire me semble se poser ainsi : quelle est la mutation, la transformation qui fait d'un astre paisible et durable une explosive (et créative) supernova ? Ce qui précipite la marche de l'étoile vers son autodestruction, c'est sa luminosité même et le coût énergétique ruineux de la gloire. Car briller c'est brûler et brûler c'est périr. Feignant d'éterniser leur lustre, les étoiles massives poussent leurs feux à l'extrême et s'épuisent à conserver leur éclat.

Il est fréquemment convenu que lorsqu'une étoile traverse la phase géante rouge, son architecture interne perd la simplicité originelle, celle du temps où elle brûlait l'hydrogène en son centre.

C'est maintenant un étrange fruit, dont le noyau est fait de carbone et d'oxygène. Deux coques superposées d'hélium et d'hydrogène l'engoncent. La forte charge électrique du carbone (+6) et de l'oxygène (+8) inhibent les réactions nucléaires centrales. Privé du soutien de la chaleur, le cœur se contracte et la température croît de plus belle. Lorsqu'elle dépasse 600 millions de degrés, des combustions nucléaires d'un nouveau type entrent en lice. Les premières d'entre elles sont la fusion du carbone et de l'oxygène, symbolisées par

$$^{12}C + {}^{12}C \rightarrow {}^{20}Ne + \alpha$$
$$^{16}O + {}^{16}O \rightarrow {}^{28}Si + \alpha$$

Dans la mesure où ces réactions se produisent relativement rapidement aux hautes températures désormais à l'œuvre, l'évolution des étoiles s'accélère énormément, d'autant qu'elles subissent une fuite d'énergie importante due à la production considérable de *neutrinos et antineutrinos thermiques* (via la réaction photon + photon → électron + positon → neutrino + antineutrino), dès que le carbone se met à brûler.

Comme les combustions du carbone, de l'oxygène et les suivantes produisent des noyaux de masse toujours plus voisine de 56, à laquelle culmine l'énergie de liaison nucléaire, le rendement énergétique ne peut que se dégrader : de moins en moins d'énergie est engendrée par

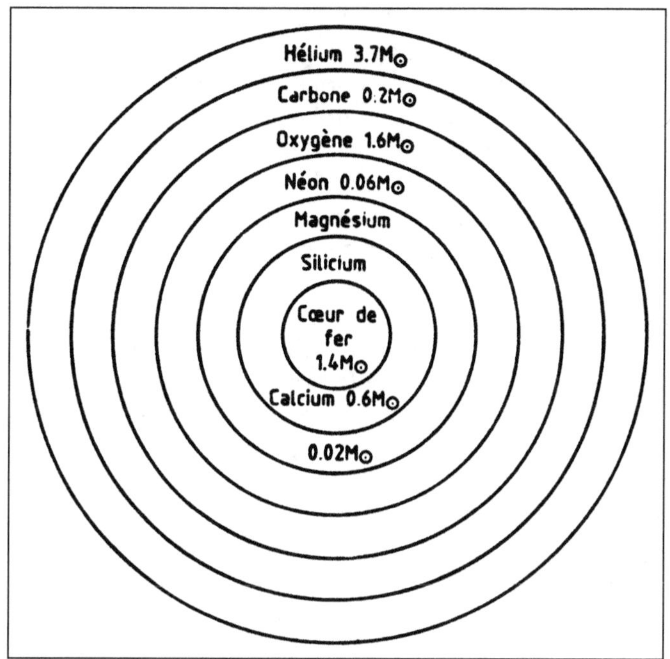

Figure 3 – Coupe d'une étoile massive.
La structure en pelures d'oignon est spécifique des étoiles massives en fin d'existence.

gramme de matière brûlée. Le silicium est moins nutritif que l'oxygène, l'oxygène moins que l'hélium et l'hélium moins que l'hydrogène.

En conséquence, l'échelle de temps de chaque cycle de fusion se raccourcit. Pour une étoile de 20 $M_\odot$ par exemple, la séquence principale (fusion centrale de l'hydrogène) occupe 10 millions d'années, la fusion centrale de l'hélium ne dure que 1 million d'années, celle du carbone 300 ans, et celle de l'oxygène 200 jours seulement. L'étoile est un oignon rouge dont le cœur profond est envahi par les noyaux de silicium. À des températures proches de 1 milliard de degrés et des densités de l'ordre de 1 million de grammes par cm^3, la combustion de cet élément s'enclenche, pour s'achever au bout de deux jours !

Elle procède selon le schème de la *photodésintégration* partielle : en raison de la charge élevée des noyaux de silicium (+14), la fusion directe de deux noyaux de ce type est extrêmement difficile, voire impossible. La nucléosynthèse emprunte alors une voie indirecte. Le silicium est attaqué par les photons très énergétiques et agressifs vu la température. Les protons, neutrons et noyaux d'hélium arrachés se greffent progressivement sur le silicium intact pour engendrer le fer et ses collatéraux (dossier 3). Mais le roi des éléments est incarcéré au cœur de l'étoile où il sera non pas intronisé, mais *neutronisé*, c'est-à-dire transformé en neutrons par une opération que nous n'allons pas tarder à décrire.

Il n'est pas étonnant que la fusion centrale du silicium achoppe au fer lorsqu'on se souvient qu'il s'agit du noyau le plus stable de la nature. Pour cette simple raison, les réactions de fusion susceptibles de produire des noyaux plus lourds et complexes absorberaient de l'énergie au lieu d'en produire, ce qui aurait un effet catastrophique sur les étoiles.

Ainsi, lorsqu'un cœur de fer se développe, la cessation des réactions génératrices d'énergie enlève à l'étoile sa toute première capacité de résistance à l'effondrement gravitationnel. La catastrophe est imminente.

Mais à l'heure de la mort, l'étoile n'aura jamais été aussi intérieurement belle. Pour celui qui pourrait voir à travers les couches opaques de la supergéante rouge, elle déploierait en corolle toutes les nucléosynthèses mises à feu de concert, depuis celle du silicium, au centre, jusqu'à celle de l'hydrogène en périphérie. Rien sur l'incarnat de l'astre ne laisse pourtant soupçonner l'apothéose nucléaire. À ce moment-là, l'innocente étoile va quitter la béatitude de l'état stationnaire pour subir la plus radicale des transfigurations...

La plupart des éléments propices à la vie ont maintenant été construits. Il reste à les donner en partage à l'univers, à les essaimer dans l'espace. L'explosion y pourvoira.

Explosion

Après avoir dressé dans toute sa munificence ce portrait de la secrète agonie stellaire noyé de rouge, il nous appartient maintenant de pénétrer plus avant dans la physique explosive des astres massifs, tant la composition du ciel et du monde en dépend.

Pour résumer l'argument essentiel, l'accumulation du fer et de ses congénères dans le cœur des étoiles plantureuses conduit à des conditions catastrophiques dans la mesure où les réactions nucléaires ne libèrent plus d'énergie. Les étoiles cessent d'engendrer chaleur et pression et perdent en conséquence leur influence stabilisatrice. Elles sont de ce fait victimes d'un véritable collapsus cardiaque qui produit un échauffement extrêmement rapide.

La température grimpe à tel point dans les régions centrales que le fer lui-même rompt sous l'assaut des photons. Il est *photodésintégré*, brisé en hélium, et celui-ci, à son tour, en protons et neutrons. La densité est telle que les protons, d'ordinaire si placides, avalent les électrons pour se transformer en neutrons, en recrachant des neutrinos.

$$^{56}\text{Fe} + \gamma \rightarrow 14\ ^{4}\text{He}$$
$$^{4}\text{He} + \gamma \rightarrow 2\,\text{p} + 2\text{n}$$
$$\text{p} + \text{e}^{-} \rightarrow \text{n} + \nu$$

Ainsi, le cœur profond de l'étoile (1.4 à 2 $M_\odot$) est neutralisé, ou plutôt *neutronisé*, la voilà en passe de devenir *étoile à neutrons*.

Ces phénomènes de *photodésintégration* et de *capture électronique* privent l'étoile du support de la pression des photons et des électrons, les premiers usant leur énergie à briser le fer, les seconds étant purement et simplement éliminés. Tyrannisé par la gravitation, le cœur implose soudainement.

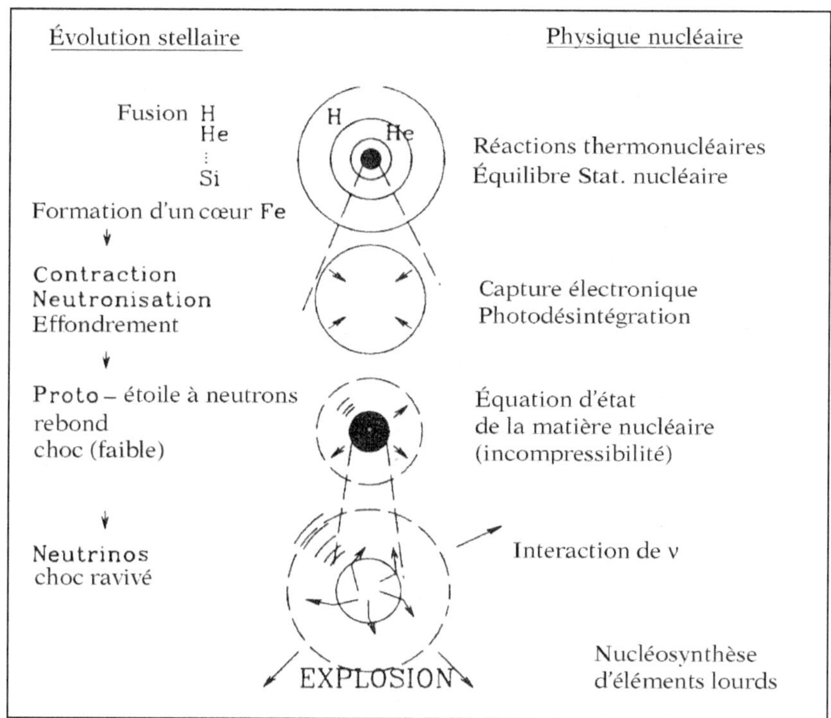

Figure 4 – Description schématique de l'explosion d'une étoile (*d'après M. Arnould*).
Évolution stellaire et physique nucléaire sont mises en parallèle.
Au première étage, les fusions hydrostatiques (H, He, C, O, Si) qui aboutissent via les réactions thermonucléaires à la formation d'un cœur dont la composition, dominée par le fer est régie par l'équilibre statistique nucléaire (dossier 3).
Le deuxième étage est celui de la contraction, de la neutronisation et de l'effondrement, sous l'effet des captures électroniques et de la photodésintégration.
Le troisième étage est celui de la résistance et de la contre-attaque. La matière ayant atteint son niveau d'incompressibilité maximum, se détend, et ce mouvement brutal déclenche une onde de choc.
Le quatrième étage est celui de l'explosion. Les neutrinos ravivent le choc qui s'épuise à photodésintégrer les noyaux de fer qu'il trouve sur son passage. Dans le sillage de l'onde de choc opère la nucléosynthèse explosive du silicium, de l'oxygène et du carbone.

Au cours de l'effondrement, qui ne dure pas plus d'une seconde, la température atteint les 10 milliards de degrés, ce qui correspond à celle de l'univers à peine âgé d'une seconde.

La densité en vient à excéder celle des noyaux d'atome (10^{14} g/cm^3). La matière comprimée comme un ressort se détend alors, car c'est plus qu'elle n'en peut supporter, et ce mouvement brutal de détente fait naître une *onde de choc* qui traverse l'étoile.

Outre ce phénomène, l'effondrement gravitationnel a une conséquence importante : échauffée à l'extrême, la protoétoile à neutrons émet un flux copieux de neutrinos et antineutrinos d'origine thermique, transportant 10^{53} erg, au total, c'est-à-dire la quasi-totalité de l'énergie gravitationnelle libérée par la compactification d'une partie de l'étoile originelle en étoile à neutrons d'environ 1.5 M$_\odot$ et 10 km de rayon.

Le choc s'épuise rapidement, car il trouve devant lui encore assez de fer pour lui barrer le passage. Il consume son énergie à le photo-désintégrer, et de ce fait s'atténue, dépérit.

Mais — ô bienveillance des anges ! — l'armée des neutrinos vient à sa rescousse, pour lui communiquer leur élan car vu les densités extrêmes de matière rencontrées, ces particules d'ordinaire peu liantes, entrent en friction avec les noyaux pour leur céder une partie de leur impulsion. Ainsi ravivent-ils le choc et prennent-ils figure de véritable déclencheur de l'explosion des étoiles massives, c'est du moins ce que l'on prétend dans les cénacles astrophysiques les mieux informés.

Libérés en quantité faramineuse, il suffit que 1 % de leur énergie soit communiquée à l'enveloppe pour que celle-ci vole en éclats, l'onde de choc ravivée rallume dans son sillage force réactions nucléaires et modifie la composition isotopique profonde de l'étoile.

Implosion/explosion : Thanatos (étoile à neutrons) et Éros (super-nova) semblent allier leurs puissances éternelles, par invisible (neutrinos) interposé.

Les grands détecteurs liquides à l'affût sous la terre, IMB (Irvine-Michigan-Brookhaven) et Kamioka, destinés à guetter la mort du proton et les neutrinos solaires, placidement enregistrèrent le signal neutrinique de la supernova magellanique sous forme d'une poignée d'éclairs bleus. Le message, retardé de 170 000 années-lumière par la distance, arrivait au bon moment : celui où les hommes s'étaient donné des modèles physiques et des ordinateurs capables de restituer par le calcul l'évolution des étoiles. Message différé, mais message exact : les neutrinos arrivèrent avec quelques heures d'avance sur la lumière visible, et en nombre attendu, ce qui apporta une magnifique confirmation au scénario élaboré par l'astrophysique explosive. D'autres bonnes surprises allaient suivre, s'agissant cette fois de la courbe de lumière de la sublime supernova et de son émission de rayons gamma.

Preuves de l'origine explosive et radioactive du fer

SN 1987 A, la supernova du siècle, et même des temps modernes, fut résolument *gravitationnelle*, par opposition au type *thermonucléaire* que nous allons rencontrer dans quelques pas. Son géniteur (Sanduleak-92202) au regard de sa masse (20 M$_\odot$) n'était pas très différent de Rigel, la belle étoile bleue de la constellation d'Orion, nous le savons pour l'avoir photographiée avant sa mort. La plupart des étoiles explosent lorsqu'elles sont écarlates et ballonnées, si bien que le rouge a pu être pris comme une marque de sénilité stellaire et le bleu de jeunesse.

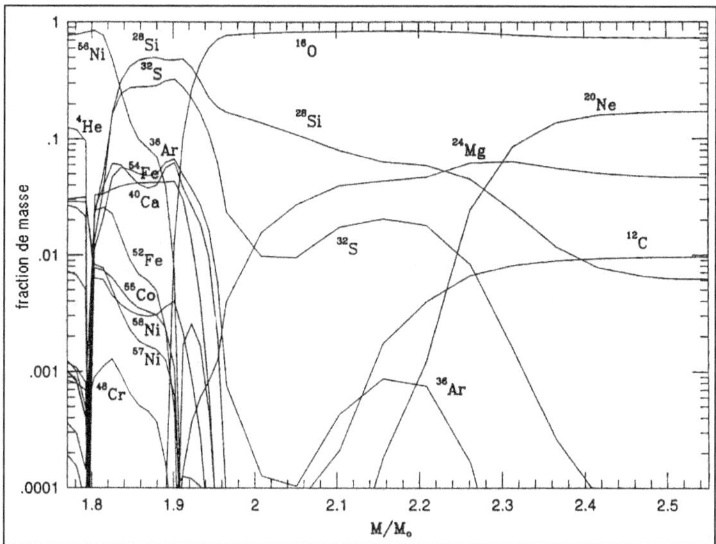

Figure 5 – *Profil isotopique détaillé de la partie centrale d'une étoile de 25 M$_\odot$ après explosion* (*d'après Thielemann*).
Le diagramme représente la variation de composition en fonction de la profondeur dans l'étoile (profil radial). En abscisse est indiquée non le rayon, ce qui rendrait le diagramme illisible, tant le cœur est tassé, mais la masse incluse, en ordonnée, la fraction de masse de diverses espèces nucléaires, c'est-à-dire le nombre de grammes de l'espèce considérée par gramme de matière stellaire.
La matière éjectée par l'explosion d'une étoile de 25 M$_\odot$ (SNII typique) présente une composition isotopique stratifiée héritée de toute l'histoire antérieure mais modifiée en profondeur par le passage de l'onde de choc qui volatilise, littéralement, l'étoile. On ne montre que la partie la plus interne de la supernova (0,7 M$_\odot$).
Le collapsus et le rebond du cœur ont donc engendré une onde de choc qui balaie l'étoile, réchauffe la matière sur son passage et la détache du cœur effondré.

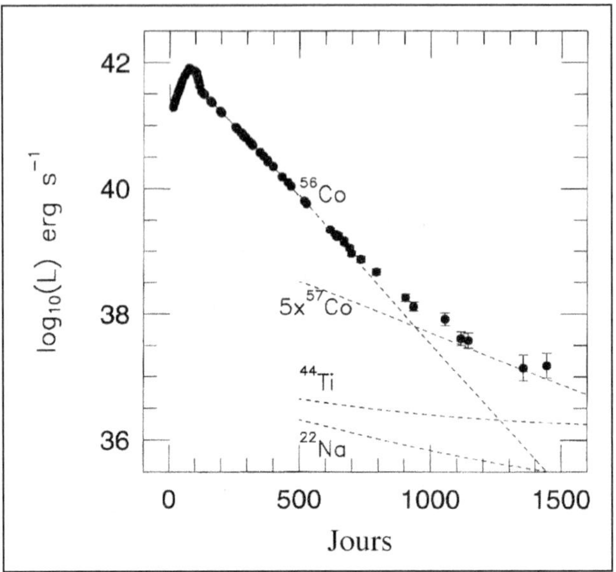

Figure 6 – *Courbe de lumière de SN 1987A.*
Le 23 février 1987, Shelton & Jones annoncèrent la découverte d'une supernova dans le Grand Nuage de Magellan. Ce fut la plus brillante qu'on ait pu observer depuis le temps de Kepler (1604), et la première que l'on ait pu examiner dans toutes les bandes du spectre électromagnétique, et la première, encore, à être détectée par son flux de neutrinos. Sa distance relativement proche (170 000 années-lumière) offrit une opportunité unique d'observer une supernova en grand détail, ceci avec une variété de techniques de détection différentes.
Le déclin de la courbe de lumière de la supernova, passé 200 jours, suit la décroissante radioactive du ^{56}Co (de demi-vie égale à 77 jours), père du ^{56}Fe et fils du ^{56}Ni. La lumière de la supernova est ensuite entretenue par la décroissance du ^{57}Co et ^{44}Ti de plus longues périodes, ce qui en fait un objet purement radioactif.
L'énergie déposée par les radionucléides (pointillé) correspond à des quantités initiales de ^{56}Ni, ^{57}Ni et ^{44}Ti de 0.075, 0.009 et 0.0001 $M_\odot$ respectivement.

SN 1987A fit exception car elle a explosé toute vêtue d'azur. On s'interroge encore sur cette mort bleue comme la peur[1].

À cette étape de l'enquête, la meilleure hypothèse est que la bleuité tardive serait due à la conjonction de deux phénomènes.

1. La carence en métaux du Grand Nuage de Magellan, où l'étoile a pris naissance.

---

1. J'ai une pensée pour Richard Schaeffer, du service de physique théorique de l'Orme des Merisiers (CEA), et Robert Mochkovitch, de l'Institut d'Astrophysique de Paris, avec lesquels nous avons calculé la courbe de lumière d'une étoile déshabillée qui ressemblait si bien à la mère de SN 1987A.

2. Une perte de substance de 2 à 3 $M_\odot$, emportée par un vent que l'étoile a entretenu avant que d'exploser et qui apparaît aujourd'hui sous forme d'anneaux du plus bel effet visuel.

Quelle que fût l'origine de ce bleu surprenant, une opportunité unique s'offrait de mettre à l'épreuve la théorie de l'explosion des étoiles massives et de la nucléosynthèse qui s'y attache. Celle-ci prédisait que les isotopes de masse 44, 56 et 57 proviennent de la greffe soudaine, explosive, de particules alpha (ou noyau d'hélium) et de protons au noyau de silicium (dossier 3). Étant synthétisés sous la forme de leur géniteur radioactif (nickel-56, nickel-57 et titane 44, par ordre d'importance, tableau 1 page 177), les noyaux épars dans les débris de la supernova, au terme de désintégrations en chaîne, devaient retrouver leur forme stable (fer-56, fer-57 et titane-44).

Cette *radioactivité* ne pouvait rester inaperçue. Et de fait, le rayonnement de l'étoile explosée allait en porter la marque indélébile. Pour saisir l'importance capitale de cette remarque, il nous faut maintenant sortir des limbes théoriques pour nous référer à l'observation, belle, drue et incontestable et réécrire ce chapitre d'une manière plus concrète.

Lorsque Cortès demanda aux Aztèques d'où venait le fer de leurs poignards, ceux-ci désignèrent le ciel. Les astrophysiciens le soupçonnaient aussi, et la démonstration éclatante en fut administrée par l'étoile explosive de 1987, la supernova que l'on attendait depuis près de quatre cents ans. Tycho Brahé, le maître, et Johannes Kepler, son élève, furent l'un et l'autre témoins de l'apparition d'une supernova (respectivement en 1572 et 1604). Le télescope, comble d'ironie, allait être mis en pratique en 1609. Nous fûmes, quatre siècle durant, privés d'explosions proches. Il fallut attendre 1987 pour qu'apparaisse enfin une supernova visible à l'œil nu, encore que depuis l'hémisphère Sud. Mais quand s'ouvrit son écrin, le Grand Nuage de Magellan, quel émoi ! quelle splendeur !

L'étoile « nouvelle » bénéficia de la sollicitude des astronomes de tous crins, scrutateurs du visible et de l'invisible. Sa lumière fut collectée par les meilleurs télescopes de l'hémisphère austral et disséquée par les spectrographes, ses rayons X et gamma furent capturés par des dispositifs sensibles placés à bord de satellites.

On eut tôt fait de s'apercevoir, à la grande satisfaction des théoriciens, que la brillance de l'objet déclinait au rythme de décroissance du cobalt-56 (111 jours de vie moyenne, ou si l'on préfère 77 jours de demi-vie), comme prédit. On le rendit responsable de l'émission lumineuse de la supernova. Puis il fut remplacé par le cobalt-57, qui passa probablement le relais au titane-44, en bonne succession.

On put alors affirmer que la radioactivité est la source d'énergie responsable de l'émission lumineuse de la supernova de 1987 et de toutes ses semblables, issues d'étoiles considérable.

Pour couronner le tout et renforcer encore la crédibilité de la thèse, le satellite *Solar Maximum Mission* signala que six mois après l'apparition lumineuse de l'objet, des photons gamma d'énergie bien précise s'échappaient des débris de l'explosion. En raison de l'expansion et de la dilution des éjecta, la matière de l'étoile explosée était devenue transparente aux photons résultant de la désintégration radioactive du cobalt-56, fils du nickel-56 et père du fer-56.

Et fut vérifiée cette prédiction extravagante : le fer, roi de la création nucléaire, le plus solide des noyaux d'atomes, n'est pas créé en tant que fer, mais en tant que nickel radioactif (dossier 3).

Ainsi la haute lumière de la supernova des temps modernes est-elle venue rassurer l'espèce humaine sur sa capacité de comprendre la synthèse des éléments dans les étoiles. Et l'évolution stellaire, théorie reine de l'astrophysique sortit des brumes spéculatives pour prendre rang de science accréditée par la sûre observation.

Supernovae thermonucléaires

Fort de ce succès, on se prend à rêver de donner une explication à tous les cataclysmes du ciel, supernovae de tout acabit, *hypernovae* et *sursauts gamma*. Pour s'en tenir aux supernovae, on en rencontre, en vérité, deux variétés. Les premières, décrites plus haut, provenant de l'effondrement du cœur des étoiles massives, forment des étoiles à neutrons (et des trous noirs, peut-être) qui pour se refroidir émettent des flux intenses de neutrinos. Les secondes ne laissent subsister aucun astre compact et n'émettent nul neutrino, mais en revanche requièrent une naine blanche flanquée d'une compagne qui lui donne la mort. Celles-ci forment la classe des *supernovae gravitationnelles*, celles-là la classe des *supernovae thermonucléaires* pour des raisons liées au mode d'explosion.

Cette distinction est vouée à remplacer la classification spectroscopique en type II et I selon que spectre arbore ou non les raies de l'hydrogène, devenue ambiguë. On conserve cependant les dénominations de SNIa pour qualifier les éblouissantes supernovae dont la courbe de lumière a des inflexions particulières et où l'hydrogène brille par son absence, et de SNII, pour celles dont le spectre est orné d'hydrogène[1].

---

1. Les supernovae classées Ib et Ic sont en réalité de type gravitationnel. Leur enveloppe d'hydrogène a été évaporée ou expropriée par une étoile compagne. Le mode d'explosion des supernovae Ib, c est donc semblable à celui des SNII.

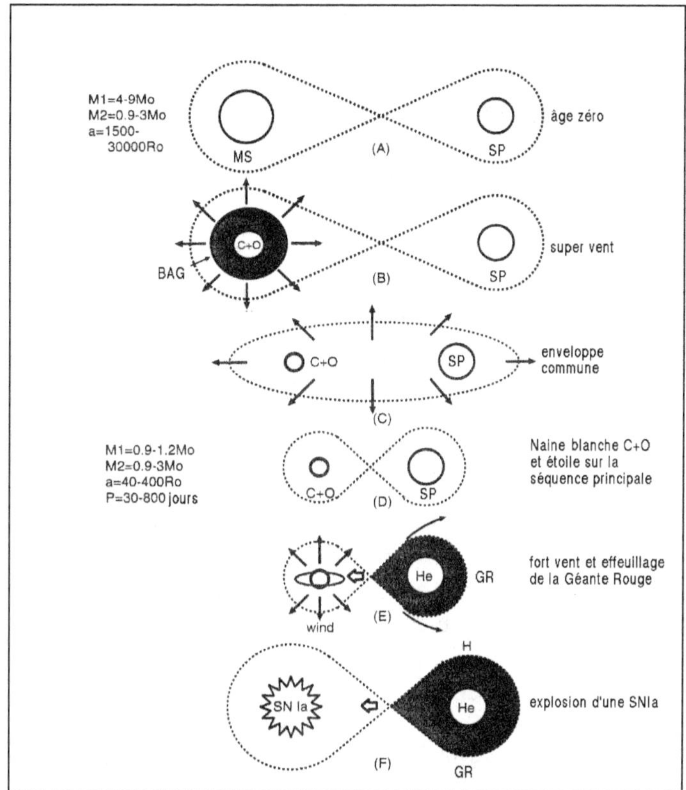

Figure 7 – Duos stellaires *(d'après Nomoto).*

La présence d'un compagnon peut considérablement perturber l'évolution d'une étoile. Ainsi le transfert de masse (accrétion) transforme une morne naine blanche en eruptive nova ou explosive supernova de type Ia.

Suivons, par exemple, la vie d'une étoile de masse comprise entre 4 et 9 $M_\odot$ et de sa petite sœur de (0.9 à 3 $M_\odot$), séparées de 1 500 à 30 000 $R_\odot$. L'enfance est calme. La grande évolue plus vite que la petite (c'est une constante de l'évolution stellaire) et devient Géante Asymptotique, balayant de son vent sa compagne, puis naine blanche. La naine blanche de carbone et oxygène et sa compagne partagent leur enveloppe et évoluent sous le manteau comme une seule et même étoile. Il en résulte un couple constitué d'une naine blanche de masse comprise entre 0.9-1.2 $M_\odot$ et d'une étoile normale de 0.9-3$M_\odot$, encore sur la séquence principale, séparées maintenant par une distance de 40 à 400 $R_\odot$ (ce qui correspond à une période de révolution de 30 à 800 jours). L'étoile 2 enfle et devient géante rouge. Aubaine pour la naine ! Elle capture la matière si obligeamment offerte, mais c'est plus qu'elle ne saurait absorber, ce qui suscite un fort vent et finalement une explosion cataclysmique.

Les supernovae thermonucléaires se rapprochent par leur fonctionnement des bombes éponymes. Leur physique brutale et complexe, impliquant des échanges de matière entre deux étoiles accouplées, échanges régis par la gravitation, et dont l'une au moins est une naine blanche, est malheureusement passablement opaque, nous ne pouvons que l'effleurer.

Parmi les différents scénarios criminels qui conduisent à la mort d'une naine blanche par overdose, si j'ose m'exprimer ainsi, deux se désignent principalement, qui ont en commun d'admettre la même victime : une naine blanche.

Dans le premier, le compagnon est une étoile en bonne et due forme (un soleil ou une géante rouge). Dans le second, moins probable, semble-t-il, le partenaire est une autre naine blanche.

Selon l'embonpoint de son danseur et le fait qu'elle le tienne plus ou moins serré, la naine peut augmenter ou ralentir le rythme de sa succion et subsister plus ou moins longtemps avant que d'exploser. Au bal des étoiles nous allons, comble d'indiscrétion, suivre des yeux un couple scandaleux constitué d'une morte et d'une vivante. La résurrection du cadavre aboutit à une nouvelle « mort », totalement dispersive et définitive, si tant est que mort = dispersion totale des atomes.

Plus sérieusement, on s'accorde à penser que la plupart des SNIa résultent de l'explosion d'une naine blanche qui, alourdie par un afflux de matière extérieure, dépasse une masse critique (dite de Chandrasekhar, et valant 1.4 $M_\odot$) et se désintègre sous l'effet de la fusion thermonucléaire du carbone et de l'oxygène.

La manière précise dont elle se détruit dépend de sa masse propre, de celle de son compagnon, ainsi que de la nature de ce dernier, et également de la distance qui les sépare. Le mécanisme détaillé de l'explosion reste encore énigmatique tant et si bien que les évidences s'accumulent en faveur d'une certaine diversité au sein même de la classe des SNIa. Au rythme où vont les choses, une nouvelle subdivision s'avérera bientôt nécessaire (dossier 2).

Pour l'heure, nous nous réjouirons de l'idée que l'explosion des SNIa est comprise, dans ses grandes lignes. Trois arguments plaident en faveur de cette interprétation :

1. l'absence d'étoile à neutrons sur les traces des SNIa anciennes ;

2. l'apparence relativement homogène de leur comportement, lié, au plus profond, à la ressemblance de toutes les naines blanches ;

3. le bon accord avec le spectre optique observé.

Outre ces trois faits, les astrophysiciens nucléaires se firent un honneur d'observer qu'à l'instar des supernovae gravitationnelles, le rythme du déclin de luminosité des SNIa, passé le maximum, est commensurable avec celui du cobalt-56 radioactif, fils du nickel-56, le noyau alpha de haute lignée que l'on sait. L'explication des courbes de lumière des SNIa est obtenue moyennant l'hypothèse qu'une demi-masse solaire de nickel-56 est produite dans l'explosion d'une naine blanche explosive.

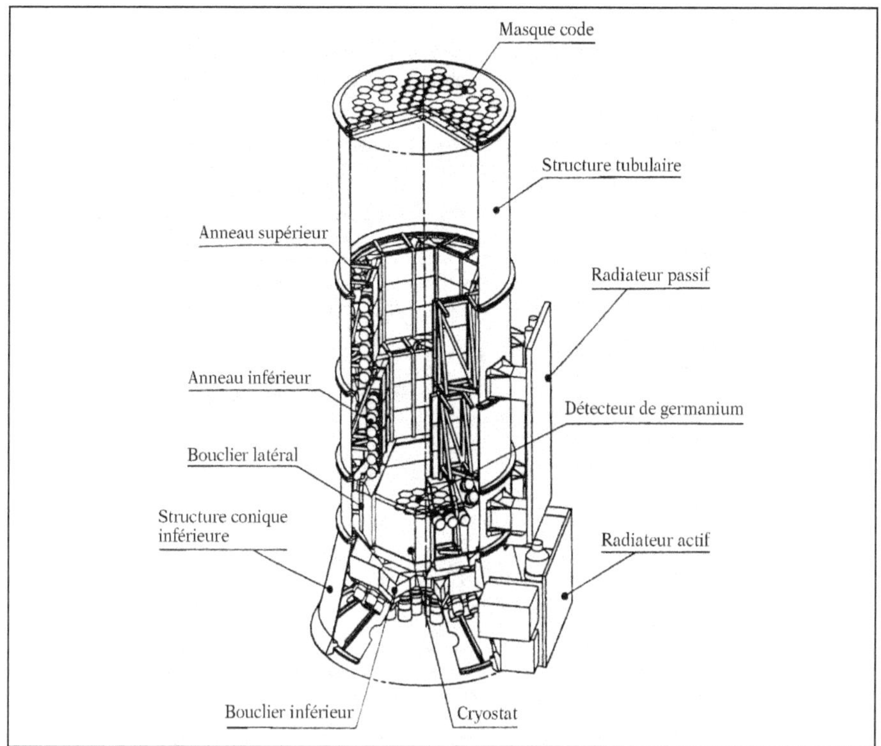

Figure 8 – Le télescope gamma INTEGRAL

Le principe de détection et de restitution de la direction des rayons gamma au moyen d'un masque codé est décrit dans le livre de Jacques Paul, L'Homme qui courait derrière son étoile, *Paris, Odile Jacob. L'instrument est dessiné de sorte à épouser la géométrie hexagonale, la plus compacte. La distance entre le masque codé et le détecteur ont été choisis de sorte à obtenir une résolution spatiale et un champ de vue honorables. Les parties essentielles sont a) un plan de détection composés de 19 cristaux de germanium de grande pureté, b) un bouclier actif en germanate de bismuth destiné à éviter les déclenchements intempestifs dus aux protons du rayonnement cosmique et c) un masque codé. Les détecteurs sont refroidis par un système cryogénique actif. L'excellente précision de la mesure d'énergie est associée à l'usage des détecteurs en germanium. Le germanium, semiconducteur, devient véritablement conducteur lorsque les rayons gamma libèrent ou mettent en mouvement des électrons par effets photoélectrique ou Compton.*

Le spectrographe d'INTEGRAL a les caractéristiques suivantes :
Domaine d'énergie : 20 keV-8MeV.
Précision de la mesure énergie : 2 keV à 1 Mev.
Précision de la mesure angulaire : 2 degrés pour des sources ponctuelles.
Champ de vue : 16 degrés.
Sensibilités aux raies étroites : $3\ 10^{-6}$ photon/cm^2.s à 1 MeV.
Résolution temporelle : 100 microsecondes.
Surface du détecteur : 500 cm^2.

Pour plus de précision, cette synthèse procède de l'incinération totale du carbone et de l'oxygène au cours de la combustion nucléaire turbulente prenant place dans des conditions de densité telles que la matière est frappée de « dégénérescence quantique ». Il ne faut pas s'étonner que les naines blanches manquent de souplesse, vu leur densité. La matière qui les compose ne se comporte pas comme un gaz parfait ajustant sa structure au moindre coup de Trafalgar. Elle a déjà la rigidité cadavérique et si une réaction nucléaire s'emballe, c'est la condamnation au bûcher de la naine. Elle se consume comme un feu de paille et s'envole en fumée radioactive nickelée.

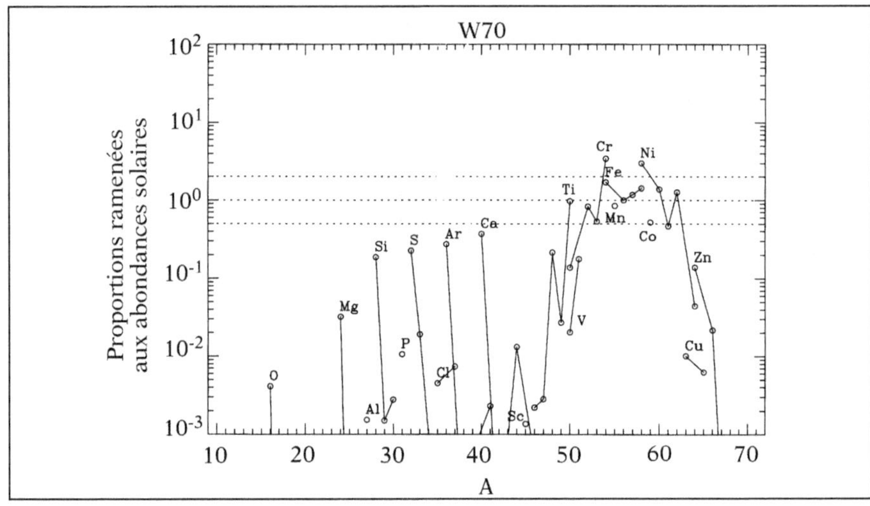

Figure 9 – Production des éléments par une SNIa (d'après Nomoto).

L'incinération nucléaire de la naine blanche goulue a donc pour résultat la synthèse d'une masse considérable de nickel-56 (0.5- 0.6 $M_\odot$) et la radioactivité de la morte la fait briller de mille feux. Somptueux requiem stellaire ! Cet isotope radioactif est la source de la luminosité exceptionnelle des supernovae de type Ia, tout à la fois dans le registre optique (déjà observé) et celui des rayons gamma (à titre de prédiction).

Le satellite européen INTEGRAL se prépare à saisir tout objet de ce type ayant le bon goût d'exploser au cours de sa période d'observation, ceci dans un rayon de 45 millions d'années-lumière.

Mais toutes les paires d'étoiles n'aboutissent pas à une fin aussi cataclysmique. J'en veux pour preuve les *novae*. Provenant, elles aussi, des amours orageuses d'une naine blanche et d'une étoile en bonne santé, elles s'embrasent de manière plus raisonnable, n'éjectant qu'une petite parcelle de leur enveloppe (10^{-4} $M_\odot$), laquelle est toutefois chargée comme galion d'isotopes radioactifs, à savoir le béryllium-7

Isotope	Vie moyenne	Raies (keV)	Production typique				
			WR	SNIa	SNIb/c	SNII	Nova
^{57}Ni	2.14 j	1 378		0.02	0.005	0.005	
^{56}Ni	8.5 j	158 et 812		0.5	0.1	0.1	
^{7}Be	77 j	478			10^{-7}	5.10^{-7}	5.10^{-11}
^{56}Co	112 j	847 et 1238		0.5	0.1	0.1	
^{57}Co	392 j	122		0.02	0.005	0.005	
^{22}Na	3.76 a	1 275		10^{-6}		10^{-6}	6.10^{-9}
^{44}Ti	87 a	1 157		10^{-5}	5.10^{-5}	5.10^{-5}	
^{26}Al	10^{6} a	1 809	10^{-4}		5.10^{-5}	5.10^{-5}	10^{-8}

Tableau 1 – Isotopes radioactifs générateurs de raies gamma.
Les quantités synthétisées par les diverses sources possibles, étoiles Wolf-Rayet, super-novae de type Ia, b, c, et II, et novae proviennent de modèles théoriques de nucléo-synthèse. Les durées de vie sont exprimées en jours (j) ou années (a), l'énergie des raies en keV et les quantités d'isotopes produites et éjectées par les différents objets astrophy-siques en masse solaire.

et le sodium-22. On espère un jour détecter leur signature au moyen du grand satellite INTEGRAL.

Louanges aux supernovae

Les supernovae, sans distinction de classe, figurent parmi les plus beaux fleurons de l'astronomie. Ce sont, de surcroît, les véritables moteurs de l'évolution galactique. Elles ne sont chiches ni en énergie mécanique (10^{51} erg), ni en matière ouvragée (2 $M_\odot$ d'oxygène et 0.6 $M_\odot$ de fer, pour les SNII et les SNIa respectivement). Les deux variétés de supernovae ne produisent pas les éléments dans les mêmes proportions ni n'explosent au même rythme (1 thermonucléaire pour cinq gravitationnelles), on en trouve le reflet dans l'évolution galac-tique de l'oxygène et du fer (dossier 5)[1].

---

1. Il est piquant de remarquer que si le fer pré-explosif n'était pas consigné et transmuté dans les étoiles à neutrons, mais dispersé dans l'espace, sa production avoisinerait celle de l'oxygène et ces deux éléments serait d'abondance comparable. Les conséquences en seraient considérables.

Les supernovae gravitationnelles produisent efficacement quantité d'éléments entre le carbone et le calcium, l'oxygène étant le plus abondant (dossier 4), alors que leurs consœurs thermonucléaires ne lésinent pas sur le fer et les éléments voisins. Un cocktail bien dosé des deux semble expliquer, du moins qualitativement, les abondances du système solaire.

Outre le fait de représenter les explosions les plus créatrices du ciel depuis le Big Bang, elles servent de repère aux jalonneurs d'espace. La mort en lumière des SNIa illumine les profondeurs du cosmos. À son apogée, une seule d'entre elles brille comme un milliard de soleils, c'est-à-dire comme une petite galaxie. En vertu de leur extraordinaire éclat, on peut les observer jusqu'à des distances de plusieurs milliards d'années-lumière. Elles deviennent par leur brillance et leur régularité des outils précieux pour la cosmologie. On peut en effet, par leur intermédiaire, espérer mesurer le paramètre de Hubble (qui quantifie le taux d'expansion de l'univers) aussi bien dans le présent que dans le passé, et par ce biais estimer la proportion de *quintessence* qui entre dans la composition de l'univers (dossier 1). Les données d'observation indiquent qu'elle serait dominante dans la période actuelle, mais qu'il n'en a pas toujours été ainsi, sinon le ciel serait vide de galaxies.

Destin ferreux, non féerique

Tout cela est fort beau, mais va-t-on enfin nous dire pourquoi l'hydrogène et non le fer siège au sommet des abondances universelles ? Nous en avons glissé un mot, mais fort discret. Ayant déterminé le mode de production du fer, il est temps de statuer définitivement sur la question.

Selon la loi du plus fort, l'élément dont le noyau est composé de 26 protons et 30 neutrons se désigne, en principe, comme roi de la création nucléaire. Mais ce darwinisme microscopique primaire se trouve démenti par au moins deux arguments.

1. Un fait historique de première grandeur : le faible pourcentage de gaz résiduel dans la Voie lactée. Le fer vient des étoiles, certes, lesquelles semblent promouvoir son règne, mais la formation d'étoiles, elle-même est en déclin, faute de gaz. Si bien que la teneur en fer plafonne depuis de nombreux milliards d'années, ayant atteint, semble-t-il, son maximum (dossier 5).

2. Une cause plus profonde encore, c'est le cas de le dire, explique pourquoi, en dépit de ses remarquables capacités de résistance, le fer

ne règne pas en maître sur la galaxie. Les très fortes chaleurs propices à l'édification des espèces complexes ne se trouvent réalisées que dans les abysses stellaires d'où la matière a toutes les peines de s'extraire. Il ne suffit donc pas que les éléments soient créés pour qu'on les retrouve dans la nature, il est également nécessaire qu'ils échappent des forges stellaires. Relégués au plus profond des étoiles massives, le fer et ses proches ont de grandes difficultés pour s'en arracher. Seule une explosion peut à la fois les engendrer et les libérer, mais en portion congrue, car les supernovae gravitationnelles confisquent le fer non explosif dans leurs entrailles et le digèrent. L'emprisonnement dans les cadavres stellaires (étoiles à neutrons et trous noirs) est l'une des causes de la rareté des noyaux les plus stables. Le roi et sa cour sont prisonniers, enfermés dans les oubliettes où ils se transmutent en neutrons et que sais-je encore ?

Cette mise au tombeau, cependant, n'est le fait que des supernovae gravitationnelles, leurs homologues thermonucléaires sont plus libérales, et si j'ose dire, plus définitives, plus fatales, car elles ne laissent subsister aucun ossement, aucun cadavre, aucune ferraille. Cette propension à la destruction totale, elles le doivent à la rigidité et à la fragilité de l'astre explosif, naine blanche, astre de porcelaine qu'on ne saurait bousculer sans le briser. Mais les supernovae thermonucléaires, généreuses donatrices de ce métal sont rares, vu les conditions très spéciales qui président à leur explosion.

Pour toutes ces raisons, le fer conservera dans l'avenir des proportions modestes et la vision effrayante d'un univers totalement métallique est écartée à jamais. Nous ne sommes plus, mon cher Aristote, devant l'évidence des faits comme des chauves-souris devant la lumière du jour.

Hypernovae et sursauts gamma

Les gigantesques bouffées de photons hautement énergétiques enregistrées par les satellites, ou sursauts gamma, sont restés longtemps énigmatiques.

Au cours des récentes années, la compréhension théorique de ces phénomènes titanesques a connu une embellie exceptionnelle en raison de la moisson de résultats obtenus par l'expérience *BATSE* à bord le l'observatoire spatial *Gamma Ray Observatory* et le satellite *Beppo-Sax*. Les sursauts eux-mêmes, et les pâles lueurs qui leur succèdent dans différentes gammes de longueurs d'onde, ont été décrits en termes d'interaction d'un *jet* hautement *relativiste* entre ses parties ou avec le milieu qui l'avoisine. Le modèle en cours est poétiquement nommé « *boule de feu relativiste* ». L'origine du jet est encore amplement débattue, mais on pense généralement qu'elle implique la formation d'un trou noir de masse comprise entre 2 et 5 fois celle du Soleil, d'un disque qui l'entoure, et une *accrétion* rapide de la matière discale par le trou noir. Les modes de formation des trous noir varient selon les auteurs, ainsi que les estimations du taux d'accrétion et de sa durée comme fluctuent les opinions sur la manière d'extraire l'énergie du disque et de la convertir en jet de particules relativistes.

Les hypernovae et les sursauts gamma constituent les plus fortes explosions constatées depuis le Big Bang. L'énergie impliquée dépasse les bornes conventionnelles : 10^{53}-10^{54} erg, reposent dans le seul registre des rayons gamma, en supposant l'émission isotrope, c'est-à-dire identique en toutes directions. Elle est comparable à l'énergie portée par tous les neutrinos émis lors de l'explosion d'une étoile massive, comme SN1987A.

L'ampleur de ce chiffre laisse supposer que l'émission n'est pas omnidirectionnelle. On peut alléger substantiellement ce bilan d'énergie en supposant que les rayons gamma sont canalisés le long d'un faisceau. Celui-ci doit être remarquablement mince pour que l'énergie émise par la source reste dans des limites décentes.

On en vient à s'interroger sur le moteur fabuleux qui produit et oriente ces bouffées somptueuses de photons gamma[1].

Qu'on veuille bien méditer ces chiffres : l'équivalent énergétique de la masse du Soleil, en vertu de la relation $E = mc^2$ est d'environ $2\ 10^{54}$ erg. Aussi le cœur d'une étoile massive ($2\ M_\odot$, environ) recèle deux fois cette énergie. Le problème est donc de convertir l'énergie de masse d'un astre ou d'une partie d'un astre en énergie gamma, l'extraire de l'objet dans sa phase d'effondrement et la canaliser sous forme d'un pinceau de rayons gamma pendant un bref instant. Comment, en d'autres termes passer de la physique des astres à celle des faisceaux ?

Outre son intensité, ce qui frappe également c'est la brièveté du phénomène, ce qui l'apparente à un cataclysme. La clef du phénomène semble être l'effondrement du cœur de fer d'une étoile massive, mais cette fois-ci, en rotation. Emportée par la danse, elle tourne, et son cœur tourne aussi, à des vitesses telles, d'ailleurs, que l'énergie de rotation prend une valeur considérable, tant et si bien qu'elle devient comparable à l'énergie de gravitation.

Plus la rotation est rapide, et plus l'extraction d'énergie semble facile, et nous disposons à cette fin d'au moins un mécanisme, celui de *Blandford-Znajek*.

---

1. On consultera avec avantage la thèse de Frédéric Daigne (IAP, 1999) sur le sujet, et les travaux de Robert Mochkovitch.

Brièvement, l'objet incriminé est un trou noir en rotation rapide, dont le ralentissement soudain libère une quantité prodigieuse d'énergie. En première approximation, un trou noir avale tout et ne restitue rien, sauf s'il tourne. C'est donc à la rotation que l'on fait appel pour résoudre l'énigme des bouffées de rayons gamma.

Quelque chose doit ralentir la rotation un trou noir de plus d'une masse solaire (*trou noir de Kerr*) pour le faire cesser de tourner (*trou noir de Schwarzschild*) en quelques centaines de secondes ou moins, et trouver le moyen d'extraire l'énergie et émettre pendant une ou deux secondes un flux gamma intense, de sorte qu'il soit enregistré par les satellites en veille permanente autour de la Terre sous forme de sursaut gamma.

Les spéculations vont bon train depuis qu'on a pu voir coïncider un sursaut gamma à une supernova extragalactique, dont la plaque minéralogique est SN 1998bw.

On doit remarquer que cette supernova est l'une des plus brillantes que l'on ait jamais détectée, aussi bien en optique qu'en radio. Son spectre est quelque peu énigmatique, son apparence étant essentiellement dictée par une vitesse d'expansion anormalement élevée. Toujours est-il qu'on n'y voit aucune raie d'hydrogène, ni en émission, ni en absorption, ce qui exclut résolument le type II.

Le résultat de l'analyse de la supernova est le suivant :

Masse de l'étoile explosée : 13,8 $M_\odot$

Masse de nickel radioactif éjecté : 0,7 $M_\odot$

Masse de la matière éjectée : 10,9 $M_\odot$

Énergie de l'explosion : 3 10^{52} erg

Masse du vestige compact : 2,9 $M_\odot$

Masse de l'étoile mère : 30-40 $M_\odot$

On serait tenté d'appeler ce phénomène *hypernova*, mais le terme n'est pas encore déposé et d'associer au vestige compact qui lui survit un trou noir. Vu sa masse on n'a pas d'autre solution.

Il devient nécessaire d'examiner l'effet d'une dissymétrie explosive sur le résultat final (vestige de supernova-trou noir) de l'autodestruction d'une étoile très massive. Il en va peut-être de l'explication d'un bon nombre de sursauts gamma, profonds mystères jusqu'ici, en termes de supernovae asymétriques. Le thème des faisceaux et des jets *(« beams and jets »)* est plus que jamais d'actualité en astrophysique.

Effondrement et accrétion sont également des termes clés qu'aucun *aficionado* de l'astrophysique ne saurait ignorer. Le dernier, il est bon de le répéter, est un néologisme signifiant, à peu de choses près, « succion ». *Accréter* signifie attirer, soustraire, s'approprier de la matière extérieure et l'avaler. Accrétion va toujours avec gravitation, c'est-à-dire attrait de la matière pour la matière. Dans tous les couples il y a un gagnant et il y a un perdant. Le gagnant est celui qui par la force s'approprie la substance de l'autre, sa forte masse et son petit rayon l'y prédisposent. Il y a le cambrioleur et il y a le cambriolé. À ce jeu les trous noirs sont passés maîtres, ce sont les plus grands voleurs du ciel, mais le cri de leurs victimes les trahit. La matière envoie un signal de détresse avant d'être à jamais absorbée, et le cri strident est X ou même gamma.

Une grande diversité de phénomènes est possible lorsqu'un trou noir absorbe très (trop) rapidement de la matière en provenance d'un disque subsistant autour de lui après l'explosion incomplète d'une supernova massive en rotation rapide. Dans le cas le plus extrême, selon Stan Woosley, de l'Université de Santa Cruz (USA), l'onde de choc qui résulte de l'explosion centrale est incapable de faire voler en éclats l'étoile (composée d'hélium, principalement) et un trou noir se forme entouré d'un disque d'accrétion. Et un sursaut gamma de forte intensité s'ensuit.

On peut se demander, par ailleurs, quel est l'effet de ces gigantesques explosions et irradiations sur l'environnement galactique des hypernovae. Une telle libération d'énergie ne peut produire que des trous, des coquilles creuses dans la distribution de matière interstellaire. En un million d'années les cavités atteignent un rayon de 150 à 500 années-lumière, d'après les calculs. Le débordement initial est suivi d'une expansion plus sage, dont la vitesse est inférieure à 10 kilomètres par seconde.

Hypernovae

Les *neutrinos*, sont habituellement invoqués comme détonateurs, gâchettes, déclencheurs d'explosion, moteur de l'explosion des étoiles massives. L'énergie gravitationnelle libérée par l'effondrement du cœur d'une étoile massive (10^{53} erg) est essentiellement évacuée par les neutrinos. Libérés en quantité faramineuse, il suffit que 1 % de leur énergie soit communiquée à la matière de l'enveloppe pour que celle-ci vole en éclats.

Pendant les trente dernières années, la plupart des chercheurs sont restés obnubilés par cette idée.

À l'examen de certains événements, la communauté explosive se réveille d'un long sommeil dogmatique : les artificiers cosmiques aimaient les supernovae rondes, comme des beaux fruits, les voilà percées par des jets et des faisceaux, comme une aiguille à tricoter traverse une pelote de laine.

La manière conceptuellement la plus simple, pour former un trou noir au cœur d'une étoile massive, et ainsi instaurer les conditions du modèle d'hypernova, est d'abord de mettre en échec le modèle traditionnel d'explosion, dont les neutrinos sont le détonateur. Alors le cœur de fer s'effondre sans rémission et en l'espace d'une seconde, un trou noir prospère, qui appelle le reste de l'étoile à tomber sur lui. Ceci pourrait être chose commune pour des étoiles de 35 à 40 $M_\odot$, bien que les incertitudes sur la convection, la perte de masse, le mélange induit par rotation, et le mécanisme d'explosion lui-même nimbent ce chiffre d'une certaine incertitude.

Si l'étoile perd son enveloppe d'hydrogène au passage, et si le jet produit par l'accrétion maintient son énergie et reste focalisé un temps plus long que celui-ci met à traverser l'étoile (5-10 secondes) un sursaut gamma bien constitué (musclé) est produit. Sinon, un sursaut plus faible, moins bien collimaté en résulte, ou encore une supernova asymétrique.

Cependant, selon Stan Woosley, il devrait exister tout un domaine de masse pour lequel un trou noir n'est pas édifié immédiatement, mais seulement après qu'une *onde de choc* a fait exploser l'étoile. On jurerait une explosion réussie, mais une certaine fraction de la matière retombe, car son énergie cinétique est insuffisante pour résister à l'appel gravitationnel de l'étoile à neutron centrale, qui en raison de l'apport de matière se transforme en trou noir. La naissance différée d'un trou noir est probablement beaucoup plus fréquente que la naissance précipitée.

Considérons, à titre d'illustration, le cas d'une étoile de 25 $M_\odot$. Prenons-la assez jeune pour ne rien perdre de son histoire. Sur la séquence principale elle entretient un vent et perd de la masse. Cette étoile au terme de sa vie pavane dans le ciel sous forme d'une *supergéante rouge*. Son cœur de fer est de 1.9 $M_\odot$, son cœur d'hélium de 8 $M_\odot$ et son enveloppe duveteuse de 6.6 $M_\odot$ (sa masse totale avant la mort est de 14.6 $M_\odot$, son rayon de 8 10^{13} cm). L'étoile a suffisamment de moment angulaire ($\sim 10^{17}$ cm^2 s^{-1}) à l'équateur pour former un disque d'accrétion autour du trou noir. Trou noir plus disque, tous les ingrédients sont rassemblés pour le feu d'artifice.

SN1998 bw, dont le nom sonne comme une fugue de Bach, n'est pas la seule dans son genre. Une autre porte dans son spectre des marques similaires, il s'agit de SN 1997 ef[1].

La supernova 1997 ef fut découverte le 25 novembre 1997 dans une obscure galaxie spirale UGC4107, située à 170 millions d'années-

---

1. Notez que, étant donné le taux de découverte et d'enregistrement des supernovae, leur plaque minéralogique porte désormais deux chiffres d'immatriculation.

lumière. Son spectre est dominé par des raies larges d'oxygène et de fer. Elle n'arbore aucune marque d'hydrogène, ce qui conduit à voir en elle une supernova gravitationnelle ayant perdu son enveloppe sous l'effet d'un fort vent stellaire précédant l'explosion.

SN 1997 ef est une supernova particulière si on en juge à sa courbe de lumière et à son spectre lumineux. L'hydrogène y brille par son absence. Les raies d'absorption de l'oxygène et du fer sont anormale-ment larges.

La courbe de lumière et le spectre sont bien reconstitués en simu-lant numériquement une énergie d'explosion d'un cœur nu de carbone + oxygène de 6 $M_\odot$, mais ne parvient pas à expliquer la largeur de raies, des modèles de masse et énergie explosive plus élevées ont été explorés. Une représentation plus convaincante du phénomène est obtenue en poussant la masse du cœur à 10 $M_\odot$ et l'énergie explosive à 10^{52} erg. La masse du cœur C + O correspond à une masse stellaire totale de 30-35 $M_\odot$ à la naissance. Le résidu compact de 2.4 $M_\odot$, supé-rieur à la masse maximale d'une étoile à neutrons, ne saurait être autre qu'un trou noir. L'énergie cinétique d'explosion fait entrer déli-bérément SN 1997 ef dans la catégorie des hypernovae.

Une analyse identique a été appliquée à plusieurs supernovae, et on découvre que la masse de nickel radioactif éjectée augmente avec la masse de l'étoile mère, à une exception près, SN 97D.

Cette tendance peut être expliquée comme suit : les étoiles de masse initiale inférieure à environ 25 $M_\odot$, telles 1993J, 1994I, et la fameuse SN 1987 A, formeraient une étoile à neutrons, et produiraient une masse de 0.08 ± 0.03 $M_\odot$ de ^{56}Ni. Il s'avère que SN 1987 A ajoute à son originalité celle d'engendrer un vestige compact à la frontière entre étoile à neutrons et trou noir. Les étoiles de masse supérieure à 25 $M_\odot$ formeraient sans embage un trou noir. Le fait qu'elles deviennent supernova de type II (ordinaires) ou hypernova dépend de la rotation du cœur victime de l'effondrement. Pour 1997D, en raison de l'ampleur du potentiel gravitationnel, l'énergie d'explosion est si faible que la plus grande partie du ^{56}Ni retombe sur l'objet compact qui se forme en son centre. La retombée de matière sur le cœur implosé serait respon-sable de l'effondrement total de celui-ci et de la transformation de l'étoile à neutrons en trou noir. Le cœur de cette supernova n'aurait pas le moment angulaire (rotation) requis pour faire fleurir une hypernova, car l'étoile mère était pourvue d'une vaste enveloppe (d'hydrogène), qui d'une certaine manière, jouant l'effet d'un volant, a ralenti la rotation du cœur. Mais tout ceci n'est encore que spéculation, et en science la prudence est avantageuse. J'ai toutefois tenu à évoquer le cas des explosions hyper énergétiques car il indique bien les tendances de l'astrophysique contemporaine avec l'entrée en force des trous noirs, que je regarde personnellement avec un œil charbonneux.

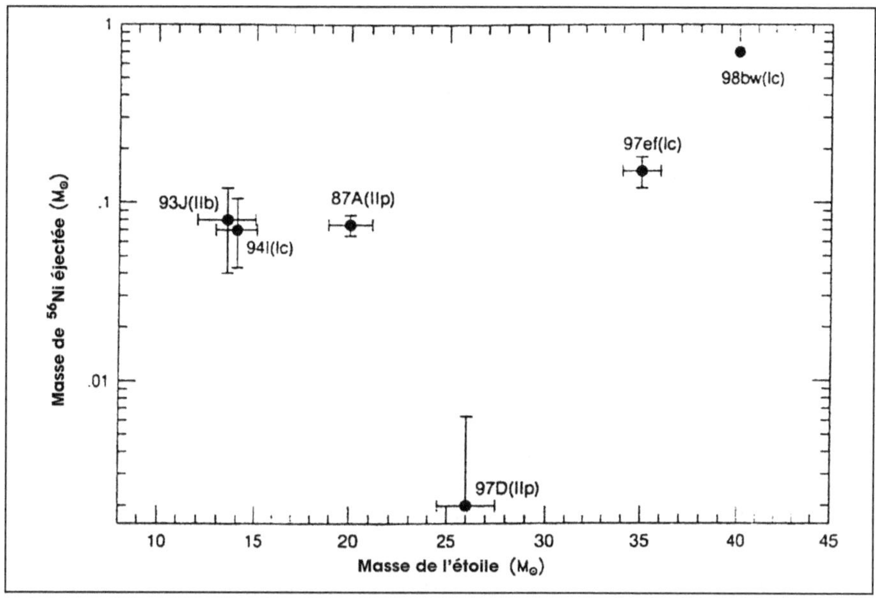

Figure 9 – Masse de Nickel-56 (fer) éjectée par des étoiles de masses élevée.

On peut gager, sans risque de se tromper, que les exemples vont s'accumuler. Déjà un troisième cas d'hypernova est signalé (SN 1997cy). Nous connaîtrons bientôt la quantité de fer (nickel) engendrée par les supernovae et hypernovae de toutes masses, ce qui est du plus grand intérêt pour ceux qui, comme Élisabeth Vangioni- Flam, se soucient de restituer l'histoire de cet élément dans la galaxie et au delà.

Dans l'avenir, les cœurs de carbone-oxygène en rotation rapide seront tout particulièrement auscultés par les astronumériciens, car l'énergie explosive des hypernovae pourrait bien être extraite du trou noir qui en résulte, tout au moins si l'on en croit Blandford et Znafek.

Histoire de l'or

L'accroissement de température dans le sillage de l'onde de choc déclenche une série de réactions nucléaires dans les parties centrales de l'étoile, ravivant la nucléosynthèse du silicium et produisant ainsi du fer qui ne sera pas confisqué, contrairement à celui qui est produit avant l'explosion au centre-cœur de l'étoile. Ce fer est engendré sous forme de nickel-56 radioactif, qui peut se laisser entrevoir par le biais des rayons gamma qu'il émet, comme nous l'avons abondamment mentionné.

Cette nucléosynthèse explosive met un dernier brillant au tableau des abondances, ajoutant, notamment, l'or, le platine et l'uranium via un ultime processus nucléaire qui relève de la *neutronique,* c'est-à-dire de la physique des neutrons.

Le point capital, à cet égard, est le grand nombre de neutrons produits dans la région centrale. Dans la mesure où ces nucléons ne portent aucune charge électrique, ils peuvent s'immiscer dans les espèces nucléaires précédemment produites, notamment le fer, sans subir l'entrave électrique qui contrarie la fusion des noyaux, d'autant plus forte qu'ils sont élevés dans la hiérarchie. La capture de neutrons sert à enrichir encore davantage la variété des noyaux qui peuvent être produits par supernovae interposées.

Cette forme de nucléosynthèse, appelée *processus-r* (r comme rapide), est supposée produire les éléments les plus complexes de la nature, bien au-delà du fer, selon la série suivante de réactions :

$$^{56}\text{Fe} + \text{n} \rightarrow {}^{57}\text{Fe} + \gamma$$
$$^{57}\text{Fe} + \text{n} \rightarrow {}^{58}\text{Fe} + \gamma$$
$$^{58}\text{Fe} + \text{n} \rightarrow {}^{59}\text{Fe} + \gamma$$
$$\text{etc.}$$
$$^{78}\text{Fe} + \text{n} \rightarrow {}^{79}\text{Fe}$$

Ces réactions engendrent des noyaux extrêmement riches en neutrons, bien trop riches pour être stables. La radioactivité β^-, manifestation de l'interaction faible, se charge d'ajuster les nombres N et Z en transformant les neutrons excédentaires en protons *via* la réaction élémentaire neutron $\rightarrow$ proton + électron + antineutrino, qui se solde en l'occurrence par un glissement progressif vers les nombres atomiques (Z) élevés.

La séquence de captures neutroniques suivie de décroissance β produit des éléments de plus en plus lourds. C'est le seul mécanisme connu de production d'or, de platine, de thorium et d'uranium. Le processus-r est donc supposé conclure le cycle de la nucléosynthèse.

Les étoiles font ainsi de l'or. Si quelque alchimiste sorti du fond des temps vous demande le secret de fabrication du métal précieux, donnez-lui la recette ! Pour bien faire, un noyau de fer doit absorber une centaine de neutrons. Détruisez le fer surnuméraire (chauffez, photodésintégrez), arrosez de neutrons, et le tour est joué !

Malheureusement, le tour n'est pas aussi simple qu'il y paraît car il implique chaudron, creuset, chaleur transmutante, cendres, combustion, feu et lumière portés à l'extrême de la violence. Car l'alchimie céleste est explosive.

Retenez toutefois la formule : les ingrédients sont ici les métaux et les neutrons. Neutrons ! Ici réside toute la difficulté, car le neutron libre est instable. Comment le libérer et le faire entrer en réaction avant qu'il ne périsse ? Il convient de disposer d'une source de neutrons, d'un noyau riche en neutrons dont l'échancrure laisse échapper l'un d'entre eux. Les sources de neutrons identifiées sont rares : carbone-13 et néon-22. Ce sont les seules dignes d'alimenter en neutrons les réactions nucléaires, mais on a toutes les peines du monde à élaborer le scénario détaillé de la naissance explosive de l'or.

Histoire du plomb

Résumons-nous : la capture de neutron est la seule voie valable vers la complexité extrême de l'or ($Z = 79$). Les réactions impliquant des particules chargées sont énergiquement défavorables et de surcroît inhibées par des barrières électriques infranchissables. En raison de la forte répulsion électrique des noyaux lourds (et donc contenant de nombreux protons), les réactions de fusion thermonucléaire classiques sont inefficaces, et l'on en vient à l'idée que les espèces nucléaires au-delà du fer sont produites par un processus différent de la fusion thermonucléaire. Ce processus n'est autre que la capture de neutrons.

Nous avons vu que les noyaux au-dessus du fer peuvent être globalement divisés en deux groupes, ceux qui émanent du *processus-s* et ceux qui trouvent leur origine dans le *processus-r*. Un troisième mécanisme, appelé le *processus-p* ne touche qu'une minorité d'espèces nucléaires, il produit quelques rares espèces riches en protons.

Le terme *processus-s* est une abréviation de « processus lent (*slow*) de capture de neutrons », capture lente par rapport au temps caractéristique de transformation interne de neutron en proton (ou radioactivité β^-). Entre deux captures de neutrons, la désintégration β a le temps de s'accomplir. Le processus dit « r » est tout à l'inverse : la capture des neutrons n'est pas entrecoupée de désintégration β.

Au plan nucléaire, le mécanisme-s est relativement bien compris mais le problème réside dans l'identification de son site astrophysique et dans la détermination des paramètres physiques (flux de neutrons, temps moyen entre deux captures neutroniques, température) qu'il nécessite. Il a été montré que les températures propices sont celles de la fusion de l'hélium. Cette observation, ajoutée au fait que la surface de certaines géantes rouges montrent une grande richesse en éléments-s, tels le technétium radioactif et le baryum, accrédite l'idée que le processus-s est lié aux régions de fusion de l'hélium dans les étoiles.

Plus précisément, les étoiles en cause n'appartiennent pas à la séquence principale, mais à la branche asymptotique des géantes (terminologie d'astronome) à plusieurs reprises évoquées. Ce sont des géantes rouges dont la masse de naissance s'étage entre 3 et 8 fois celle du Soleil et qui, de manière particulièrement fébrile, produisent de véritables flashes de neutrons. Elles constituent, de ce fait, des sites idéaux de capture (lente) de neutrons par le fer préexistant. Au cours de ces épisodes convulsifs, agités de soubresauts thermiques, de bouffées de chaleur, des neutrons sont produits par la réaction hélium + carbone-13 → oxygène-16 + neutron. Les neutrons nécessaires au développement du processus-s sont essentiellement produits à des températures de l'ordre de 100 à 150 millions de degrés.

À vrai dire, la nucléosynthèse des géantes rouges est censée rendre compte des éléments-s de masse atomique supérieure à 100, c'est-à-dire les plus lourds. Plomb et bismuth sont l'aboutissement du procédé de fabrication des noyaux complexes dans les géantes, car l'ingurgitation de neutrons par ces derniers conduit à des noyaux instables qui se transforment eux-mêmes en plomb et bismuth.

Les flashes de neutrons ont lieu dans les couches où brûle l'hélium qui entourent le cœur inerte de carbone et d'oxygène. Les neutrons ainsi libérés se greffent sur le fer et ses semblables.

Les étoiles massives, ou plus précisément leur cœur où se consume l'hélium, sont aussi susceptibles d'être des producteurs de noyaux-s mais de masse inférieure à 100, cette fois, via la libération de neutrons par la réaction néon-22 + hélium → magnésium-25 + neutron.

Dans le processus concurrent, baptisé « r » comme « rapide », les flux de neutrons impliqués sont énormément plus élevés. Le processus-r classique est supposé se produire à densité neutronique extrêmement haute (10^{20} à 10^{30} neutrons par cm³) et des températures avoisinant le milliard de degrés. Le nombre de neutrons absorbés, disons par le fer, vu l'intensité de l'irradiation, atteint des sommets. L'espèce nucléaire ainsi formée est très déséquilibrée. Elle est bien trop riche en neutrons pour être viable. Elle se stabilise en transformant coup sur coup un grand nombre de neutrons en protons, comme nous l'avons vu précédemment.

Ainsi, lorsque cesse l'irradiation neutronique, les noyaux exotiques extravagants subissent des désintégrations β en chaîne et rejoignent la *vallée de stabilité*, c'est-à-dire la région des noyaux stables qui trace une parabole dans le plan N-Z, par transformations successives de neutrons en protons.

Le processus-r est capable de jeter un pont entre le plomb et les actinides au-dessus de la zone d'instabilité nucléaire. Il est donc responsable de la production des actinides de longue vie comme le thorium-232, l'uranium-235, l'uranium-238, et le plutonium-244 qui sont utilisés pour estimer l'âge de la Terre et de la Galaxie.

La question de la masse atomique maximale produite dans le processus-r implique la détermination du moment où la fission induite (destructive) entre en compétition avec la capture de neutrons (constructive) sur le trajet que suit le processus sur la carte N-Z (des isotopes).

Ces questions exigent de calculer la barrière de fission loin de la région des noyaux connus, ce qui n'est pas une mince affaire. La possibilité de production des noyaux superlourds, transuraniens, mythiques (Z = 114 et N = 184, environ) n'est pas démontrée, bien au contraire.

La recherche du site astrophysique du processus-r n'a pas été jusqu'ici couronnée de succès, mais ce n'est pas faute d'imagination. On a même invoqué la fusion de deux étoiles à neutrons, ou d'une étoile à neutrons et d'un trou noir. Le site favori reste les supernovae, mais au terme d'une longue enquête on n'est pas encore en mesure de proposer un mécanisme détaillé de son action. Les calculs de processus-r dans des conditions explosives sont d'une difficulté considérable et le calcul se poursuit avec courage et acharnement.

La recherche du site astrophysique du processus-r bat son plein. Elle est favorisée par l'accumulation rapide de données observationnelles sur les abondances de surface des étoiles les plus vieilles, sises dans le halo de notre galaxie. De telles analyses visent à corréler les abondances observées des noyaux typiquement r ou s avec les métallicités stellaires. On découvre ainsi que le processus lent est plus tardif que le rapide.

Partage du trésor stellaire

Le trésor nucléaire accumulé par les étoiles est maintenant complet, nous pouvons en dresser l'inventaire. Mais un trésor n'est un trésor que s'il peut être partagé. À quoi donc servirait le labeur acharné des soleils si ses fruits ne pouvaient être distribués ? La nature a résolu le problème de la distribution par l'éjection venteuse ou explosive. L'étoile jette par-dessus bord tout ce qu'elle peut sauver. Dans le ciel les vents, souffles et déflagrations sont bénéfiques.

L'explosion d'une supernova est un événement extrêmement heureux car elle se solde par une éjaculation sphérique de matière dans le milieu interstellaire, matière travaillée pendant des millions d'années, à laquelle s'ajoute une dernière touche explosive et radioactive. Dans le milieu qui sépare les étoiles, les températures et les densités sont beaucoup moindres que dans les objets stellaires. La matière des supernovae s'y dilue, se refroidit et les noyaux du matériau expulsé capturent des électrons pour former des atomes et des molécules variés. Et le cycle Nuage → Étoile → Nuage recommence jusqu'à épuisement du terme « Nuage ».

D'abord, la force gravitationnelle commence à condenser la matière pour former une nouvelle génération de corps astronomiques de toutes tailles : étoiles massives à vocation explosive, étoiles de type solaire stables et durables, planètes, météorites et poussière cosmique. Et chaque étoile suivra son cours non sans avoir apporté sa contribution au panier cosmique. De cette manière, les générations successives d'étoiles enrichissent progressivement en éléments lourds le terreau galactique. Les nuages servent tout à la fois de réceptacle des cendres des étoiles défuntes et de matériau de construction pour les étoiles nouvelles. Ainsi va la galaxie...

Mais cela ne se fait pas sans perte, les cadavres d'étoiles, cœurs effondrés (naines blanches, étoiles à neutrons et trous noirs) sont définitivement mis en marge du grand courant de l'évolution nucléaire. Leur matière est comme confisquée, elle ne participe plus au flux et au reflux de la matière qui entre dans les étoiles et en sort transformée.

Presque tous les éléments propices à la vie sont maintenant présents.

À ce point de l'exposé, notre image de l'évolution stellaire et de la nucléosynthèse des éléments dans la nature est quasiment complète. De nombreux raffinements seraient nécessaires pour en donner une description plus complète. En fait, de nombreuses pièces sont encore manquantes ou incomplètement comprises, notamment s'agissant du processus-r. Malgré tout, nous avons essayé de vous convaincre que le modèle de nucléosynthèse représente une œuvre essentielle de l'esprit humain.

Ce n'est donc plus aux planètes qu'il convient d'associer les éléments, le fer à Mars, le plomb à Saturne, le mercure à Mercure, mais bien aux étoiles, je le répète. Certaines étoiles font du carbone, d'autres de l'or. La combustion thermonucléaire modifie la composition des régions les plus chaudes des étoiles. Chaque étoile est responsable de la confection et de la distribution d'un lot d'atomes particuliers, hormis l'hydrogène et une grande partie de l'hélium synthétisés dans le Big Bang, et le trio léger (Li, Be, B).

Les événements explosifs, Big Bang et supernovae, sont passés maîtres au jeu de la nucléosynthèse. Ce sont les grands dispensateurs, les généreux donateurs d'atomes dans l'univers, ou plus précisément de leurs noyaux. La quantité et la simplicité des espèces nucléaires créées par le Big Bang — hydrogène et hélium — ne peuvent être mises en balance qu'avec la qualité, la diversité et le raffinement des espèces produites par les supernovae (90 types d'atomes, du carbone à l'uranium).

Les vents stellaires et nébuleuses planétaires jouent également un rôle important dans l'économie chimique de notre galaxie, comme probablement de toutes les autres, s'agissant notamment de l'enrichissement en azote, en carbone et en éléments lourds au-delà du fer (processus-s). Les éléments nouvellement fabriqués sont produits et mis en circulation essentiellement par les derniers souffles d'étoiles légères (nébuleuses planétaires), les vents stellaires et l'explosion de supernovae.

En dernière analyse, la variété des atomes se réduit à une séquence numérique bien ordonnée. Bien plus, cet ordre est signifiant et ce tableau final, résumant l'origine des éléments sera indispensable à qui recherche sincèrement *la vérité de la matière*. Tel est, au terme de notre quête le bien véritable et communicable, le bien de tous. La création, nous l'avons identifiée de façon non métaphorique mais littérale, à travers *l'algèbre constitutionnelle* du Big Bang, du rayonnement cosmique et des étoiles et si « ... — *notre bonheur ou notre malheur — dépend d'une seule chose, à savoir la qualité de l'objet auquel nous nous lions d'amour* » (Spinoza), nous n'avons rien à craindre, nous astrophiles, coureurs de ciel. Dans les instituts de l'ordre étoilé de l'astrophysique a grandi une jeunesse qui le comprend.

H à S

Élément	Z	A	Fraction de masse	LogN (Si=6)	Source(s)
H	1	1	7.057E-01	10.446	BB
	1	2	2.317E-05	5.661	BB
He	2	3	3.453E-05	5.658	BB, H
	2	4	2.752E-01	9.435	BB, H
Li	3	6	6.435E-10	0.627	x
	3	7	9.367E-09	1.723	BB, x, H?
Be	4	9	1.662E-10	−0.137	x
B	5	10	1.052E-09	0.619	x
	5	11	4.730E-09	1.230	x
C	6	12	3.032E-03	7.000	He, C
	6	13	3.683E-05	5.049	H?
N	7	14	1.105E-03	6.494	H
	7	15	4.363E-06	4.061	H?
O	8	16	9.592E-03	7.375	He, C, Ne
	8	17	3.827E-06	3.949	H?
	8	18	2.208E-05	4.686	He?
F	9	19	4.052E-07	2.926	H?
Ne	10	20	1.548E-03	6.486	C, Ne
	10	21	4.935E-06	3.968	C, He
	10	22	2.076E-04	5.572	He
Na	11	23	3.339E-05	4.759	C, H?
Mg	12	24	5.130E-04	5.927	Ne
	12	25	6.893E-05	5.037	Ne
	12	26	7.892E-05	5.079	C, He, Ne
Al	13	27	5.798E-05	4.929	C, Ne
Si	14	28	6.530E-04	5.965	O
	14	29	3.448E-05	4.672	Ne
	14	30	2.345E-05	4.490	Ne
P	15	31	8.155E-06	4.017	Ne
S	16	32	3.958E-04	5.689	O
	16	33	3.264E-06	3.592	O
	16	34	1.866E-05	4.336	O
	16	36	6.374E-08	1.845	C, Ne

Note : l'écriture E-05, par exemple est équivalente à 10^{-5}

Cl à Ni

Élément	Z	A	Fraction de masse	LogN (Si=6)	Source(s)
Cl	17	35	3.506E-06	3.598	O
	17	37	1.198E-06	3.107	O
Ar	18	36	7.740E-05	4.929	O
	18	38	1.538E-05	4.204	O
	18	40	1.750E-08	1.238	C, Ne, He
K	19	39	3.463E-06	3.545	O
	19	40	5.221E-09	0.713	C, Ne, He
	19	41	2.686E-07	2.413	O
Ca	20	40	5.990E-05	4.772	O, Si
	20	42	4.154E-07	2.592	O
	20	43	9.637E-08	1.947	
	20	44	1.402E-06	3.100	α-f
	20	46	2.350E-09	0.305	C, Ne
	20	48	1.372E-07	2.053	
Sc	21	45	3.893E-08	1.534	C
Ti	22	46	2.211E-07	2.279	O
	22	47	2.081E-07	2.243	
	22	48	2.149E-06	3.248	Si, α-f
	22	49	1.636E-07	2.121	Si
	22	50	1.619E-07	2.107	
V	23	50	8.891E-10	−0.153	
	23	51	3.767E-07	2.465	Si
Cr	24	50	7.361E-07	2.765	O
	24	52	1.486E-05	4.053	Si
	24	53	1.729E-06	3.111	Si
	24	54	4.385E-07	2.507	
Mn	25	55	1.329E-05	3.980	Si
Fe	26	54	7.158E-05	4.719	Si
	26	56	1.169E-03	5.916	Si, α-f
	26	57	2.840E-05	4.294	Si, α-f
	26	58	4.357E-06	3.473	He, Ne
Co	27	59	3.358E-06	3.352	α-f, He
Ni	28	58	4.915E-05	4.525	Si, α-f
	28	60	1.958E-05	4.111	α-f

Ni à Kr

Élément	Z	A	Fraction de masse	LogN (Si=6)	Source(s)
Ni	28	61	9.057E-07	2.769	C, Ne, α-f, He
	28	62	2.823E-06	3.255	C, Ne, α-f, He
	28	64	8.612E-07	2.726	C, Ne
Cu	29	63	5.753E-07	2.558	C, Ne, He
	29	65	2.647E-07	2.207	C, Ne, He
Zn	30	64	9.972E-07	2.790	He
	30	66	5.843E-07	2.544	C, Ne, He
	30	67	8.779E-08	1.714	C, Ne, He
	30	68	4.025E-07	2.369	C, Ne, He
	30	70	1.383E-08	0.893	Ne
Ga	31	69	3.979E-08	1.358	C, Ne, He
	31	71	2.694E-08	1.176	C, Ne, He
Ge	32	70	4.320E-08	1.387	C, Ne, He
	32	72	5.937E-08	1.513	C, Ne, He
	32	73	1.704E-08	0.965	C, Ne, He
	32	74	8.143E-08	1.638	Ne, He
	32	76	1.774E-08	0.965	Ne
As	33	75	1.245E-08	0.817	s, r, Ne, He
Se	34	74	1.011E-09	−0.268	p
	34	76	1.077E-08	0.748	s, C, Ne, He
	34	77	9.174E-09	0.673	s, r, C, Ne, He
	34	78	2.881E-08	1.164	s, r, C, Ne, He
	34	80	6.253E-08	1.490	s, r, C, Ne
	34	82	1.184E-08	0.757	r, Ne
Br	35	79	1.191E-08	0.775	s, r, Ne, He
	35	81	1.197E-08	0.766	s, r, Ne, He
Kr	36	78	3.137E-10	−0.799	p
	36	80	2.064E-09	0.009	s, p, He
	36	82	1.079E-08	0.716	s, Ne, C, He
	36	83	1.092E-08	0.716	s, r, Ne, C, He
	36	84	5.439E-08	1.408	s, r, Ne, C, He
	36	86	1.701E-08	0.893	r, Ne, C, He

Rb à Pd

Élément	Z	A	Fraction de masse	LogN (Si=6)	Source(s)
Rb	37	85	1.101E-08	0.709	*s, r*, C, Ne, He
	37	87	4.555E-09	0.316	*r*, He
Sr	38	84	2.805E-10	−0.879	*p*
	38	86	5.047E-09	0.365	*s*
	38	87	3.411E-09	0.190	*s*
	38	88	4.318E-08	1.288	*s, r*
Y	39	89	1.045E-08	0.667	*s, r*
Zr	40	90	1.336E-08	0.769	*s, r*
	40	91	2.946E-09	0.107	*s, r*
	40	92	4.538E-09	0.290	*s, r*
	40	94	4.708E-09	0.297	*s, r*
	40	96	7.746E-10	−0.496	*r*
Nb	41	93	1.642E-09	−0.156	*s, r*
Mo	42	92	9.402E-10	−0.394	*p*
	42	94	5.493E-10	−0.636	*p*
	42	95	9.636E-10	−0.397	*s, r*
	42	96	1.025E-09	−0.375	*s*
	42	97	5.913E-10	−0.618	*s, r*
	42	98	1.502E-09	−0.218	*s, r*
	42	100	6.223E-10	−0.609	*r*
Ru	44	96	2.477E-10	−0.991	*p*
	44	98	8.627E-11	−1.458	*p*
	44	99	5.935E-10	−0.625	*s, r*
	44	100	5.944E-10	−0.629	*s*
	44	101	8.124E-10	−0.498	*s, r*
	44	102	1.517E-09	−0.231	*s, r*
	44	104	9.102E-10	−0.461	*r*
Rh	45	103	8.963E-10	−0.463	*s, r*
Pd	46	102	3.432E-11	−1.876	*p*
Pd	46	104	3.999E-10	−0.818	*s*
	46	105	8.207E-10	−0.510	*s, r*
	46	106	1.019E-09	−0.420	*s, r*
	46	108	1.014E-09	−0.431	*s, r*
	46	110	4.563E-10	−0.785	*r*

Ag à Te

Élément	Z	A	Fraction de masse	LogN (Si=6)	Source(s)
Ag	47	107	6.766E-10	−0.602	*s, r*
	47	109	6.507E-10	−0.627	*s, r*
Cd	48	106	5.255E-11	−1.708	*p*
	48	108	3.852E-11	−1.851	*p*
	48	110	5.537E-10	−0.701	*s*
	48	111	5.756E-10	−0.688	*s, r*
	48	112	1.099E-09	−0.411	*s, r*
	48	113	5.631E-10	−0.706	*s, r*
	48	114	1.341E-09	−0.333	*s, r*
	48	116	3.580E-10	−0.914	*r*
In	49	113	2.252E-11	−2.103	*s, p*
	49	115	5.120E-10	−0.754	*s, r*
Sn	50	112	1.040E-10	−1.435	*p*
	50	114	7.267E-11	−1.599	*p*
	50	115	3.898E-11	−1.873	*p, s, r*
	50	116	1.602E-09	−0.263	*s*
	50	117	8.612E-10	−0.536	*s, r*
Sn	50	118	2.740E-09	−0.037	*s, r*
	50	119	9.873E-10	−0.484	*s, r*
	50	120	3.794E-09	0.097	*s, r*
	50	122	5.555E-10	−0.745	*r*
	50	124	7.120E-10	−0.644	*r*
Sb	51	121	5.417E-10	−0.752	*p*
	51	123	4.107E-10	−0.879	*s*
Te	52	120	1.299E-11	−2.369	*p*
	52	122	3.641E-10	−0.928	*s*
	52	123	1.301E-10	−1.379	*s*
	52	124	6.963E-10	−0.654	*s*
	52	125	1.062E-09	−0.474	*s, r*
	52	126	2.868E-09	−0.046	*s, r*
	52	128	4.954E-09	0.185	*r*
	52	130	5.459E-09	0.220	*r*

I à Nd

Élément	Z	A	Fraction de masse	LogN (Si=6)	Source(s)
I	53	127	2.891E-09	−0.046	*s, r*
Xe	54	124	1.857E-11	−2.228	*p*
	54	126	1.721E-11	−2.268	*p*
	54	128	3.303E-10	−0.991	*s*
	54	129	4.209E-09	0.111	*s, r*
Xe	54	130	6.577E-10	−0.699	*s*
	54	131	3.347E-09	0.004	*s, r*
	54	132	4.074E-09	0.086	*s, r*
	54	134	1.620E-09	−0.321	*r*
	54	136	1.355E-09	−0.405	*r*
Cs	55	133	1.252E-09	−0.429	*s, r*
Ba	56	130	1.490E-11	−2.344	*p*
	56	132	1.456E-11	−2.361	*p*
	56	134	3.695E-10	−0.963	*s*
	56	135	1.011E-09	−0.529	*s, r*
	56	136	1.207E-09	−0.455	*s*
	56	137	1.760E-09	−0.294	*s, r*
	56	138	1.124E-08	0.508	*s, r*
La	57	138	1.435E-12	−3.386	*p*
	57	139	1.568E-09	−0.351	*s, r*
Ce	58	136	7.534E-12	−2.660	*p*
	58	138	9.914E-12	−2.547	*p*
	58	140	3.577E-09	0.004	*s, r*
	58	142	4.526E-10	−0.900	*r*
Pr	59	141	5.956E-10	−0.777	*s, r*
Nd	60	142	8.046E-10	−0.650	*s*
	60	143	3.653E-10	−0.996	*s, r*
	60	144	7.176E-10	−0.706	*s, r*
	60	145	2.520E-10	−1.163	*s, r*
	60	146	5.281E-10	−0.845	*s, r*
	60	148	1.775E-10	−1.324	*r*
	60	150	1.764E-10	−1.333	*r*

Sm à Er

Élément	Z	A	Fraction de masse	LogN (Si=6)	Source(s)
Sm	62	144	2.907E-11	−2.098	*p*
	62	147	1.476E-10	−1.401	*s, r*
	62	148	1.086E-10	−1.538	*s*
	62	149	1.346E-10	−1.447	*s, r*
	62	150	7.285E-11	−1.717	*s*
	62	152	2.653E-10	−1.161	*r*
	62	154	2.283E-10	−1.232	*r*
Eu	63	151	1.776E-10	−1.333	*s, r*
	63	153	1.966E-10	−1.294	*s, r*
Gd	64	152	2.538E-12	−3.180	*p*
	64	154	2.766E-11	−2.149	*s*
	64	155	1.905E-10	−1.313	*s, r*
	64	156	2.668E-10	−1.170	*s, r*
	64	157	2.053E-10	−1.287	*s, r*
	64	158	3.281E-10	−1.086	*s, r*
	64	160	2.926E-10	−1.141	*r*
Tb	65	159	2.425E-10	−1.220	*s, r*
Dy	66	156	8.168E-13	−3.684	*p*
	66	158	1.423E-12	−3.449	*p*
	66	160	3.659E-11	−2.044	*s*
	66	161	3.030E-10	−1.128	*s, r*
	66	162	4.139E-10	−0.996	*s, r*
	66	163	4.057E-10	−1.007	*s, r*
	66	164	4.605E-10	−0.955	*s, r*
Ho	67	165	3.710E-10	−1.051	*s, r*
Er	68	162	1.397E-12	−3.467	*p*
	68	164	1.622E-11	−2.408	*s, p*
Er	68	166	3.519E-10	−1.077	*s, r*
	68	167	2.429E-10	−1.240	*s, r*
	68	168	2.885E-10	−1.168	*s, r*
	68	170	1.604E-10	−1.428	*r*

Tm à Os

Élément	Z	A	Fraction de masse	LogN (Si=6)	Source(s)
Tm	69	169	1.616E-10	−1.423	*s, r*
Yb	70	168	1.424E-12	−3.475	*p*
	70	170	3.229E-11	−2.124	*s*
	70	171	1.536E-10	−1.450	*s, r*
	70	172	2.354E-10	−1.267	*s, r*
	70	173	1.750E-10	−1.398	*s, r*
	70	174	3.473E-10	−1.103	*s, r*
	70	176	1.407E-10	−1.500	*r*
Lu	71	175	1.576E-10	−1.449	*s, r*
	71	176	4.897E-12	−2.959	*s*
Hf	72	174	1.219E-12	−3.558	*p*
	72	176	3.566E-11	−2.096	*s*
	72	177	1.276E-10	−1.545	*s, r*
	72	178	1.882E-10	−1.379	*s, r*
	72	179	9.599E-11	−1.674	*s, r*
	72	180	2.472E-10	−1.265	*s, r*
Ta	73	180	1.161E-14	−5.593	*p*
	73	181	9.477E-11	−1.684	*s, r*
W	74	180	8.196E-13	−3.745	*p*
	74	182	1.616E-10	−1.455	*s, r*
	74	183	8.888E-11	−1.717	*s, r*
	74	184	1.899E-10	−1.389	*s, r*
	74	186	1.778E-10	−1.423	*r*
Re	75	185	8.985E-11	−1.717	*s, r*
	75	187	1.585E-10	−1.475	*s, r*
Os	76	184	5.632E-13	−3.917	*p*
	76	186	4.098E-11	−2.060	*s*
	76	187	3.765E-11	−2.099	*s*
	76	188	4.270E-10	−1.047	*s, r*
	76	189	5.211E-10	−0.963	*s, r*
	76	190	8.555E-10	−0.750	*s, r*
	76	192	1.345E-09	−0.558	*r*

Ir à U

Élément	Z	A	Fraction de masse	LogN (Si=6)	Source(s)
Ir	77	191	1.193E-09	−0.607	*s, r*
	77	193	2.021E-09	−0.383	*s, r*
Pt	78	190	8.170E-13	−3.770	*p*
	78	192	5.099E-11	−1.979	*s*
	78	194	2.164E-09	−0.356	*s, r*
	78	195	2.234E-09	−0.344	*s, r*
	78	196	1.681E-09	−0.470	*s, r*
	78	198	4.838E-10	−1.015	*r*
Au	79	197	9.318E-10	−0.728	*s, r*
Hg	80	196	2.459E-12	−3.305	*p*
	80	198	1.738E-10	−1.460	*s*
	80	199	2.884E-10	−1.242	*s, r*
	80	200	3.976E-10	−1.105	*s, r*
	80	201	2.283E-10	−1.348	*s, r*
	80	202	5.161E-10	−0.996	*s, r*
	80	204	1.202E-10	−1.633	*r*
Tl	81	203	2.788E-10	−1.265	*s, r*
	81	205	6.741E-10	−0.886	*s, r*
Pb	82	204	3.204E-10	−1.207	*s*
	82	206	3.090E-09	−0.227	*s, r*
	82	207	3.398E-09	−0.188	*s, r*
	82	208	9.681E-09	0.265	*s, r*
Bi	83	209	7.613E-10	−0.842	*s, r*
Th	90	232	1.966E-10	−1.475	*r*
U	92	235	1.284E-11	−2.666	*r*
	92	238	4.118E-11	−2.165	*r*

Tableau 2 – Abondance et origine des éléments (*d'après Anders et Grevesse & Arnett*). *La troisième colonne donne la fraction de masse de chaque isotope dans le système solaire, la quatrième l'abondance pour un million d'atomes de silicium ou plus exactement son logarithme, la cinquième sa source nucléaire.*

Type de nucléosynthèse

BB : nucléosynthèse primordiale

H : fusion de l'hydrogène

x : spallation

He : combustion hydrostatique de l'hélium

H : combustion de l'hydrogène

He : combustion de l'hélium

C : combustion du carbone

Ne : combustion du néon

O : combustion de l'oxygène, essentiellement explosive

Si : combustion explosive du silicium ou équilibre statistique nucléaire

s : processus-s

r : processus-r

p : processus-p

CHAPITRE VIII

Étoiles antiques
du halo galactique

Lexique

DAMPED LYMAN ALPHA (DLA) : nuages intergalactiques épais absorbant la lumière des quasars.

Indices de l'évolution chimique de la galaxie

L'évolution de la composition de la matière au fil des époques galactiques peut être retracée en se livrant à une analyse systématique des abondances de surface d'un grand ensemble d'étoiles au moyen de la spectroscopie. On s'intéresse plus particulièrement aux éléments qui peuvent être observés dans le spectre des soleils antiques du halo

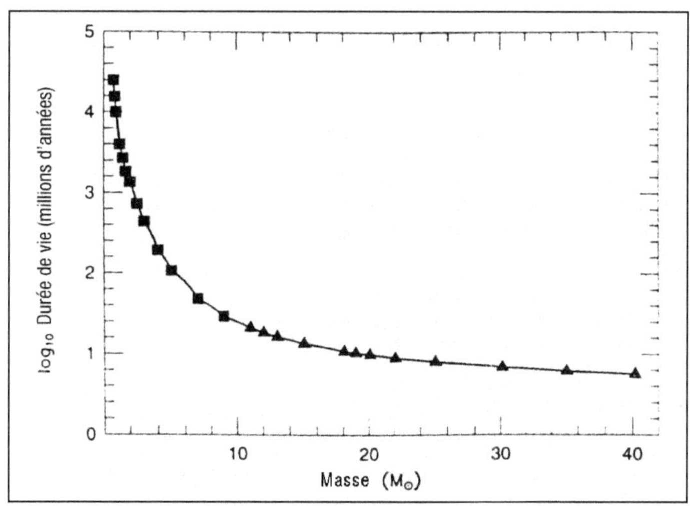

Figure 1 – Durée de vie des étoiles de métallicité solaire.
La durée de vie des étoiles dépend au premier chef de leur masse de naissance, elle est très peu sensible à la métallicité initiale.

M	Z=0.0004	Z=0.004	Z=0.008	Z=0.02	Z=0.05
0.6	4.28E+10	5.35E+10	6.47E+10	7.92E+10	7.18E+10
0.7	2.37E+10	2.95E+10	3.54E+10	4.45E+10	4.00E+10
0.8	1.41E+10	1.73E+10	2.09E+10	2.61E+10	2.33E+10
0.9	8.97E+09	1.09E+10	1.30E+10	1.59E+10	1.42E+10
1.0	6.03E+09	7.13E+09	8.46E+09	1.03E+10	8.88E+09
1.1	4.23E+09	4.93E+09	5.72E+09	6.89E+09	5.95E+09
1.2	3.08E+09	3.52E+09	4.12E+09	4.73E+09	4.39E+09
1.3	2.34E+09	2.64E+09	2.92E+09	3.59E+09	3.37E+09
1.4	1.92E+09	2.39E+09	2.36E+09	2.87E+09	3.10E+09
1.5	1.66E+09	1.95E+09	2.18E+09	2.64E+09	2.51E+09
1.6	1.39E+09	1.63E+09	1.82E+09	2.18E+09	2.06E+09
1.7	1.18E+09	1.28E+09	1.58E+09	1.84E+09	1.76E+09
1.8	1.11E+09	1.25E+09	1.41E+09	1.59E+09	1.51E+09
1.9	9.66E+08	1.23E+09	1.25E+09	1.38E+09	1.34E+09
2.0	8.33E+08	1.08E+09	1.23E+09	1.21E+09	1.24E+09
2.5	4.64E+08	5.98E+08	6.86E+08	7.64E+08	6.58E+08
3	3.03E+08	3.67E+08	4.12E+08	4.56E+08	3.81E+08
4	1.61E+08	1.82E+08	1.93E+08	2.03E+08	1.64E+08
5	1.01E+08	1.11E+08	1.15E+08	1.15E+08	8.91E+07
6	7.15E+07	7.62E+07	7.71E+07	7.45E+07	5.67E+07
7	5.33E+07	5.61E+07	5.59E+07	5.31E+07	3.97E+07
9	3.42E+07	3.51E+07	3.44E+07	3.17E+07	2.33E+07
12	2.13E+07	2.14E+07	2.10E+07	1.89E+07	1.39E+07
15	1.54E+07	1.52E+07	1.49E+07	1.33E+07	9.95E+06
20	1.06E+07	1.05E+07	1.01E+07	9.15E+06	6.99E+06
30	6.90E+06	6.85E+06	6.65E+06	6.13E+06	5.15E+06
40	5.45E+06	5.44E+06	5.30E+06	5.12E+06	4.34E+06
60	4.20E+06	4.19E+06	4.15E+06	4.12E+06	3.62E+06
100	3.32E+06	3.38E+06	3.44E+06	3.39E+06	3.11E+06
120	3.11E+06	3.23E+06	3.32E+06	3.23E+06	3.11E+06

Tableau 1 – Durée de vie des étoiles de différentes masses et métallicités (d'après Chiosi).

galactique car ces petites étoiles, les plus vielles que l'on connaisse, brillent encore aujourd'hui d'un certain éclat en raison de leur exceptionnelle longévité.

Nous allons préciser la méthode employée. Les éléments les plus accessibles à l'observation sont ceux qui arborent des raies nettes dans le spectre optique des ces astres fossilisés. Le néon et l'argon, par exemple, ne sont pas déterminés dans les étoiles, qu'elles soient naines ou géantes, car ces gaz rares, à l'état normal, ne produisent aucune émission optique.

Les familles qui se prêteront le mieux à l'analyse évolutive sont les suivantes :

1. les noyaux légers (Li, Be, B),

2. les noyaux-α (Mg, Si, S, Ca) c'est-à-dire multiples de noyaux d'hélium,

3. les noyaux du pic du fer (Sc, Cr, Mn, Fe, Co, Ni, Cu, Zn),

4. les noyaux lourds s et r (Sr, Y, Ba et Eu).

Parmi tous ces éléments, le fer est relativement facile à mesurer et sert de référence, d'indice de métallicité, et donc d'évolution si l'on préfère. Il est, en effet, de pratique courante en astronomie de considérer les deux termes *teneur en fer* (Fe/H) et *métallicité* (Z) comme synonymes. La métallicité solaire est signifiée par le symbole $Z_\odot$.

La détermination des compositions stellaires est traditionnellement discutée en termes d'abondance relative au fer (X/Fe), où X est un élément quelconque, en fonction du rapport fer sur hydrogène (Fe/H), pour des convenances d'observation.

Des étoiles de masse comparable au Soleil sont choisies dans des populations variées (disque mince, disque épais, halo, amas globulaire) de plus ou moins grande antiquité. On veille à ce que leur surface ne soit pas contaminée par les processus nucléaires internes, de sorte que leur composition reflète leurs lieu et date de naissance. On doit donc éviter les géantes rouges qui font apparaître en surface, à la faveur d'un intense bouillonnement, les produits de nucléosynthèse. On constate des différences notoires de métallicité entre les différents sous-systèmes qui composent la galaxie (bulbe, disque, halo). Par exemple, les étoiles du halo galactique ont une métallicité bien inférieure à celle du disque.

Le signe le plus clair de l'évolution galactique est l'augmentation de la teneur en fer des étoiles au fil des générations. Les plus jeunes (donc celles qui se sont formées dans la galaxie vieillie) sont plus riches en fer que les plus vieilles (celles qui se sont formées dans la galaxie jeune). Bref, les étoiles présentent une carence en fer par rapport au Soleil d'autant plus marquée qu'elles appartiennent à des générations plus anciennes.

Tout nous porte à croire que le rapport Fe/H représente une sorte de chronomètre, ou tout au moins un indice d'évolution, car il définit le sens de l'histoire chimique de la galaxie : il ne peut décroître. L'accumulation de fer dans le milieu interstellaire fait croître l'abondance de cet élément de manière monotone (mais cette croissance est loin d'être linéaire). Des calibrages du rapport Fe/H en fonction du temps (qui exigent la détermination conjointe de la teneur en fer et de l'âge de nombreuses étoiles prises dans des générations distinctes) forment la base de la *relation âge-métallicité.*

Au vu des données disponibles, l'évolution galactique se découpe en deux ères, celle du *halo* (métallicité comprise entre un dix millième et un dixième de celle du Soleil) et celle du *disque.* Les époques correspondantes sont longues respectivement de 1 et 10 milliards d'années, environ. S'agissant de l'histoire du halo, on distingue deux régimes évolutifs consécutifs, la transition s'établissant à 3 millièmes de la métallicité solaire.

Le début de l'évolution est sujet à caprices et aléas. À l'époque trouble de la formation du halo de notre galaxie, la matière n'était pas encore correctement mélangée. Les grandes variations d'abondance que nous voyons apparaître à très faible métallicité reflètent probablement les défauts d'homogénéité de composition chimique du milieu gazeux produit par l'explosion d'un petit nombre de supernovae

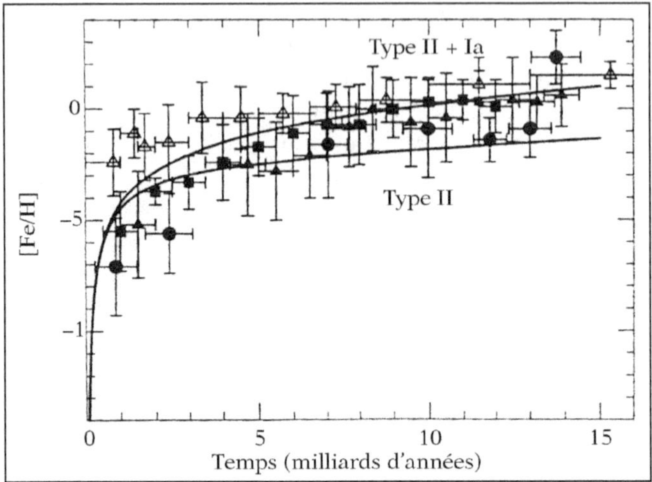

Figure 2 – *Teneur en fer en fonction de l'âge des étoiles au voisinage du système solaire (relation âge-métallicité).*
Les déterminations d'âge sont délicates et quelque peu incertaines, d'où la dispersion des données. L'inclusion des supernovae de type Ia est nécessaire pour reproduire l'évolution du fer observée.

distinctes et isolées, et la contamination du milieu interstellaire afférente : des étoiles de masses différentes explosent de place en place ; elles ne donnent pas les mêmes produits et leur substance, mal mélangée au milieu interstellaire, se retrouve dans les étoiles de la génération suivante qui portent les marques distinctives des premiers objets explosifs[1].

Les rapports d'abondance changeants observés à très faible métallicité (âge galactique) sont comparés à la donation (obole) des supernovae de différentes masses afin de déterminer lesquelles ont spécifiquement contribué à l'enrichissement chimique de la galaxie

---

1. L'explosion, ou plus exactement l'onde de choc qu'elle suscite, balaie le milieu interstellaire et y produit une cavité. La matière déblayée — riche en hydrogène — s'accumule pour former une coquille dense dont le rayon ne cesse d'augmenter. À l'intérieur de la coquille, la matière chaude éjectée par la supernova (enrichie), à l'extérieur, le milieu interstellaire ambiant. Une bulle chaude entourée d'un gaz froid et dense, voici la structure qui constitue le vestige de la supernova. Le mélange et l'interpénétration se font à la frontière : d'une part des langues de matière chaude pénètrent dans la matière froide, d'autre part la coquille froide s'évapore et dilue le gaz intérieur. Lorsque la coquille atteint la taille de 100 parsec et la masse de MIS balayée est de 50 000 $M_\odot$ environ, sa vitesse devient comparable à celle des nuages ambiants, elle se fragmente et se fond avec lui. Au bout du compte, il aura absorbé, intégré toute la livraison chaude de l'étoile.

juvénile et à quel moment. Les abondances mesurées, en retour, permettent d'ajuster les calculs de nucléosynthèse, conduisant à des modèles de supernovae plus réalistes. Le « patrimoine génétique » des étoiles les plus antiques du halo galactique révèle ainsi leur parenté avec les supernovae de première génération.

L'organisation s'affirme progressivement dans les phases suivantes. Les effets collectifs effacent en grande partie les fluctuations car on passe, insensiblement, de l'individu à la société. En d'autres termes, les supernovae prolifèrent et leurs vestiges se recouvrent, si bien que le milieu interstellaire prend une composition homogène. Les proportions relatives d'éléments complexes reflètent alors *l'obole moyenne* d'une génération entière d'étoiles. Les étoiles qui se forment dans le milieu bien brassé ont une composition quasi uniforme.

Des corrélations empiriques peuvent être établies entre certains éléments, notamment ceux qui sont produits dans les mêmes catégories d'étoiles. On les fait apparaître graphiquement en traçant l'abondance d'un certain élément, disons X, par rapport à un autre, disons Y.

La pente de la courbe que tracent les données reportées sur un diagramme X/H-Y/H (en échelle logarithmique) est généralement comprise entre 0 et 2. Une pente nulle indique une origine non stellaire. Le meilleur exemple est celui du lithium dans les étoiles du halo vis-à-vis du fer. Cette indépendance vis-à-vis de la métallicité indique une origine primordiale (Big Bang). Une pente égale à 1 indique que les SNII sont responsables de l'un et de l'autre des éléments en question. Ainsi en est-il des éléments alpha (Mg, Si, Ca), du fer et également du béryllium.

Un type d'objet unique produit diverses espèces nucléaires en quantité invariable. Une pente autre que 1, ou un changement de pente indique l'intervention d'un autre type d'objets.

Si l'on se restreint à *l'évolution du halo* que l'on suppose dominée par les SNII vu la brièveté des temps impliqués, une étude de tendance (de type statistique) aboutit aux constat suivant, très éclairant pour la physique des supernovae :

1. Pour plusieurs éléments, des différences d'étoile à étoile se font jour aux métallicités (teneur en fer) les plus faibles. Toutes les étoiles (sauf exception) de même teneur en fer n'ont pas la même distribution d'abondance, comme nous l'avons signalé.

2. Le lithium, en revanche, ne montre presque aucune dispersion et son abondance jusqu'à 0,1 $Z_\odot$ est indépendante de celle du fer.

3. Le béryllium et le bore évoluent comme le fer, ce qui indique que les SNII sont responsables de ces trois éléments.

4. Les éléments-α (^{24}Mg, ^{28}Si, ^{32}S, ^{36}Ar, ^{40}Ca), rapportés au fer, présentent une surabondance uniforme par rapport au système solaire (facteur 3) conformément aux calculs de nucléosynthèse. On en déduit que le halo galactique est un lieu propice à l'étude de la nucléosynthèse

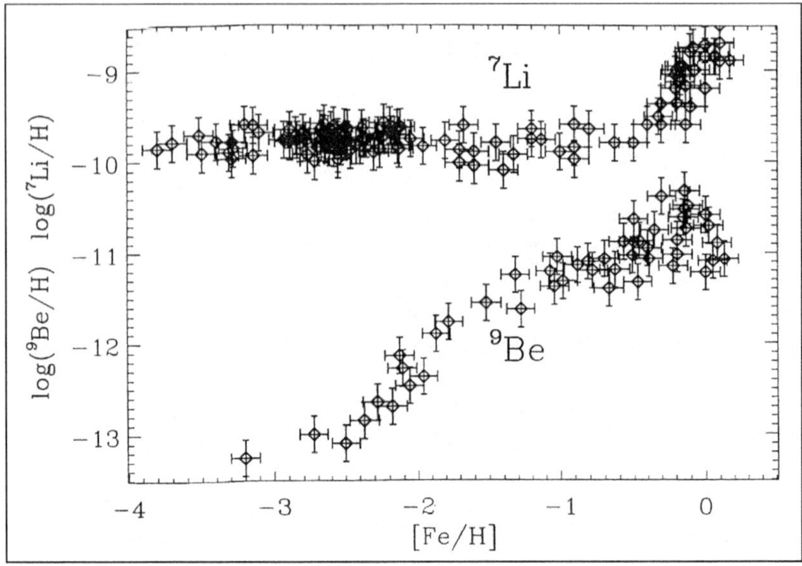

Figure 3 – Lithium, béryllium et fer.
Le symbole [Fe/H] désigne le logarithme du rapport entre Fe/H de l'étoile et Fe/H solaire. L'évolution du lithium et du béryllium dans le halo, [Fe/H] < -1, représente un cas d'école. La teneur en lithium reste indépendante de celle du fer dans les étoiles du halo (plateau des Spite, du nom des deux astronomes français Monique et François Spite), ce qui indique une origine primordiale (Big Bang). Elle stagne jusqu'au moment où les étoiles du disque prennent le relais. Le béryllium est l'archétype des éléments créés par brisure (spallation), son abondance ne fait que croître par accumulation au fil de l'histoire de la galaxie (voir texte).

des supernovae gravitationnelles car la composition des étoiles qu'il abrite a été façonnée de toute évidence par ces étoiles massives et par conséquent de courte durée de vie. On a longtemps cru que l'*oxygène* évoluait de manière semblable mais des données récentes sèment le doute sur son comportement à basse métallicité. Il semblerait, selon certains observateurs, que l'oxygène se comporte différemment de ses frères α et que le rapport O/Fe au lieu d'être constant s'élève à basse métallicité. Mais cette tendance ne fait pas l'unanimité.

5. Le titane se comporte comme les éléments-α alors qu'on s'attend à ce qu'il affiche un comportement de métal ferreux.

6. La discrimination entre le pair et l'impair s'aggrave à faible métallicité, du moins pour les métaux légers (sodium et aluminium). L'effet pair-impair est beaucoup moins marqué au niveau des métaux ferreux. Ainsi, chrome et manganèse montrent une sous-abondance comparable en dessous de 0.003 $Z_\odot$. Par contre le cobalt, impair comme le manganèse, est surabondant dans la même gamme de métallicité.

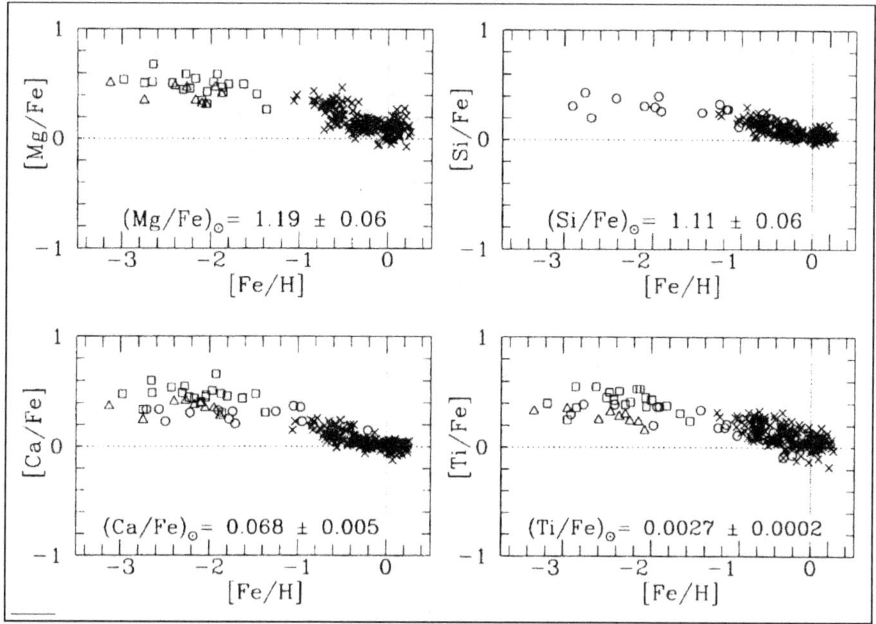

**Figure 4 – *Évolution du magnésium, du silicium,
du calcium et du titane*** (d'après Arnould).
*Mg, Si et Ca éléments sont globalement appelés « α ». Ils sont excédentaires par rapport
au fer dans les étoiles du halo. Il est plus surprenant de trouver Ti dans la liste, sachant
qu'il appartient au groupe de fer.*

7. Les éléments lourds montrent des tendances variées mais, grossièrement, le strontium suit le fer, alors que le baryum montre une
sous-abondance en dessous de 0,01 $Z_\odot$. On constate, dans tous les cas,
des différences marquées d'étoile à étoile ayant même teneur en fer.

8. La distribution des abondances de quelques étoiles étudiées en
détail est conforme à celle du processus-r.

Classes laborieuses

Armés de ces solides prolégomènes nous pouvons nous confronter
au problème majeur de l'évolution chimique (isotopique) des galaxies,
en commençant par la nôtre.

L'évolution nucléaire a pour moteur essentiel les étoiles, mais
toutes ne sont pas également productives et il convient d'établir une
distinction entre trois catégories d'objets, selon leur masse (petite,
intermédiaire et grande).

Les premières, de masse inférieure à celle du Soleil, ont pour produit fini... elles-mêmes. Elles sont quasiment stériles et évoluent si paresseusement qu'au bout de 10 milliards d'années, elles n'ont pas encore livré le plus modeste noyau. Ce sont, avec les astres compacts (cadavres d'étoiles), les véritables boulets de l'évolution galactique, ou plus exactement les coffres-forts.

Les secondes, de masse comprise entre 1 et 8 fois celle du Soleil, connaissent une évolution agitée, faisant de grandes embardées dans le diagramme HR, elles sont difficiles à suivre à la trace. Au terme de leur évolution se situe la phase de *nébuleuse planétaire* qui laisse derrière elle une naine blanche.

La médaille du travail va sans conteste aux troisièmes, de vocation explosive, dont la masse s'étage entre 8 et 100 fois celle du Soleil. Leur vaillance mérite qu'on les considère tout spécialement, c'est ce que nous nous sommes efforcé de faire tout au long, avec respect.

Outre la productivité, une autre donnée d'importance, s'agissant de l'enrichissement progressif de la galaxie en métaux, est le *temps de vie* des étoiles en fonction de la masse (que l'on doit comparer à l'âge de la galaxie, de l'ordre de 10 milliards d'années). Car si le don est effectif, il s'opère souvent à la mort. Les étoiles de petites masses brillent à l'économie et n'ouvrent leur coffre-fort qu'au terme de leur longue vie. Les étoiles massives, capiteuses et fort dispendieuses, s'épuisent à conserver leur éclat et dispersent leurs vastes œuvres dans l'éblouissement d'une explosion. Quant aux supernovae de type Ia, leur offrande est tardive car il faut attendre que l'un des deux protagonistes du couple qui les produit se soit d'abord transformé en naine blanche, et que sa compagne lui fasse boire la dose létale de matière stellaire, or cela prend du temps.

Par bonheur, les effets de métallicité sur les temps de vie sont faibles (quelques pourcents), et l'on peut, en première analyse, se contenter d'adopter la relation masse-temps de vie calculée pour des étoiles de métallicité solaire.

Pour résumer, les étoiles massives sont les principales pourvoyeuses d'isotopes complexes. Tous les éléments depuis le carbone jusqu'au calcium y sont synthétisés par *combustion hydrostatique* (lente et relativement douce), tandis que le fer et ses voisins ainsi que les éléments-r sont engendrés lors de l'explosion finale (SNII). Les naines blanches explosives (SNIa) ajoutent, quant à elles, une touche résolument ferreuse. La plus grande partie du carbone, de l'azote et des isotopes mineurs de l'oxygène provient des étoiles de masse intermédiaire (2 à 8 $M_\odot$), ainsi que les noyaux-s.

Ayant passé les braves ouvrières stellaires en revue, jugé de leur rentabilité personnelle et mis en première ligne les étoiles massives, nous nous estimons capables de fonder une véritable *sociologie stel-*

laire, élargissant le thème de l'évolution nucléaire de l'individu-étoile à la société-galaxie.

Prenant le relais du Big Bang, l'histoire de la nucléosynthèse est principalement régentée par la physique de l'évolution stellaire et sa nucléosynthèse, et par les facteurs environnementaux (existence de nuages froids et denses propices à la formation d'étoiles). Il serait vain d'essayer de comprendre ces processus au moyen de la pure théorie. La meilleure manière d'appréhender l'histoire des éléments de notre galaxie les uns après les autres est d'en chercher des fossiles. Ceux-ci, nous les trouvons dans les étoiles de petites masses qui ont des durées de vie très longues, comparables à l'âge de la galaxie, car dans leur enveloppe extérieure est préservée leur composition à la naissance. Nées dans les débris des premières étoiles massives, elles brillent encore dans le halo et leur lumière porte la trace génétique de leurs mères. Ces étoiles sont précieuses pour le généalogiste des éléments car elles sont les reliques de l'histoire ancienne du lithium, du carbone, de l'oxygène, du fer, de l'yttrium, de l'europium et de tant d'autres...

L'étude de l'évolution galactique comporte donc deux aspects, l'un de connotation observationnelle concernant l'estimation des abondances d'étoiles de générations variées au moyen de l'analyse spectrale, et l'autre purement théorique mettant en jeu la simulation numérique de l'évolution chimique du gaz interstellaire dans lequel elles prennent naissance.

La première étape ne requiert pas seulement l'observation la plus fine, mais également l'usage des modèles les plus délicats (relevant de la physique atomique) pour extraire des spectres stellaires les abondances relatives des éléments, y compris les plus rares. La seconde requiert une vision synthétique du cycle de la matière dans la galaxie, c'est-à-dire de la gestion des atomes par étoiles et nuages entrelacés et des facteurs qui la déterminent. La complexité du problème est telle qu'on ne peut qu'en écrire le schéma directeur. Les auteurs de cette sorte de grand récit de l'origine et de l'évolution des éléments doivent garder une conscience claire des limitations de l'exercice, ce qui suppose un certain réalisme. Il s'agit d'harmoniser un modèle idéalisé avec des données souvent incomplètes, imprécises et parfois ambiguës et avec l'ambition d'écrire la saga universelle des éléments qui est censée se répéter dans toutes les galaxies. Les scénaristes cosmiques proposent des versions variées de la même histoire, qu'ils espèrent toutes plus réalistes les unes que les autres, mais le cadre conceptuel est le même. L'abondance de la mitraille, pourrait-on dire, compense parfois l'imprécision du tir.

Résultats

1. Restitution des abondances solaires.

Le premier critère de réussite de la théorie de la nucléosynthèse et de l'évolution galactique est bien évidemment d'expliquer la distribution des abondances mesurées dans notre voisinage galactique, c'est-à-dire la table d'abondance des éléments. Il est gratifiant de constater que pour les noyaux les plus abondants, entre H et Zn, c'est bien le cas.

Les seules SNII expliquent la répartition des abondances solaires entre oxygène et chrome. Cela peut être considéré comme un indéniable succès théorique. Des sources complémentaires de H, He, Li, Be, B, C, N sont requises, et celles-ci ont été identifiées. Ce sont le Big Bang, les rayons cosmiques et les étoiles de masse intermédiaire. Au niveau du fer et un peu au-delà, on est amené à invoquer la contribution des supernovae de type Ia. L'inclusion de celles-ci est nécessaire pour reproduire l'évolution du fer et suggère qu'environ la moitié de celui du Soleil vient de ce type d'objet et l'autre des SNII.

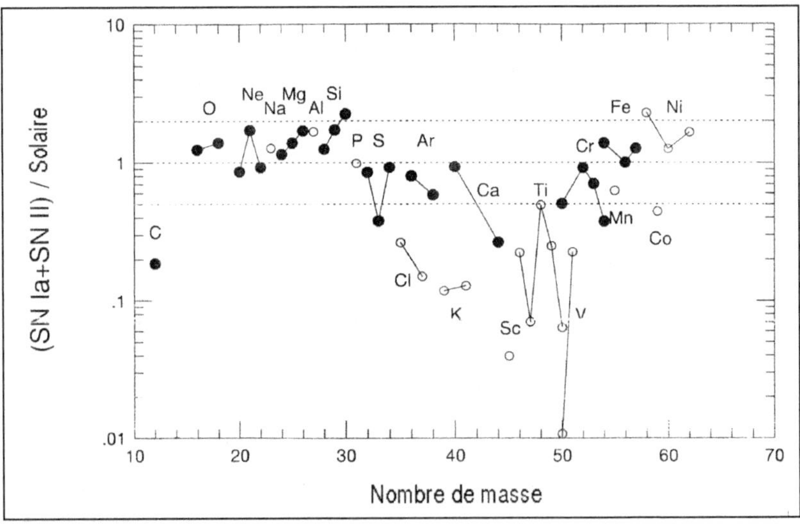

Figure 5 – *Cocktail savoureux de supernovae* (*d'après Nomoto*).
La composition de la matière obtenue en mélangeant 13 doses de SNII avec 1 dose de SNI se rapproche de celle du système solaire. Certains isotopes du chlore, du potassium et du scandium, entre autres, ne sont pas produits en quantité suffisante.

2. Éléments α/fer.

Les rapports d'abondance α/fer fixent les échelles de temps des processus impliqués dans l'évolution de la composition galactique. Les SNIa, par exemple, résultant de naines blanches gavées, sont de grands producteurs de fer et il s'avère que même poussées au trépas, elles ont un temps de vie plus long que celui des étoiles génitrices de SNII, qui sont les principales sources d'oxygène, de silicium, de soufre et de calcium. Le laps de temps qui sépare les SNIa hâtives des premières SNII (au moins 100 millions d'années) explique la valeur élevée du rapport O/Fe observé dans les étoiles du halo. Le coude sur la courbe d'évolution du rapport O/Fe marque l'entrée en scène des toutes premières SNIa.

3. Effets pair–impair.

Les noyaux pairs, et plus particulièrement la classe des noyaux α (O, Mg, Si, Ca), sont les produits essentiels de la nucléosynthèse des étoiles massives et se trouvent abondamment dans les cendres des SNII où le rapport α/Fer est environ trois fois solaire.

Les quantités d'éléments pairs éjectées par une explosion d'étoile massive sont, au premier ordre, indépendants de la métallicité initiale de l'étoile.

Il n'en va pas de même pour les éléments impairs (N, F, Na, Al, P, Cl, K, Sc, V, Mn et Co). Les quantités produites dépendent notoirement de la composition initiale, en ce sens qu'une étoile de faible métallicité est susceptible de produire moins d'éléments impairs qu'une étoile de forte métallicité. À la racine de cette tendance, il y a le fait que la plus grande partie des métaux (CNO) dont dispose l'étoile à sa naissance est transformée en ^{14}N puis ^{22}Ne, via la chaîne de réaction

$$CNO \rightarrow {}^{14}N$$
$$^{14}N + \alpha \rightarrow {}^{18}F + \gamma$$
$$^{18}F \rightarrow {}^{18}O + e^+ + \nu \text{ (interaction faible)}$$
$$^{18}O + \alpha \rightarrow {}^{22}Ne + \gamma$$

En conséquence, le rapport neutron/proton augmente dans l'étoile au prorata de la teneur en CNO initiale, ceci par la grâce de l'interaction faible. Systématiquement, elle transforme les protons en neutrons lorsque ceux-ci sont en excès et rééquilibre les nombres N et Z au bénéfice de la stabilité nucléaire. Elle constitue de ce fait une sorte de régulateur interne, un facteur d'équilibre qui ramène sans cesse les noyaux déviants au creux de la vallée de stabilité.

Force est de constater que les éléments impairs produits lors de la nucléosynthèse explosive dépendent moins de la métallicité que leurs homologues forgés par nucléosynthèse lente (hydrostatique), car le rapport n/p est modifié progressivement par diverses interactions faibles opérant dans les phases avancées. En d'autres termes, le rapport n/p dans les régions profondes de l'étoile (celles qui seront affectées par la nucléosynthèse explosive) ne reflète plus le rapport initial hérité du milieu interstellaire. C'est du moins ce qu'indique le calcul, mais la cause de tous ces phénomènes reste relativement obscure tant les réactions nucléaires s'entremêlent au sein des étoiles massives dans les phases avancées de leur évolution.

En fait, l'interaction faible redouble d'efficacité à partir de la combustion centrale de l'oxygène. Le rapport n/p se modifie en conséquence au cœur des étoiles massives sous l'effet des captures électroniques $p + e^- \rightarrow n + \nu$. La neutronisation est en marche ! Le rapport n/p dans le bain nucléaire est l'un des facteurs qui influencent la nucléosynthèse. Un bain riche en neutrons sera favorable à la constitution d'espèces riches en neutrons (dossier 3).

Le manganèse est un élément impair sous-représenté dans les étoiles du halo, mais l'explication précédente ne semble pas s'imposer, car le scandium (Z = 21), le vanadium (Z = 23) ne suivent pas cette tendance, pas plus que le cobalt (Z = 27). On serait tenté de déduire du comportement particulier du Mn qu'il est produit par les SNIa et qu'on assiste à un phénomène miroir de celui que nous avons décrit s'agissant des éléments α.

4. Éléments lourds.

On constate avec une certaine surprise une similitude frappante entre les proportions d'éléments-r mesurés dans une poignée d'étoiles antiques et le Soleil. La griffe du processus-r apparaît donc dès l'origine, ce qui indique l'opération d'un processus rapide et efficace, effectif dans les toutes premières étapes de l'évolution galactique.

On en conclut que le processus responsable de la production des noyaux de genre-r au-delà du baryum opère de manière identique depuis le début de la galaxie. Le processus est donc unique. On peut proposer sans risque de se tromper qu'il est lié aux SNII. On est alors en mesure de définir les conditions d'irradiation neutronique et les paramètres thermodynamiques qui président à la nucléosynthèse sans qu'on puisse cependant établir son mécanisme détaillé.

Des scénarios prometteurs ont été échafaudés, mettant en scène un vent de neutrinos de haute entropie, mais ils ont été vite récusés. Il faut bien se rendre à l'évidence, il est aujourd'hui impossible de proposer un site-r spécifique qui donne un accord global avec les abondances mesurées. Il est également concevable qu'il existe non pas un processus–r mais bien deux, opérant toujours dans les étoiles massives, toutefois dans différentes gammes de masse... Bref, la situation est instable, pour ne pas dire explosive !

Le processus-s est plus lent à se mettre en branle, car il est lié aux étoiles de la branche asymptotique des géantes (8 $M_\odot$ au maximum, ce qui implique une durée de vie supérieure à 20 millions d'années).

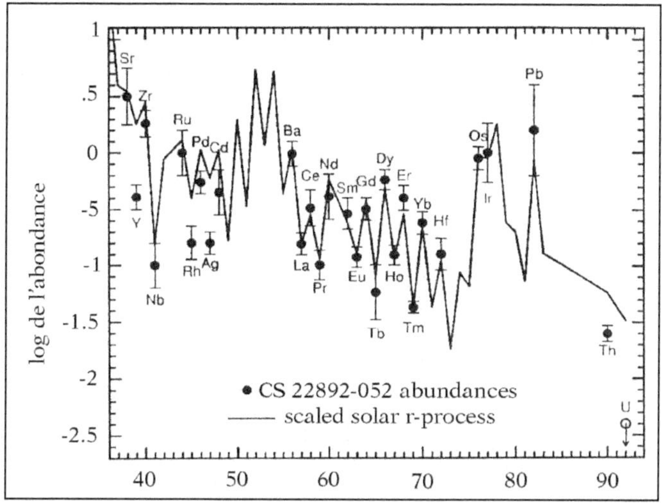

**Figure 6 – *Abondances relatives des noyaux lourds
dans une étoile du halo*** (*d'après Sneden*).
*Les abondances sont normalisées au baryum. Le trait plein représente les abondances–r
(d'après Käppeler, 1989). L'excellent accord suggère que la nucléosynthèse antérieure a
été dominée par le processus-r et que l'étoile CS 22892-052 s'est formée dans les débris
d'une supernova de type II.*

Il n'est pas surprenant dès lors de constater que les abondances des
vieilles étoiles du halo portent nettement la signature-r.

La détection de thorium dans les étoiles de très faible métallicité
par Patrick François, Monique et François Spite a ouvert la possibilité
de déterminer directement l'âge des étoiles les plus vieilles et donc
celui de la galaxie. L'âge de quelques étoiles du halo parmi les plus
vieilles a été estimé à 15,6 milliards d'années (avec une marge de
2 milliards d'années) en accord avec la détermination classique de
l'âge des amas globulaires les plus anciens (14,9 ± 1,5) et de l'âge de
l'univers au moyen des supernovae de type Ia lointaines (14.2 ± 1.7)[1].

Pour résumer une longue série de mesures, l'abondance des éléments lourds dans le halo se caractérise par une composante-r
significative et une variation considérable des rapports d'abondances
à très basse métallicité. La distribution typiquement r des abondances
conjuguée à la grande dispersion de celles-ci dans les étoiles antiques
du halo fournit des évidences en faveur des supernovae de type II.
L'amenuisement progressif de la dispersion aux métallicités crois-

---

1. Le lecteur intéressé est convié à la lecture de l'article de Marcel Arnould
et Koji Takahashi dans *Report on Progress in Physics*, mars 1999.

santes porte témoignage d'une homogénéisation toujours améliorée du gaz en raison de la multiplication des supernovae.

Dans leurs grandes lignes, les prédictions de la nucléosynthèse sont ainsi vérifiées par les observations, ce qui constitue un succès indéniable pour la théorie.

1. L'évolution des éléments-α est bien comprise (si l'on exclut les dernières mesures d'oxygène dans les étoiles du halo, encore incertaines), moyennant l'hypothèse d'une production de fer par les supernovae de type Ia dans le disque galactique qui s'ajoute à celle des supernovae de type II.

Les premières (SNII) sont seules à enrichir le halo, vu leur éclosion précoce, leur signature étant un rapport α/Fe élevé, puis vient la phase de disque avec l'entrée en scène des SNIa, dont le signe distinctif est un rapport α/Fe très faible. L'addition des deux produits une diminution progressive de ce rapport. Les supernovae thermonucléaires (SNIa) entrent en lice tardivement, quand cesse toute formation d'étoiles dans le halo galactique et le disque prend le relais.

2. Les métaux légers — sodium, magnésium et aluminium — adjacents sur la table périodique ont une origine commune. On les trouve en abondance dans les cendres de la combustion douce (non explosive) du carbone et du néon. La production du sodium et de l'aluminium s'améliore au fil de l'évolution galactique.

3. L'abondance des noyaux lourds dans les étoiles antiques est façonnée par la capture rapide de neutrons associée, en toute probabilité, aux supernovae de type II.

Quelques nuages subsistent, ainsi des problèmes épineux tant observationnels (comme la détermination de l'abondance de l'oxygène dans les étoiles du halo) que théoriques (convection, coupure gordienne entre étoile à neutrons et éjecta) ont un effet délétère sur le calcul de la quantité de fer produite par les supernovae de diverses masses. Fort heureusement, l'incapacité de calculer la masse de fer éjectée (en d'autres termes la coupure gordienne) est compensée par la possibilité de mesurer directement cette quantité en analysant les courbes de lumière des supernovae. Il a été suggéré, pour expliquer les étranges rapports Cr/Fe, Mn/Fe et Co/Fe dans les étoiles les plus pauvres du halo (de 10 000 à 300 fois moins ferreuses que le Soleil), que la position de la coupure dépend de la masse de l'étoile mère. Les données indiquant un déficit de Mn et Cr et un excès de Co par rapport au fer dans les étoiles antiques peuvent être expliquées en déplaçant vers l'intérieur la frontière entre matière tombante et volante. Cette explication est en accord avec la quantité de nickel-56 éjectée déterminée par le biais des courbes de lumière des supernovae individuelles, semble-t-il. Ce fait empirique, très délicat, demande une explication physique détaillée et sa découverte peut aider au perfectionnement des modèles d'explosion.

Nous ne sommes pas au bout de nos peines ! Les calculs essentiellement effectués en géométrie sphérique doivent maintenant inclure des effets manifestement ou subtilement anisotropes (jet, rotation...).

La simulation numérique tridimensionnelle est à l'ordre du jour. Les astrophysiciens devraient bénéficier d'avancées considérables en hydrodynamique grâce au développement en France et aux États-Unis de lasers surpuissants, mais c'est une autre histoire[1].

C'est, dans les grandes lignes, ce qu'il faut retenir de l'évolution galactique. Mais l'archéologie stellaire n'en est encore qu'à ses balbutiements. Elle devrait bénéficier dans les années à venir d'une vive embellie grâce, notamment, au VLT et ses spectrographes de haute qualité, pour devenir ainsi une branche majeure de l'astronomie.

Liste de vœux scientifiques

Nous n'insisterons jamais assez sur l'importance de mesures précises d'abondances et sur l'estimation de leur incertitude. Si l'on ne dispose pas de données convenables et si l'on ne sait pas juger de leur qualité, on est incapable d'en tirer la moindre conclusion astrophysique. À cet égard, des campagnes systématiques sont particulièrement souhaitables, aboutissant à la constitution de vastes échantillons homogènes et de bonne qualité. S'il fallait faire une liste de souhaits, ce serait la suivante :

1. L'étude détaillée de l'évolution du carbone et surtout de l'azote qui, pour l'instant, défie toute compréhension.

2. L'établissement d'une relation O-Fe fiable à basse métallicité afin de déterminer le mécanisme de production des éléments légers dans le halo.

3. L'étude soigneuse des métaux intermédiaires Na, Mg, Al, afin de sonder l'effet pair-impair prédit théoriquement.

4. L'étude précise du pic du fer comprenant une exploration dans le domaine des métallicités faibles des abondances de Cr, Mn et Co pour

---

1. J'adresse mes plus vifs encouragements à Jean-Pierre Chièze du CEA et à ses équipes. L'étude détaillée des systèmes doubles avec transfert de masse aboutissant à une situation explosive doit être menée parallèlement, ainsi que celle de l'explosion proprement dite ; ici encore le laser mégajoule devrait être d'un grand secours.

en éclairer l'origine et raffiner les modèles de supernovae (et fixer ainsi de manière plus nette la coupure gordienne).

5. Les mesures conjointes de l'europium et du baryum en fonction de la métallicité et de toute une variété d'éléments lourds afin de suivre la montée progressive du processus-s dans le halo galactique.

Li, Be, B : la polémique de l'oxygène et l'origine des éléments légers

Dans la galaxie jouvencelle (comme nous l'indiquent les étoiles du halo), l'oxygène est surabondant par rapport au carbone et au fer, ce fait est établi depuis de nombreuses années. Mais le débat rebondit sur l'ampleur de cet excès d'oxygène et sur sa variation en fonction de la métallicité.

Un accroissement considérable du rapport O/Fe dans les étoiles de basse métallicité a été rapporté par Israelian *et al.* (1998) et Boesgaard *et al.* (1999), contradictoire avec les données précédentes qui indiquaient un rapport O/Fe approximativement constant.

Or l'oxygène intéresse tout particulièrement l'astrophysique du rayonnement cosmique car sa brisure par collision conduit à la production de noyaux légers : Li, Be, B.

Le rayonnement cosmique galactique est essentiellement composé de protons (et de noyaux d'hélium) rapides. On peut donc supposer que les protons fragmentent une petite fraction des noyaux d'oxygène flottant dans le MIS et les réduisent en lithium, béryllium et bore (mécanisme que nous appellerons pO).

On peut également imaginer que des noyaux d'oxygène éjectés directement par les supernovae et accélérés par celles-ci se brisent sur les nombreux noyaux d'hydrogène présents dans le MIS (mécanisme Op) pour produire aussi bien des noyaux précieux de Li, Be, B.

Ces deux processus étant possibles, on voudrait connaître leur contribution relative à toute étape du développement de la galaxie.

On sait que l'abondance d'oxygène dans le MIS augmente progressivement car ce noyau est produit par les supernovae de type II qui, l'une succédant à l'autre, ajoutent leur lot de fer. Aussi le mécanisme pO est-il susceptible de prendre une importance croissante au fil de l'évolution galactique. En d'autres termes, les indices du mécanisme Op sont à rechercher dans les premières phases de l'évolution galactique, c'est-à-dire dans les étoiles du halo. Il n'en reste pas moins que

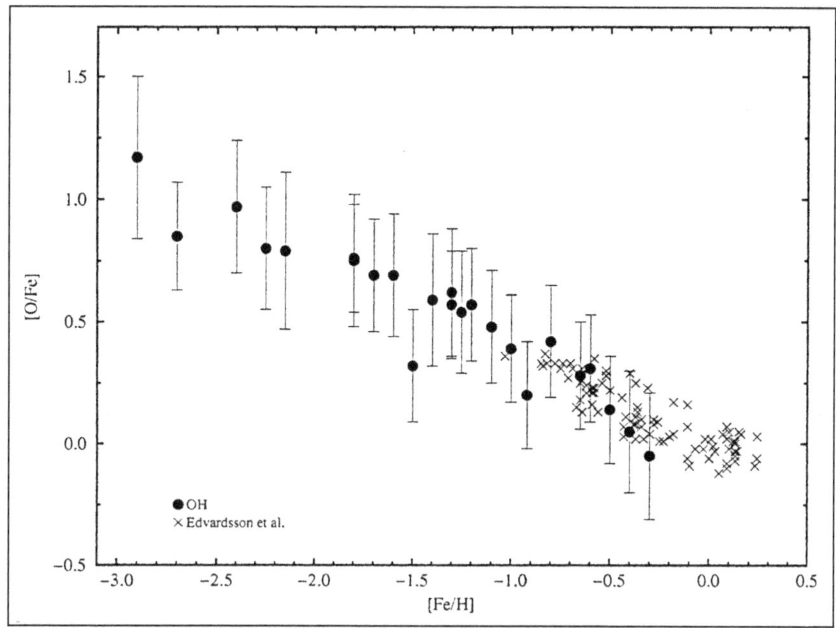

Figure 7 – *Évolution de l'oxygène* *(d'après Boesgaard et collaborateurs).*
Contrairement aux autres éléments-α, l'abondance de O continue à croître aux plus faibles métallicités. Cet effet reste inexpliqué, mais les données elles-mêmes sont contestées.

les deux mécanismes conduisent à des évolutions différentes de Be et B en fonction de O.

Le mécanisme Op conduit à une proportionnalité des abondances de O et Be, par exemple, car ces deux éléments proviennent de la même source, à savoir les supernovae de type II, O directement et Be indirectement (via la fracture de O en Be). Un rapport Be/O constant, indépendant de O/H serait la marque du mécanisme Op.

Une proportionnalité de Be/H à O/H *au carré* serait la marque du processus pO pur[1]. Toute situation intermédiaire indiquerait un mélange des deux processus. L'établissement d'un diagramme Be-O précis et calibré est donc le nœud de l'affaire. Mais pour des raisons

---

1. Cette relation quadratique résulte du fait que le nombre d'atomes d'oxygène est proportionnel au nombre cumulé de supernovae, N et que le nombre de protons rapides est proportionnel, quant à lui à leur taux instantané, dN, c'est-à-dire sa dérivée par rapport au temps. L'abondance des produits de spallation, à savoir l'intégral du produit N dN, est proportionnelle à N^2 et donc au carré de l'abondance d'oxygène. Le formalisme est explicité dans l'article de E. Vangioni-Flam et collaborateurs paru dans *Physics Reports*, 2000, n° 333, p. 365.

pratiques, la mesure effective concerne Fe et non point O dans les étoiles concernées. La conversion de Fe en O est donc la clé du problème.

Si Fe et O sont proportionnels, comme on le croyait jusqu'à très récemment, on conclut à la prééminence du processus Op dans le halo. Si, au contraire, il existe un excès d'oxygène par rapport au fer d'autant plus marqué que la métallicité est faible, le processus pO est amplifié et favorisé.

L'abondance d'oxygène dans le milieu interstellaire et son évolution dans la galaxie naissante dépend de la relation O-Fe adoptée, et avec elle la quantité d'éléments lourds produite par la brisure de l'oxygène par le rayonnement cosmique galactique. Les observateurs s'opposent encore sur la question et il est urgent qu'ils se mettent d'accord, car de leur verdict dépend l'issue de l'origine des éléments légers dans la galaxie naissante.

La situation, pour l'heure, est confuse, mais elle devrait se débloquer grâce à des mesures précises de O et Fe dans les étoiles les plus pauvres en métaux par le VLT.

Selon que l'emporte la nouvelle ou l'ancienne tendance (donc selon l'ampleur de l'excès d'oxygène par rapport au fer), on imputera la production des éléments légers au bon vieux rayonnement cosmique galactique qui n'est rien d'autre que de la matière interstellaire accélérée, ou au contraire à une composante distincte de celui-ci émanant directement des supernovae de type II groupées dans les « superbulles » qu'elles creusent dans le MIS, où une supernova injecte des produits frais de nucléosynthèse (dont l'oxygène) et la suivante, via l'onde de choc qu'elle produit, accélère une fraction des noyaux d'oxygène disponibles et les amène à haute énergie. Dès lors, ils sont susceptibles de se briser à la première collision avec les noyaux d'hydrogène et d'hélium qui pullulent dans le MIS.

Milieu interstellaire :
gaz et poussières

L'analyse de la composition des étoiles est très utilement complétée par celle du milieu interstellaire au moyen des raies d'absorption que celui-ci imprime sur le spectre UV d'étoiles chaudes et brillantes. Les abondances mesurées ne concernent que le gaz qui s'interpose entre l'étoile-source et l'observateur car la matière contenue dans les grains de poussière échappe à la détection.

La comparaison des abondances interstellaires et solaires laisse apparaître des déficiences marquées en éléments qui ont une affinité particulière pour l'état solide (éléments réfractaires), tels le fer et le nickel.

La condensation à l'état solide et l'appauvrissement du gaz concomitante touchent les éléments à des degrés variés. L'oxygène et le zinc, comme les gaz rares, par exemple, en sont quasiment exempts. La conservation à l'état gazeux du second en fait un indice de métallicité précieux pour l'étude des nuages extragalactiques lointains qui sont de même nature que les nuages interstellaires.

Retenez que la diminution (suppression) du nombre d'atomes en phase gazeuse (« *depletion* » en anglais) touche les éléments à divers degrés selon leur caractère volatil ou réfractaire.

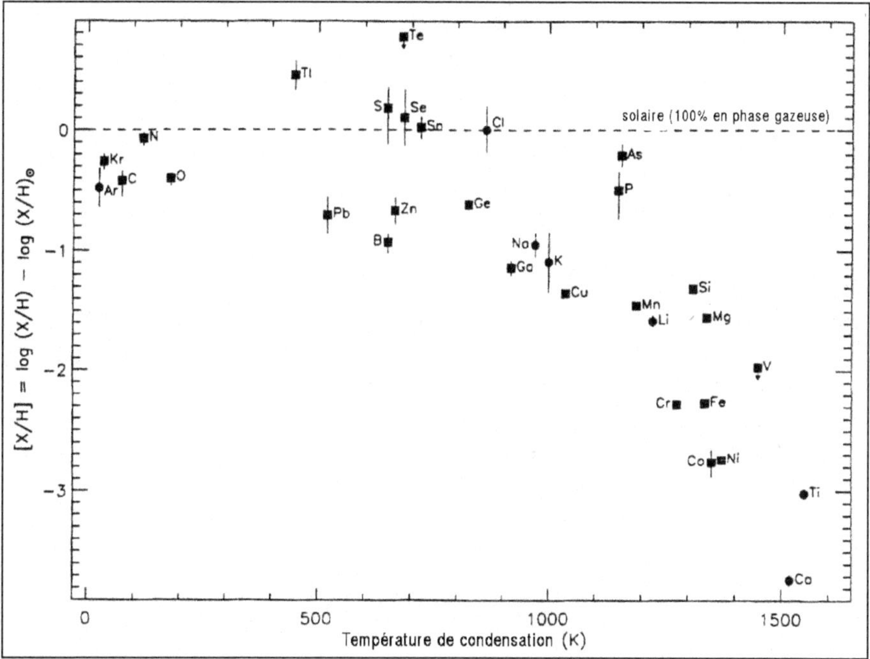

Figure 8 – *Incarcération des éléments dans les grains de poussière.*
Les éléments se précipitent sous forme de grains à des degrés variés selon leur affinité pour l'état solide. Les éléments volatils (température de condensation basse) restent pour la plus grande partie à l'état gazeux. Les éléments réfractaires (température de condensation élevée) sont pour la plus grande partie enfermés dans les grains. Seuls les atomes en phase gazeuse sont détectés par les techniques classiques d'analyse des spectres d'absorption UV. La source lumineuse dont le spectre est décrypté est ici l'étoile chaude Zeta Oph.

Nuages cosmologiques

Non contente de retracer l'évolution chimique de la Voie lactée, l'astrophysique nucléaire donne des dimensions cosmiques à sa quête de l'origine et de l'évolution des éléments.

Toujours obnubilé par les temps premiers (temps de genèse), l'esprit astrophysique s'infiltre dans la jeunesse turbulente des galaxies, jusqu'aux jours orageux de leur prime enfance. Mais plus on recule dans le temps et plus la situation se fait brumeuse. Faute d'étoiles, l'astrophysicien se contente de nuages.

Les quasars, de luminosité extrême, servent ici d'astres éclairants. Leur lumière est interceptée par quantité d'atomes répartis en nuages et l'astronome répète à l'échelle cosmique le geste interstellaire.

Les nuages absorbants sont intergalactiques et non plus interstellaires mais la technique est la même. On repère les raies d'absorption et l'on détermine la composition du milieu absorbant en analysant leur position et leur profondeur. On tire du décalage spectral la vitesse du (des) nuage(s) et ainsi leur distance, selon la procédure cosmologique bien connue.

L'analyse s'effectue sur un certain type de nuages (dits « *Damped Lyman Alpha* » en bref DLA), nuages essentiellement neutres de forte densité de colonne (10^{20} atomes par cm^2).

L'intérêt de la méthode est de permettre des déterminations précises d'abondance à des distances (époques) inaccessibles à l'astronomie stellaire et galactique conventionnelle. L'inconvénient en est que les nuages absorbants appartiennent à des galaxies de type indéterminé car on ne perçoit pas les structures sous-jacentes. D'ailleurs les disparités d'abondance obtenues à redshift donnée viennent en témoigner.

Sur la ligne de visée des quasars gisent quantité d'absorbants de composition et de structure variées.

Les abondances mesurées ne concernent que le gaz, de ce fait elles sont pourries par les poussières qui mobilisent les atomes en quantité variable selon leur affinité pour l'état solide.

Le zinc, qui échappe à l'emprisonnement dans la poussière de notre galaxie, a toute raison de faire de même dans les nuages absorbants disposés sur les lignes de visée des quasars. C'est du moins l'hypothèse que nous faisons, alors que le fer est fortement grevé. Il ne peut de ce fait servir de traceur d'évolution galactique et doit laisser la place au zinc. Cette passation de pouvoir se fait d'autant plus volontiers que dans les étoiles du halo galactique le rapport Zn/Fe est constant jusqu'à très basses métallicités.

Cette observation est toutefois en désaccord avec les modèles ambiants qui, tout au contraire, montrent que la quantité de fer produite par les supernovae dépend fortement de la métallicité, ce qui laisse supposer que la nucléosynthèse du zinc est loin d'être comprise. Mais encore une fois, les faits priment.

Voilà le zinc promu au rang d'indicateur de l'évolution des galaxies (ou protogalaxies) associées au DLA. On vise à travers lui à mesurer l'évolution chimique de l'univers (parce qu'il laisse sa griffe sur les spectres des objets les plus lointains et reste gazeux).

L'évolution de la métallicité en fonction du *redshift*, et par conséquent du temps si l'on se donne un modèle cosmologique) nous renseigne principalement sur l'évolution du taux d'explosion de SNII dont le zinc est originaire, et donc sur le taux de formation d'étoiles massives et par extension sur le taux de formation d'étoiles de toutes masses, si l'on suppose une distribution de leur masse invariable et universelle (dossier 5).

L'évolution des rapports d'abondance X/Zn en fonction du *redshift* nous renseigne sur l'évolution du rapport des taux de SNIa et SNII.

Les abondances relatives des DLA peuvent être utilisées pour retracer l'évolution des galaxies (ou des halos) qui les contiennent sur des échelles de distance et de temps considérables. On est curieux de comparer l'évolution cosmique (Zn) à celle de la galaxie (Fe), ramenée à la même unité temporelle. On aimerait également retrouver dans les DLA la surabondance d'éléments α constatée dans les étoiles du halo galactique, ce qui renforcerait l'image d'une forte imprégnation des galaxies par les SNII.

On comprend le vif engouement que suscitent ces nuages. Mais pour l'instant, le résultat n'est pas à la mesure de l'attente.

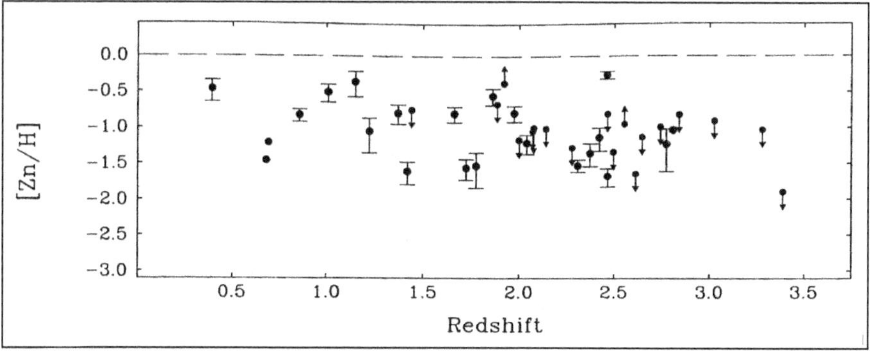

Figure 9 – Zinc dans les nuages cosmologiques.

On constate avec surprise que le zinc des DLA n'évolue pratiquement pas sur une gamme de *redshifts* allant de 4 à 0,5, alors que la formation d'étoiles, déduite de l'évolution de la couleur des galaxies en fonction de z, indique le contraire.

On en vient à douter de la représentativité des DLA et même à invoquer un effet de sélection observationnel. Comme l'ont montré Patrick Boissé et ses collaborateurs, les DLA pourraient contenir de grandes quantités de poussière qui les obscurciraient et rendraient difficile leur détection.

Les données montrent une dispersion considérable, supérieure à la barre d'erreur attachée à chaque mesure, ce qui laisse penser qu'une grande variété de galaxies de tout type morphologique (elliptiques, spirales, irrégulières) est impliquée, et que les lignes de visées interceptent nombre d'objets hétéroclites. En d'autres termes, les DLA composent toute une faune. La solution est peut-être dans une forme d'analyse inspirée par la zoologie : il convient d'améliorer la statistique de l'échantillon, d'identifier des catégories sur la base de propriétés communes et de subdiviser les populations. Alors peut-être fera-t-on apparaître des caractéristiques plus intelligibles. Courage et VLT !

Conclusion

La cosmologie moderne est un récit physico-mathématique de la création de l'univers à partir du néant ou d'un presque néant, de sa composition, de sa structure et de son évolution. Toute la subtilité est dans ce « presque ». Un discours parfaitement rationnel sur l'origine de l'univers, prise absolument, paraît cependant impossible parce qu'au commencement, les termes de temps, d'espace et d'énergie ne sont pas définis. Le temps zéro est un instant dans un temps qui n'existe pas encore. La quête de l'origine, ou plutôt du mirage de l'origine, demeure le moteur essentiel de la cosmologie. Toutefois, pour fuir les apories du commencement et les catastrophes conceptuelles qu'il suscite, on pourrait assigner un but plus modeste aux sciences du ciel qui serait simplement, dans un premier temps, de donner un sens à quelques mots d'envergure cosmique, tels que *univers, matière, lumière, Big Bang, étoile*, et nouvellement, *quintessence*. L'explicitation de cette sémantique cosmique conduit aux définitions (provisoires) suivantes.

L'*univers* est ce qui s'étend, il se prouve par le mouvement, l'*expansion* (qui semble s'accélérer sans rémission ni espoir de retour), et l'*évolution* (marche irréversible vers la complexité des structures atomiques). Ses composantes sont la *matière* et la *quintessence*. La matière est ce qui pèse, gravite et courbe l'espace. En ce sens, la lumière est matière, forme matérielle neutre. La quintessence est l'état latent (invisible, impalpable) de la nature ; la physique moderne lui donne un contenu énergétique et une gravitation répulsive.

Lumière et matière sont sujettes à transformation réciproque. Le *Big Bang* est l'événement qui transforme la lumière en matière. L'*étoile* est le lieu où la matière se transforme en lumière. Ces transformations ne sont que partielles.

Le bal de la chaleur est redonné dans chaque étoile. Condensant et réchauffant la matière en son sein, elle est l'anti-Big Bang qui compense l'échec nucléaire de l'événement originel, dû à une dilution trop vive, par une lente concentration. Elle confectionne le carbone et les éléments suivants et joue de ce fait, dans l'économie générale de l'univers, le rôle de pourvoyeur d'atomes et de vie, car les éléments lourds, combinés à l'hydrogène originel, s'enchaînent en molécules dans l'ombre et la fraîcheur des grands nuages interstellaires. Une fraction infime de matière atomique constitue l'humain. Au demeurant, l'espèce humaine est de fort peu de poids par rapport à la galaxie (le rapport de leur masse est de 10^{31} environ). Est-ce cette légèreté de papillon qui l'incite à se précipiter vers les flammes des commencements ?

L'histoire géométrique (expansion) de l'univers impose à la matière et au rayonnement une succession de métamorphoses, déterminée par la dilution et le refroidissement, mais non à la quintessence, qui demeure essentiellement constante. Échappant à la dispersion, elle finit par dominer toutes les autres formes d'énergie.

Comment la vie est-elle possible dans un univers menacé de dilution et de refroidissement perpétuels par l'expansion et la quintessence qui la nourrit ? Il faut en remercier la *gravitation*. Certes, la densité et la température moyennes de l'univers ne font que décroître au fil du temps sous l'effet de l'expansion de l'espace, mais localement, l'attrait de la matière pour la matière a accompli son œuvre constructrice, isolant des structures et les mettant à l'abri du courant de divergence universelle, faisant germer et prospérer les étoiles dans le giron gazeux des galaxies.

Au plan thermique, l'histoire cosmique est décrite comme un refroidissement généralisé induit par la dilatation de l'espace, mais de place en place, dans certaines régions, les étoiles, matière incandescente dans un océan froid, concentrent et portent la matière à haute température.

Dans la Voie lactée, véritable parc naturel du cosmos, a prospéré toute une flore d'étoiles dont l'échancrure a laissé fuir les graines bénéfiques. La chair des humanités futures est là, dans les débris des étoiles explosées. Au début, la galaxie était gaz sans étoiles, à la fin elle sera étoiles sans gaz. Elle s'éteint doucement et l'élément de nombre de masses 56, le fer, maître de dureté auquel on promettait le plus bel avenir, vu sa noble constitution, ne dépassera jamais le vieil hélium. Le plus parfait n'est pas celui qui règne (si l'on excepte le un, l'hydrogène).

Après que des générations et des générations d'étoiles se furent succédé, un astre modeste de la périphérie galactique se sépara de son nuage mère et s'entoura de planètes. Sur l'une d'elles émergea la vie puis la conscience. Et aujourd'hui, la matière qui pense se penche sur son passé de matière inerte, stellaire et nuageuse. Un jour, le Soleil mourra géant et rouge, victime d'un acte de démesure, et tous les atomes des morts, des pierres et des fleurs seront en lui. Les atomes de la Terre seront rendus au ciel.

L'existence des atomes est maintenant pleinement reconnue. Nous avons été en mesure de déterminer leurs sources cosmiques au prix d'un admirable travail expérimental et théorique, impliquant les physiques atomique et nucléaire. Mais c'est en cet instant de triomphe que l'atome nous glisse entre les doigts et fait sa révérence : le ciel est comme désatomisé, dénucléarisé. Et l'époque est celle qui déclare l'insignifiance cosmique de l'atome, après l'avoir intronisé ! Un grand nombre d'études cosmologiques suggèrent aujourd'hui qu'environ deux tiers de l'univers existent sous forme d'une composante de pression négative (exerçant donc une gravitation répulsive) appelée « quintessence » et le tiers restant de matière noire, non atomique. Dans l'avenir, l'étude de la statistique des lentilles gravitationnelles à grand décalage vers le rouge, combinée à celle du rayonnement cosmologique fossile et de la distribution de la matière à grande échelle, devrait permettre de déterminer les caractéristiques physiques de l'énergie invisible que recèle l'espace.

Avec l'extension du concept d'univers, l'astronomie avait connu tout au long de son histoire une série de révolutions coperniciennes. Au début, l'univers se confondait avec le système solaire (Aristote, Ptolémée), puis il fut identifié à la galaxie, et enfin à tout le système des galaxies. De millénaires d'astronomie ressortent les résultats suivants :

1. la Terre n'est pas au centre du système solaire,
2. le Soleil n'est pas au centre de la galaxie,
3. la galaxie n'est pas au centre de l'univers,
4. l'étoile est la mère des atomes,
5. la matière atomique n'est que l'écume de la matière universelle.

L'univers n'a pas de centre. Aucun lieu privilégié ne le désigne. Le glas de l'anthropocentrisme a-t-il définitivement sonné ? Nous disons « non ! ». L'espace est perdu, mais le temps est retrouvé [1].

Nous sommes au temps béni où la matière parle. L'amnésie cosmique, l'homme y pallie par la science.

La connivence entre le ciel et la Terre est bien plus étroite que le pensent les astrologues. Le lien géométrique est remplacé par un lien généalogique. L'étoile est mère des atomes. Il n'y a plus de Ciel de la prédestination. Orphelin de Ciel, en perdant le zodiaque nous gagnons l'univers.

Là où semblait régner l'ordre et le silence mécanique de la mort apparaît l'exubérance vitale. Le chemin qui conduit de la multitude de particules anonymes et abstraites engendrées par le Big Bang à la variété infinie des formes et des états, à l'émouvante intimité des choses, ce chemin passe nécessairement par l'étoile, l'étoile par le

---

1. Cf. Michel Cassé, *Histoire du ciel*, Paris, Payot, 1999.

nuage, le nuage par la lumière, la lumière par le vide primordial. Il y a une chaîne physique de la genèse, une *généalogie de la matière.*

Telles furent jadis les bonnes fortunes des atomes. Il y eut des nœuds secrets, des hymens nucléaires et voici qu'on ouvre à tous les vents l'histoire de tous les temps. Lucrèce reprend son chant. Les supernovae éclatent de rire à la face de l'univers.

Matière et énergie invisibles

Lexique

BIG BANG : acte inaugural de la cosmologie.

BOSONS : particules de spin entier.

COURBE DE ROTATION : variation radiale de la vitesse de rotation des étoiles ou du gaz d'une galaxie spirale.

DENSITÉ CRITIQUE : ligne de partage entre univers ouvert et fermé.

FERMIONS : particules de spin demi entier.

LENTILLES GRAVITATIONNELLES : objets denses et massifs qui dévient la lumière et multiplient et intensifient les images des sources célestes.

MATIÈRE NOIRE : matière non vue, voire invisible.

MATIÈRE NOIRE BARYONIQUE : matière noire constituée de baryons insuffisamment lumineuse pour être observée.

MATIÈRE NOIRE NON BARYONIQUE : matière noire constituée de neutrinos ou de neutralinos.

NEUTRALINOS : particules hypothétiques dont l'existence est prédite par la théorie supersymétrique des particules.

QUINTESSENCE : substrat de pression négative exerçant une gravitation répulsive.

SUPERSYMÉTRIE : extension du modèle des particules élémentaires qui fait valoir l'existence de contreparties aux bosons et aux fermions habituels.

Deux types d'arguments ont été allégués en faveur de l'existence d'une substance invisible, le premier est *dynamique* et procède de l'étude du mouvement sous l'effet de la gravitation, le deuxième relève de la nucléosynthèse du Big Bang, c'est-à-dire de la cosmologie *nucléaire* (cosmologie + physique nucléaire).

Preuve dynamique

Premièrement, si l'on suppose que la lumière fait foi, la plus grande partie de la masse de la galaxie, comme de ses semblables, doit être concentrée dans le *bulbe galactique*, renflement marqué et rougeoyant d'étoiles. Donc, dans l'hypothèse où la masse des objets lumineux est représentative de la masse totale des galaxies, toute galaxie spirale devrait se comporter comme un vaste système solaire, les étoiles et nuages jouant le rôle de planètes et le bulbe galactique celui de Soleil.

Selon la loi de Newton, la vitesse circulaire d'un objet en orbite autour d'un centre devrait décroître avec la distance au centre. S'agissant des galaxies en forme de disque, en général, et la nôtre en particulier, on observe cependant que les vitesses circulaires sont à peu près indépendantes du rayon à partir d'une certaine distance au centre. Les étoiles de la partie externe de la galaxie tournent trop vite autour de leur centre commun pour honorer la loi de la gravitation, sauf à imaginer la présence massive de matière non manifeste.

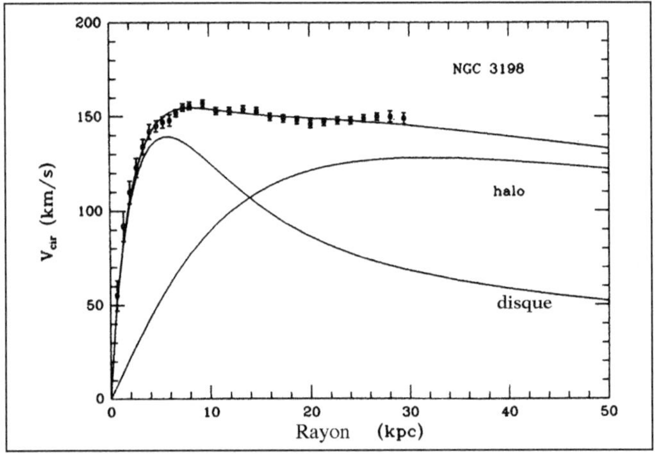

Figure 1 – *Vitesse de rotation en fonction de la distance au centre de la galaxie NGC 3198.*
La partie plate de la courbe ne peut être expliquée qu'en faisant l'hypothèse de l'existence d'un halo massif de matière sombre. Les points correspondent à l'observation, les lignes aux contributions du disque et du halo, calculées au moyen d'un modèle approprié.

Soit r le rayon, m la masse d'un objet test et M la masse de la galaxie incluse dans le rayon r, si pour rendre compte de ce phénomène on suppose que v (r) est constante dans l'équation d'équilibre entre attraction gravitationnelle et force centrifuge $GmM/r^2 = mv^2/r$, alors la masse M croît en proportion du rayon. La masse n'est donc plus confinée au bulbe galactique, elle est répartie de manière uniforme dans une sphère dont la dimension est très supérieure à celle du disque galactique. Un énorme halo de matière invisible enserre la Voie lactée et la plupart de ses semblables.

On suppose ainsi que les excès de vitesse (de rotation) commis dans la périphérie galactique sont dus à l'existence d'un halo massif de matière invisible. La matière noire doit y être dix fois supérieure en quantité (1 000 milliards de fois la masse du Soleil) à la matière qui se laisse voir. Par extension, le halo de toutes les galaxies spirales est censé contenir dix fois plus de masse environ que le disque visible.

Rêve noir : dans le halo de la Voie lactée roulent peut-être des objets compacts, sombres et massifs, étoiles noires ou nuages d'encre. Rien de tel pour exciter la curiosité des astronomes. Certains d'entre eux ont imaginé que le halo ne serait qu'un vaste cimetière céleste où s'entassent cadavres stellaires et étoiles avortées.

Cependant, la fraction du halo sombre de notre galaxie dont peuvent rendre compte les baryons (étoiles de faible luminosité et objets compacts massifs non lumineux) ne dépasse pas 20 % selon les dernières estimations fondées sur les altérations que produirait une population d'objets compacts massifs enserrant la galaxie sur la lumière des étoiles des Nuages de Magellan.

On en a conclu que le halo de notre galaxie, et probablement celui des autres spirales de même type, n'est pas fait essentiellement de matière ordinaire, c'est-à-dire atomique.

Observant non plus les galaxies mais les amas qu'elles constituent, les astronomes détectent au moyen de leurs télescopes sensibles aux rayons X un brouillard brûlant. Des observations récentes du satellite allemand ROSAT ont établi que sa masse est supérieure à celle de toutes les galaxies amassées. De surcroît, la répartition de ce gaz permet d'en déduire la masse totale de l'amas, et en divisant par le volume, sa densité. Celle-ci s'élève à environ 20 % de la densité critique. Ces calculs, fondés sur des hypothèses géométriques simples, pourraient cependant sous-estimer la masse des amas étant donné la complexité de leur structure et de leur dynamique interne.

Pour résumer la preuve dynamique, les télescopes révèlent l'architecture et la trame du cosmos à toutes les échelles : planètes, étoiles, galaxies, amas de galaxies, s'encastrent comme des poupées gigognes. Et apparaît soudain la nécessité de la *matière noire* car sans elle les étoiles des bords de notre galaxie s'envoleraient et se disperseraient les essaims de galaxies que constituent les amas.

Densités cosmologiques

1. Densité critique

La densité critique est, par définition, celle qui, traditionnellement, dans le modèle d'univers le plus simple (sans constante cosmologique ou quintessence) sépare le cas *fermé* (fini) du cas *ouvert* (infini). Elle correspond à un univers d'énergie totale nulle, où l'énergie cinétique (d'expansion) est compensée exactement par l'énergie potentielle gravitationnelle. La densité critique a pour valeur 10^{-29} g cm^{-3}, ce qui ne représente pas grand-chose à l'aune d'un morceau de fer !

Le modèle cosmologique classique prévoit trois avenirs possibles pour notre univers.

a) Une expansion continue et sans fin si la force de rappel de la gravitation et donc la densité de matière sont insuffisantes pour freiner et inverser le mouvement d'expansion général. On dit que l'univers est *ouvert*.

b) Une rétraction globale consécutive à la phase d'expansion actuelle se soldant par un effondrement gigantesque si la densité de matière est suffisante pour finir par vaincre le mouvement général d'expansion. On dit que l'univers est *fermé*.

c) Une expansion ralentie indéfiniment si la densité de matière a juste la valeur requise pour compenser exactement le mouvement d'expansion général, c'est-à-dire la densité critique, de l'ordre de 1 proton par dix mètres cubes.

2. Densité de matière lumineuse

L'analyse systématique de la lumière des galaxies dans un volume donné, de plusieurs millions d'années-lumière de dimension, conduit à préciser la luminosité de l'univers actuel par unité de volume. Étant donné la couleur moyenne de l'échantillon observé, on lui affecte, par analogie avec des populations stellaires connues, une certaine masse. Une population d'étoiles de type solaire, par exemple, émet 2 erg par gramme puisque la luminosité du Soleil est de $4\ 10^{33}$ erg et que sa masse est de $2\ 10^{33}$ grammes. De la lumière recueillie, on déduit la lumière émise et de cette dernière, la quantité de matière rayonnante.

3. Lentilles obscures

Si l'existence de la matière sombre ne fait plus de doute, sa nature reste indéterminée.

À l'échelle des galaxies spirales, l'existence de la matière noire est inférée de la mesure de la variation de la vitesse des objets (gaz et étoiles) en fonction de la distance au centre de ces galaxies. À plus grande échelle, l'une des méthodes les plus puissante pour révéler la matière noire est *l'optique gravitationnelle*, qui se sert des agrégats de matière comme de lentilles.

Des groupes entiers d'astronomes s'évertuent à détecter ce qu'il est convenu d'appeler le « *weak lensing* » ou « *micro lensing* », c'est-à-dire les faibles effets de focalisation de la lumière par les objets massifs, qui servent de ce fait de lentilles gravitationnelles, produisant une légère distorsion des images des galaxies d'arrière-fond. Cette technique, semble-t-il, donnerait le meilleur accès à la matière invisible que les astronomes et les astrophysiciens considèrent comme la composante majeure de l'univers (après peut-être la quintessence), matière sombre prise, cette fois, dans son immensité cosmique.

Une équipe française, animée par Yannick Mellier et Bernard Fort de l'Institut d'Astrophysique de Paris, a été en mesure, au moyen du télescope CFHT (Canada-France-Hawaï), de révéler ainsi la superstructure colossale de matière noire le long de laquelle s'alignent les galaxies. Les détails de cette architecture inapparente, ses inflexions, son maillage et ses ondoiements recèlent une information précieuse sur l'enfance de l'univers et la croissance de son squelette invisible.

Pour faire apparaître la trame cachée du cosmos, les astronomes ont étudié la lumière qui émane de galaxies éloignées de plusieurs milliards d'années-lumière de nous. Elles apparaissent comme de pâles figures sur le ciel. La gravitation de la matière noire interposée entre elles déforme leur image, aplatissant légèrement leur ellipse. Des ellipses voisines pointent dans la même direction, désignant ainsi le responsable de leur déformation.

Mais ces effets gravitationnels sont très légers, et les astronomes doivent éliminer tous les effets parasites liés aux imperfections optiques des instruments et aux turbulences atmosphériques.

Cette mesure ouvre une brèche dans la matière noire qui, sans briller, se laisse au moins dessiner. La nouvelle est accueillie avec enthousiasme par tous les astronomes qui ne rêvent que de délimiter des contours et déterminer des masses. Somme toute, pour l'astronomie gravitationnelle comme pour les physiciens des particules, voir c'est éclairer et analyser la déviation du faisceau éclairant qui les renseigne sur la nature intime de l'écran (de la cible). Incontestablement, dans les années qui viennent, l'optique gravitationnelle est promise à devenir un moyen effectif pour établir la carte à grande échelle de la matière noire de l'univers.

Quantitativement, la densité de *matière nucléaire* dans l'univers est estimée à 2-5 % de la densité critique définie ci-dessus. La densité de matière visible, ou plus exactement *lumineuse* atteint à peine *5 pour mille*. Où est passée la différence ? Dans la matière noire baryonique. Commençons donc par balayer devant notre porte. Le problème de la matière noire nucléonique est la motivation principale de la recherche de *microlentilles gravitationnelles* dans le halo de notre galaxie que nous allons maintenant décliner.

On remarque que la densité baryonique (2-5 %) est de *l'ordre de grandeur* de la densité galactique indiquée par les courbes de rotation (5 %). Il est donc tout à fait raisonnable de faire l'hypothèse qu'une grande partie de la matière galactique trouve refuge dans des objets massifs compacts (OMC) qui feraient un essaim autour du disque brillant. Les OMC sont-ils voués à rester cachés à jamais ?

Paczynski, astronome polonais de grand renom, eut la brillante idée de recourir à *l'optique gravitationnelle* pour les débusquer, en mettant à profit la déviation gravitationnelle de la lumière des étoiles des Nuages de Magellan, galaxies proches captives de la nôtre.

Le déflecteur (lentille) invisible joue le rôle de la pièce de verre pour l'opticien. On lui emprunta donc le terme de *lentille* auquel on adjoint l'épithète *gravitationnelle* pour bien signifier la provenance de la déviation des rayons lumineux. Le phénomène met en jeu trois protagonistes : l'observateur (O), l'astre-lentille (L), l'étoile-source (S). À condition que l'astre-lentille se trouve à moins de 1 millième de seconde d'arc de la ligne de visée de l'étoile-source, les rayons lumineux peuvent parvenir à O par deux chemins différents.

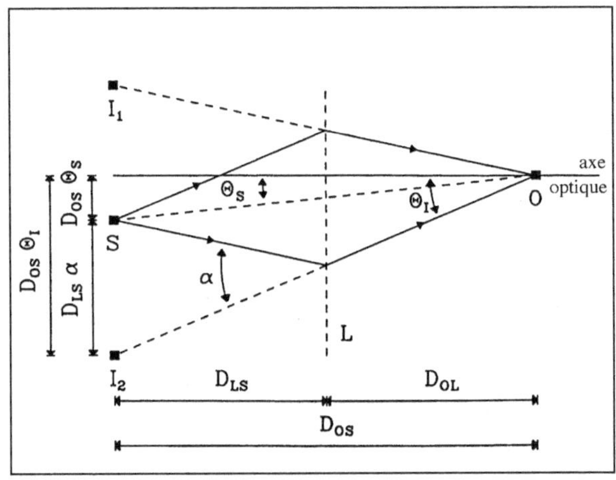

Figure 2 – Lentille gravitationnelle.
α *est l'angle de déviation du rayon lumineux. La position intrinsèque de la source dans le ciel est θs, alors qu'elle est observée à la position θi.*

Deux images se forment alors qui se superposent, en faisant apparaître la source plus brillante qu'elle n'est en réalité et l'amplification lumineuse qui en résulte de manière éphémère est susceptible d'être mesurée.

L'importance des (micro) lentilles gravitationnelles comme révélateurs de masse occulte est maintenant reconnue et utilisée universellement pour révéler l'existence, la distribution et la quantité de matière noire. Elle est appliquée à différentes échelles, celle du halo de notre galaxie n'étant pas de moindre importance.

Des objets compacts et sombres logés dans le halo galactique produiraient des variations temporelles de brillance apparente des étoiles des Nuages de Magellan, situées en arrière-fond, en raison de la focalisation des rayons lumineux et du mouvement relatif de l'observateur, de l'astre-lentille et de la source. L'intensification changeante des images (non résolues) occasionnée par le mouvement relatif de la source, de la lentille et de l'observateur est mesurable. La durée de l'amplification est une mesure de la masse de l'objet-lentille.

Si la matière noire du halo de la galaxie est constituée d'objets de masse approximativement stellaire (jupiters, naines brunes ou blanches, étoiles à neutrons, trous noirs), alors l'amplification occasionnelle d'une étoile d'arrière-plan, due au passage d'un tel objet sur la ligne de visée d'une étoile donnée, doit se solder par un changement d'éclat de ladite étoile.

L'amplification apparente d'une étoile quasi occultée par un OMC est due à une distorsion de l'espace-temps, vous diront les *relativistes*, elle est de ce fait indépendante de la longueur d'onde de la lumière, et donc *achromatique* (non modifiée par la couleur) et symétrique dans son inflexion temporelle, ce qui permet de la sélectionner parmi des légions d'autres fluctuations lumineuses imputables aux variations réelles de luminosité de certains types d'étoiles.

La brillance de millions d'étoiles des Nuages de Magellan a été placée sous haute surveillance. La difficulté de l'affaire est la très faible probabilité des événements positifs. À chaque instant, seule une étoile des Nuages de Magellan sur dix millions est susceptible de montrer un signe d'amplification gravitationnelle.

Au terme de huit ans d'écumage acharné des Nuages, la pêche est maigre. À peine compte-t-on une dizaine de cas favorables, et encore certains sont-ils contestés, ce qui laisse supposer que les OMC ne puissent constituer la solution du problème de la matière nucléaire sombre de notre galaxie et de toutes les autres. Peut-on au moins retirer un enseignement des quelques cas dont on dispose ? Quelle est la masse caractéristique des objets ? On a pu montrer que l'amplification est d'autant plus longue que la masse de l'astre-lentille est élevée.

Surprise ! Aucun événement de durée inférieure à deux semaines n'a jamais été observé et la masse moyenne que l'on infère est d'un demi-soleil, ce qui exclut les naines brunes et rouges mais favorise les blanches. Cependant, la présence trop nombreuse de ces vestiges d'étoiles de masse intermédiaire (1 à 8 $M_\odot$ à la naissance) entrerait en conflit avec l'astrophysique traditionnelle, car elle impliquerait une nucléosynthèse frénétique lors de la formation du halo galactique. Ainsi, la nature des OMC demeure mystérieuse.

Peut-on, pour finir, déterminer la fraction de masse du halo que l'on peut concéder à la matière nucléaire, à la matière constituée de quarks, puisque tel était notre but ? Si l'on s'en tient pour l'instant à une argumentation de fait, cette fraction ne dépasserait pas 20 % selon les dernières estimations des astrophysiciens américains. Cette estimation n'est pas en désaccord avec celles plus prudentes des Français.

Par conséquent, on est amené à admettre que les OMC ne sont pas les principaux constituants du halo obscur de notre galaxie ni de ses semblables. On en vient à admettre que le Soleil et les étoiles sont perdus dans un halo d'obscurité, au milieu d'une nuée de *neutralinos*, particules hypothétiques dont l'existence est prédite par les théories des particules dites *supersymétriques*.

Preuve nucléaire

Deuxièmement, en ces derniers temps ont fleuri les modèles cosmologiques dont l'un fut promu à grande renommée : le Big Bang, théorie simple et à haut pouvoir prédictif. Il s'agit de l'événement exceptionnellement chaud et dense qui inaugure la cosmologie. La première énigme qu'il résout est que toutes les étoiles sont invariablement faites d'hydrogène et d'hélium, avec des traces d'éléments plus lourds. Ces derniers sont quasi inexistants dans les étoiles les plus vieilles et représentent environ 2 à 3 % de la masse des plus jeunes. La teneur en hélium (environ 25 % de la masse) est le résultat d'une chaîne de phénomènes qui opéra au cours des premières minutes de l'histoire universelle. Cette chaîne implique l'interaction dite *faible*, débile et lente par rapport aux interactions forte et électromagnétique ; interaction faible qui gouverne la conversion du proton en neutron et vice versa avec envol de neutrino (antineutrino), et la durée de vie du neutron libre. Les neutrons libres ont une espérance de vie limitée (10 minutes environ), mais avant de disparaître, l'occasion leur est offerte de se combiner aux protons, et c'est effectivement ce qu'ils font. Ainsi se manifeste pour la première fois la physique nucléaire dans l'univers.

À ce stade, un premier commentaire s'impose. Si le neutron avait été de masse strictement égale au proton, il aurait été stable. On peut en conclure que la quantité d'hélium produite au cours du Big Bang a été déterminée par au moins deux faits majeurs :

— l'instabilité native du neutron, dont le nombre diminue environ de moitié en dix minutes ;

— la lenteur relative de l'interaction faible, qui explique par ailleurs la pérennité du Soleil.

L'univers primordial peut être raisonnablement décrit comme un gaz dilué de particules et de rayonnement en équilibre thermique, uniquement caractérisé par sa densité et sa température instantanées. L'expansion de l'espace entraîne une dilution et un refroidissement de ce gaz.

La phase fondatrice occupe moins d'une seconde, mais elle préside à l'émergence des composantes stables de l'univers matériel — protons, neutrons, électrons et photons — ainsi que des quatre forces distinctes destinées à les organiser.

À la première minute, une flambée de réactions nucléaires a lieu, qui laisse pour cendres des noyaux légers : deutérium, hélium-3, hélium-4 et lithium-7. Les quantités d'éléments légers formées dans le Big Bang dépendent essentiellement de la *densité nucléaire* de l'univers, c'est-à-dire du nombre moyen de protons et de neutrons au centimètre cube dans l'univers, car les noyaux légers sont créés par des réactions *nucléaires* où la matière noire ne joue aucun rôle. En mettant en regard les valeurs calculées avec les teneurs de ces divers éléments mesurées dans les objets astronomiques les plus anciens, on déduit que la densité de matière nucléaire n'est au grand maximum que 5 % de *la densité critique*. Or, la meilleure théorie cosmologique du moment — celle de *l'inflation cosmologique* — prétend que l'univers possède, justement, la densité critique. Cette conclusion est de surcroît accréditée par des observations récentes afférentes aux *supernovae lointaines* et au *rayonnement cosmologique fossile*.

Il n'y a pas de lumière plus ancienne. Elle date des premiers instants de clarté de l'univers.

Les minuscules variations de température détectées par le satellite COBE et maintenant deux expériences transportées en ballons stratosphériques (*Balloon Observations of Millimeter Extragalactic Radiation and Geophysics* — BOOMRANG et *Millimeter Anisotrophy Experment Imaging Array* — MAXIMA), sont les indices d'une légère granularité de l'univers juvénile. Les taches froides correspondant à des flocules de densité plus élevée que le fond, décalent, par effet gravitationnel, la lumière vers le rouge et font apparaître le rayonnement fossile légèrement plus froid. Ces régions servent de germe de condensation aux futures galaxies. Les taches chaudes, quant à elles, deviendront d'immenses orifices.

Le diamètre angulaire des taches est de 1 degré environ. Leur diamètre linéaire (réel) estimé à ct (où c est la vitesse de la lumière et t = 300 000 ans, marque le moment où l'univers est devenu transparent).

Ce diamètre angulaire de 1 degré, mesuré 14 milliards d'années plus tard, signifie que les rayons lumineux sont restés parallèles sur tout le trajet, et donc que l'univers est globalement euclidien.

Au croisement des données émanant i) de l'étude des supernovae lointaines et ii) du rayonnement cosmologique fossile est donc un univers euclidien, qui contient juste ce qu'il faut de matière et d'énergie pour redresser la géométrie. L'univers euclidien va à la cosmologie comme un gant.

Cosmologie nucléaire
Nucléosynthèse primordiale

L'édifice théorique du Big Bang repose sur trois piliers :

1) la distribution uniforme de matière à grande échelle et l'expansion isotrope qui la préserve ;

2) l'existence d'un rayonnement de fond quasi uniforme et de nature précisément thermique (rayonnement cosmologique fossile) ;

3) l'abondance (par rapport à l'hydrogène) des éléments légers, deutérium, hélium-3 et 4 et lithium-7.

La fuite des galaxies accrédite la notion générale d'expansion de l'univers. Le rayonnement cosmologique fossile fournit l'indéniable évidence d'un début chaud et dense. L'existence des atomes légers dans les proportions mesurées porte témoignage d'une synthèse nucléaire primitive.

La nucléosynthèse primordiale soumet la cosmologie du Big Bang à l'épreuve du feu, ou plutôt des cendres, car cette époque brève, mais brillante et fertile, s'achève en laissant derrière elle une série de noyaux légers que l'on retrouve partout dans la nature : hydrogène avant tout, et hélium, le 1 et le 2, qui font ensemble 98 % de toute la masse de la matière atomique de l'univers.

Les paramètres fondamentaux du problème que sont le temps de vie du neutron (887 secondes) et le nombre d'espèces de neutrinos (3) sont donnés par la microphysique actuelle.

À l'instant qui nous intéresse ici (t = 1 seconde), la densité d'énergie du rayonnement est supérieure à celle de la matière : nous sommes à l'ère radiative.

L'interaction faible étant la plus lente de toutes sera la première à ne plus pouvoir suivre le rythme de l'expansion de l'univers. Les neutrinos qui en sont les indices et les fruits seront donc la première espèce visée par le « découplage », c'est-à-dire l'exclusion sociale.

À la première seconde, les neutrinos refroidis par l'expansion cessent d'interagir avec la matière (protons et neutrons) et se séparent de celle-ci, la laissant libre de structurer son noyau. Des réactions fertiles s'engagent entre protons et neutrons. Mais l'instabilité des espèces de masse 5 et 8 vient briser là cette première tentative d'édification nucléaire. Les deux espèces de nucléons, proton et neutron, se distribueront dans toute une variété de noyaux, depuis l'hydrogène jusqu'au lithium-7, de manière très inégalitaire.

Le nœud de la nucléosynthèse primordiale des éléments légers est l'hélium :

1. de par l'extrême stabilité de son noyau, de nombreuses réactions nucléaires aboutissent à lui, court-circuitant les noyaux voisins ;

2. de par l'instabilité totale de sa progéniture (noyaux de masse 5 et 8), la chaîne de montage des noyaux est brisée à la masse 7.

Ce n'est que bien plus tard que les étoiles poursuivront l'œuvre de complexification nucléaire en favorisant les unions triples du type 3 ^{4}He → ^{12}C que le Big Bang était bien incapable de mettre en œuvre en raison de la dilution rapide qu'il suppose.

Un proton et un neutron mis ensemble font un noyau de deutérium, passage obligé de toute la chaîne nucléaire. Au commencement, ce fragile

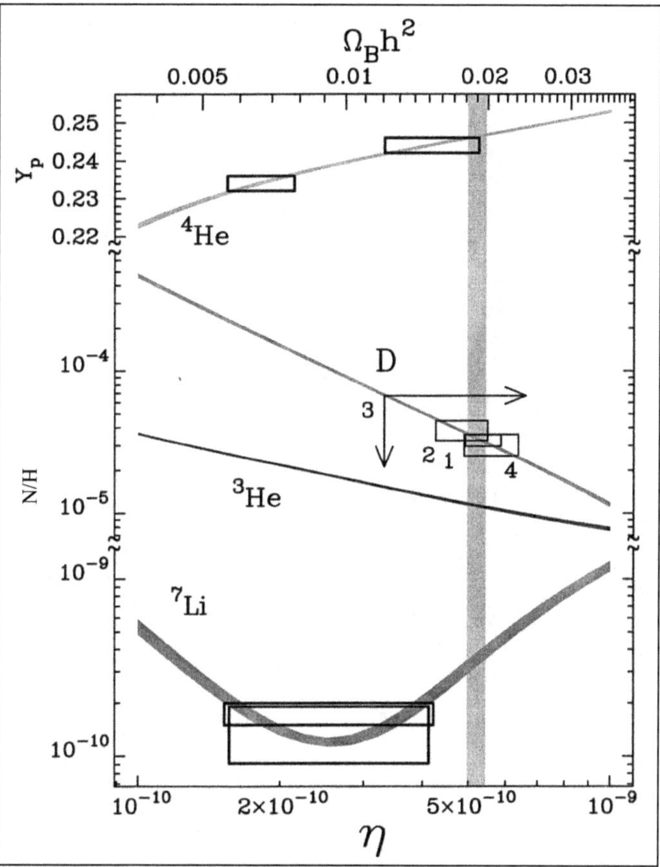

Figure 3 – *Abondances prédites par la théorie de la nucléosynthèse primordiale comparées aux observations* (*d'après Tytler*).
En abscisse, le rapport nombre de baryons/nombre de photons (η), en ordonnée, la fraction de masse de l'hélium et les rapports numériques D/H, ^{3}He/H, ^{7}Li/H. Les données d'observation sont représentées par des boîtes, dont la hauteur reflète la barre d'erreur. S'agissant de l'hélium et du lithium, deux boîtes sont dessinées, ce qui indique des divergences entre observateurs. Le deutérium est la clé de l'énigme, mais sa mesure est délicate. Le domaine de concordance est figuré par une bande sombre (d'après Burles et Tytler). Un deutérium plus élevé conduirait à une densité baryonique plus faible, de l'ordre de 2 % ce qui serait en meilleur accord avec les données du lithium, qui se sont remarquablement affinées, c'est l'idée que soutient E. Vangioni-Flam et que je partage.

noyau baigne dans un océan de photons de haute énergie qui le dissocient avant même qu'il puisse trouver un proton avec lequel s'accoupler pour former des espèces moins fragiles à 3 nucléons, comme le tritium (^{3}H) et l'hélium-3. Puis vient le temps où la température est suffisamment basse (1 milliard de degrés) pour que le deutérium puisse résister aux photons, beaucoup moins agressifs, et établir des relations constructives avec les particules du bain. Échappant aux photons, il s'offre aux noyaux : il brûle presque totalement, pour donner l'hélium-3, l'hélium-4 et un brin de lithium-7.

Pour un neutron donné, la probabilité d'accouplement est proportionnelle à la densité de protons. À forte densité, le mariage est favorisé, à faible densité, la mort est inévitable.

On comprend dès lors que le résultat de la nucléosynthèse primordiale, et au premier chef l'abondance finale de deutérium, soit sensible à la densité nucléonique de l'univers. De fait, le deutérium, constitué d'un proton et d'un neutron, peut être considéré comme un excellent densitomètre cosmique. Les disparités d'abondance, quant à elles, sont liées aux propriétés nucléaires individuelles des espèces considérées.

Les prédictions quantitatives de la théorie concernant la proportion des noyaux de masse 1, 2, 3, 4 et 7 dans la nature peuvent être confrontées aux proportions mesurées dans les objets astronomiques les plus anciens et les plus lointains (étoiles et nuages de gaz).

L'accord entre prédictions et observations est recherché en ajustant le seul paramètre libre de la théorie : la densité nucléonique de l'univers présent (que l'on ramène facilement au temps du Big Bang). La concordance est obtenue si et seulement si celle-ci vaut 1 à 3 10^{-31} grammes par centimètre cube, ce qui constitue, somme toute, une mesure étonnamment précise si l'on considère qu'elle porte sur un événement éloigné de 15 milliards d'années !

Ainsi, les baryons ne contribuent tout au plus qu'à 5 % de la densité critique.

Un seul paramètre, à savoir la densité nucléonique (ou nucléaire, si l'on préfère) permet donc de rendre compte de la proportion des éléments légers dans l'univers, depuis l'hélium (10 % du nombre d'atomes d'hydrogène) jusqu'au lithium (un dixième de milliardième). Cependant, le nombre d'espèces de neutrinos doit être limité à 3 si l'on veut éviter une surproduction d'hélium-4. Mais comme chaque espèce de neutrinos est membre d'une famille de particules et une seule, le nombre de familles de particules dans l'univers est de trois et uniquement trois[1].

---

1. La première est constituée par les quarks *up* et *down* (u et d), l'électron et le neutrino électronique, la seconde par les quarks étrange et charmé (s et c), le muon et le neutrino muonique, la troisième par les quarks beau et vrai (b et t), le taon et le neutrino taonique. Notre monde matériel n'est constitué que de particules de la première famille.

Matière noire

Toute une série de conclusions découlent de la comparaison de la densité de matière nucléaire avec d'autres densités déterminées par la théorie (T) ou l'observation (O) et résumées dans le tableau suivant :

a) densité *critique* (T) juste suffisante pour ralentir l'expansion de l'univers jusqu'à la stopper au bout d'un temps infini (du moins si on ignore la constante cosmologique) ;

b) densité de matière *lumineuse* (O) ;

c) densité de matière *gravitante* déterminée par l'étude dynamique des amas de galaxies (O + T) ;

d) densité *cosmique*, (O + T) c'est-à-dire densité de matière-énergie totale de l'univers, toutes formes confondues, égale à la densité critique si l'on en croit le modèle de l'inflation cosmologique qui fait aujourd'hui autorité, et les données afférentes aux supernovae lointaines et au rayonnement cosmologique fossile.

INVENTAIRE DE L'UNIVERS

Densité critique : 10^{-29} g/cm^3
Densité de matière lumineuse/Densité critique : 0.005
Densité de matière gravitante/Densité critique : 10 à 30 %
Densité de matière nucléaire/Densité critique : 2 à 5 %
Densité totale de l'univers/Densité critique : 1

On constate que la densité de matière nucléaire est supérieure à celle de la matière lumineuse mais inférieure à celle de la matière qui pèse et gravite, et qu'elle est très petite devant la densité critique. On en déduit immédiatement l'existence de *matière nucléaire sombre* et de *matière non nucléaire sombre* (ou invisible).

Revenons sur ce constat plus en détail. Il apparaît très nettement que la densité de matière des amas de galaxies est notoirement supérieure à la densité de matière nucléaire (2 à 5 % de la densité critique) déduite de la nucléosynthèse primordiale. Si l'on admet que ces structures sont représentatives du cosmos dans son entier, on est amené, pour combler le déficit, à recourir à des nuages de particules élémentaires exotiques, reliques du Big Bang, et à remettre le sort de l'univers entre les mains de la matière non nucléaire dont la nature est inconnue, mais non inconnaissable (neutralinos ?).

Par ailleurs, si l'on suppose que la densité réelle de matière-énergie (toutes formes confondues) est égale à la densité critique, pour des raisons théoriques et esthétiques liées à la théorie de l'inflation de l'univers[1], on est amené à conclure qu'au-delà de la matière noire (30 % du tout au maximum), il existe une autre forme de matière, aussi transparente que la première, qui constitue près de 70 % de l'univers. Cette conclusion semble corroborée par l'observation de supernovae lointaines, qui semble indiquer une *accélération de l'expansion de l'univers* alors qu'on attendait un ralentissement. On impute cette accélération à la vertu expansive d'un certain substrat matériel (énergétique), qui exercerait une gravitation répulsive. Mais cette délicate observation est encore trop fraîche pour qu'on puisse la considérer comme une preuve. Appelons cette nouvelle forme de matière « quintessence », avec un clin d'œil aux anciens. Laissant le soin à d'autres de la déflorer, nous retiendrons seulement que tout ce qui brille est matière mais tout ce qui est matière ne brille pas, et qu'il existe une certaine variété de matière antigravitationnelle.

Finalement, on est conduit à subdiviser le cosmos de la manière suivante :

$$\text{Cosmos} = \text{Quintessence} + \text{Matière}$$
$$\text{Matière} = \text{Matière Non Nucléaire} + \text{Matière Nucléaire}$$
$$\text{Matière Nucléaire} = \text{Matière Nucléaire Sombre}$$
$$+ \text{Matière Nucléaire Lumineuse}$$

On a pris soin de placer en tête dans le terme de droite la forme dominante. Les rapports entre les deux termes sont les suivants, en première approximation :

$$Q/M = 2.3$$
$$MNN/MN = 10 \text{ à } 30$$
$$MNS/MNL = 5$$

Les abstracteurs de quintessence

La théorie de l'inflation est une tentative d'extension de la théorie du Big Bang aussi près que possible du temps zéro. Elle consiste à inscrire dans les premières fractions de seconde une expansion ultra-rapide de l'espace induite par une *pression négative*. Un changement de signe de la pression et le monde bascule !

---

1. Cf. *Michel Cassé, Du vide et de la création*, Paris, Odile Jacob, 1993.

L'inflation, expansion exponentielle de l'univers au tout début de son histoire, a le grand mérite d'expliquer le caractère euclidien de la géométrie de l'univers et l'uniformité remarquable du rayonnement cosmologique fossile[1].

Cette théorie pose l'existence d'un substrat de *pression négative* au début de l'histoire de l'univers, qui accomplit son office explosif et disparaît au bénéfice de la lumière et de la matière.

Dans les théories qui admettent l'existence d'une forme de matière de gravitation répulsive (antigravitation), l'univers se donne un accélérateur (substance antigravitationnelle) outre le frein que constitue la matière de gravitation attractive (matière brillante et matière sombre). La quintessence serait comme le résidu de cette substance originelle répulsive et elle en conserverait les attributs.

L'histoire de l'univers était, pensait-on encore très récemment, celle d'une expansion contrariée par la gravitation. La gravitation freine l'expansion, jouant le rôle de force de rappel. Tout au contraire, l'adjonction de la quintessence équivaut à parer l'espace d'une vertu répulsive à grande échelle, laquelle accélère l'expansion. Si bien que le taux d'expansion mesuré aujourd'hui serait supérieur à celui qu'il aurait été dans le passé. L'âge de l'univers en serait allongé.

Peut-on produire quelque indice tangible de ce qu'on avance ainsi ? Certains répondent par l'affirmative, notamment Saul Perlmutter du Lawrence Berkeley Laboratory de Berkeley, qui dirige le *Supernova Cosmology Project*, et Brian Smith, membre des observatoires du mont Stromlo et de Siding Springs, mentor du *High-z Supernova Search Team*, qui invoquent les supernovae les plus lointaines jamais observées, de type Ia.

Les supernovae de type Ia (SNIa), comme nous l'avons vu, se produisent dans les systèmes binaires serrés contenant une naine blanche. La substance aspirée par la naine blanche l'alourdit et l'entraîne à dépasser une certaine masse critique. L'étoile entière est détruite dans une gigantesque déflagration nucléaire. Les SNIa conjuguent luminosité et régularité, elles servent de ce fait d'étalons lumineux, de jalons du cosmos.

Leur mécanisme d'explosion reste obscur, comme nous l'avons dit, mais la nature de leur géniteur semble élucidée. Il s'agit de naines blanches goulues qui, dévorant une compagne, dépassent la masse critique de 1.4 masses solaires au-delà de laquelle aucune naine blanche ne peut subsister. La fusion du carbone à haute densité prend un tour explosif. L'énergie nucléaire libérée ($2\ 10^{51}$ erg) dépasse largement l'énergie de liaison gravitationnelle de la naine

---

1. Voir Hubert Reeves, *Dernières Nouvelles du Cosmos, vers la première seconde*, Paris, Seuil, 1994 et Michel Cassé, *Du vide et de la création, op. cit.*

blanche (10^{50} erg), et celle-ci est volatilisée par l'explosion. Le flux de neutrinos émis est insignifiant.

Ni fleur, ni couronne, ni neutrinos, ni étoile à neutrons, la morte disparaît en lumière. Mais quelle lumière ! Une seule supernova de type Ia brille pendant quelques jours comme 1 milliard de soleils, c'est-à-dire, à elle seule, comme une petite galaxie.

L'incinération nucléaire du carbone et de l'oxygène produit une masse considérable de nickel-56 qui se transmute en fer-56 en libérant des rayons gamma d'énergie précise, c'est-à-dire des raies gamma nucléaires. Cette radioactivité est la source d'énergie de la supernova.

Petites, râblées, carbonées et oxygénées, les naines blanches délivrent en explosant un message clair. Leur luminosité extrême, leurs spectres et courbe de lumière très spécifiques, permettent de les reconnaître entre mille.

L'énorme potentiel des SNIa était connu depuis bien longtemps mais c'est au cours des années 1990 que la recherche des supernovae a elle-même explosé.

Au terme d'une des enquêtes les plus considérables de l'astronomie moderne, il s'avère que leur luminosité apparente est légèrement inférieure à ce qu'on calcule en supposant l'espace euclidien et l'expansion freinée par la gravitation de la matière. L'expansion est donc plus vive qu'on ne le pensait, les distances des objets lointains en sont donc légèrement distendues, et de ce fait les supernovae paraissent moins lumineuses qu'attendu.

Cette enquête, qui a nécessité les instruments les plus perfectionnés comme le télescope spatial, aboutit au résultat suivant : les données sont en fort désaccord avec un univers plat sans quintessence, l'un des favoris de la cosmologie jusqu'alors.

Accepter ce résultat revient à dire que l'expansion de l'univers va depuis quelques milliards d'années en s'accélérant, ce qui peut surprendre à l'abord, sachant que la matière, toute la matière, y compris la matière sombre, n'a de cesse que de ralentir le mouvement. Ainsi l'univers aurait entamé une nouvelle phase d'inflation ! S'il en était ainsi, son histoire se résumerait à une succession de quatre règnes avec passation de pouvoir entre la première quintessence, le rayonnement, la matière, et enfin la deuxième quintessence, faisant alterner expansion douce et violente (inflation). L'ère de la deuxième quintessence serait irréversible.

Cette conclusion, qui ruine tout espoir d'éternel retour cosmique, ne s'applique cependant qu'en supposant les supernovae du passé *exactement* identiques aux supernovae actuelles, observées dans la proche banlieue galactique, ce qui semble suspect aux spécialistes de l'évolution stellaire.

Cependant, il faut bien fermer l'univers, ou plus exactement lui donner une densité critique puisque l'inflation l'exige, et non seulement l'inflation mais maintenant des études fines de la peau de léopard que constitue le fond du ciel micro-onde, fossile rayonnant du Big Bang. On est donc conduit à conclure que même si les données américaines sont contestables, elles recèlent, peut-être par hasard, un fond de vérité. Toujours plus nombreux sont ceux qui admettent que la quintessence accélère l'expansion de l'univers et compte pour 70 % dans le bilan du monde.

La question sera certainement tranchée lorsque, en 2007, volera le satellite PLANCK, futur fleuron de l'astrophysique française et européenne, qui devrait raffiner à l'extrême l'inventaire du cosmos et faire la part de la matière nucléaire, de la matière noire et de la quintessence en étudiant de très près les plis de la nappe de lumière posée sur le Big Bang, en d'autres termes les fluctuations du rayonnement cosmologique fossile[1].

Le contenu de matière de l'univers estimé selon les critères dynamique ou nucléaire est insuffisant pour atteindre la densité critique, pourtant proclamée comme inéluctable par la théorie de l'inflation, dont les mérites ne sont plus à vanter. La quantité de matière lumineuse rassemblée dans les galaxies est inférieure à la quantité de matière nucléaire totale déduite de l'argument cosmologique. Où est passée la différence entre matière lumineuse et matière universelle ? Dans *l'invisible,* bien entendu, mais le pire invisible, celui qui n'est pas dû aux limitations de la rétine mais au mutisme, à la carence lumineuse de certains substrats. L'énorme majorité de la matière-énergie est sombre, atone dans le registre lumineux.

L'insuffisante densité de matière ordinaire (la vôtre, celle des étoiles et la mienne) implique par conséquent l'existence de matière autre que nucléaire, littéralement extraordinaire, c'est-à-dire non composée d'atomes. Le ciel est désatomisé, dénucléarisé. Ainsi parle astronomiquement le côté sombre de l'espace.

---

1. Cf. Marc Lachièze-Rey et E. Gunzik, *Le fond diffus cosmologique*, Paris, Masson, 1995 et Joseph Silk, *Big-Bang*, Paris, Odile Jacob, 1998.
Bon courage à François Bouchet, Jean-François Sygnet et Jean-Loup Puget !

Supernovae et cosmologie

Lexique

COURBE DE LUMIÈRE : variation de luminosité au cours du temps.

DIAGRAMME REDSHIFT-MAGNITUDE (de Hubble) : outil cosmologique majeur visant à déterminer le taux d'expansion de l'univers dans le passé.

MAGNITUDE : mesure de la brillance des objets du ciel. Une différence d'un facteur 100 en luminosité correspond à une différence de magnitude d'une unité. La magnitude est d'autant plus faible que l'objet est brillant. La magnitude apparente des objets caractérise leur brillance vue de la Terre. La magnitude absolue (intrinsèque) est celle que les objets auraient s'ils étaient placés à une distance standard de 10 parsec. Cette dernière permet une comparaison objective de la luminosité des différentes étoiles.

Au premier coup d'œil, les propriétés spectrales, les magnitudes absolues (luminosités intrinsèques) et la forme de la courbe de lumière de la majorité des supernovae de type Ia (SNIa) sont remarquablement *homogènes*, on peut tout au plus discerner des différences photométriques et spectrométriques subtiles d'un objet à l'autre.

L'hydrogène brille par son absence et le spectre optique des SNIa normales arbore des raies d'éléments neutres et ionisés une fois (Si^+, Ca^+, Mg^+, S^+ et O^+) au maximum de la courbe de lumière, ce qui indique que les couches extérieures sont composées d'éléments de masse intermédiaire. Les SNIa atteignent leur maximum de luminosité en vingt jours environ. Ce zénith lumineux est suivi d'un déclin rapide de 3 magnitudes par mois. Plus tard, la courbe de lumière décline de façon exponentielle au rythme d'une magnitude par mois[1].

---

1. Les supernovae se classent sous les rubriques SNIa, SNIb, SNIc, et SNII variées. Celles notées b et c rejoignent les SNII dans le camp des supernovae gravitationnelles. Elles n'ont de SNI que l'absence d'hydrogène dans le spectre, mais cette absence s'explique par le fait que leur enveloppe s'est évaporée ou bien a été arrachée par une proche compagne.

Les étoiles explosives dont il s'agit ici sont d'un acabit plus modeste que les supernovae gravitationnelles nées de l'effondrement du cœur de gigantesques étoiles, mais leur explosion éjecte, à leur instar, de la matière à haute vitesse (plus de 10 000 km/s) et libère une énergie cinétique comparable (10^{51} erg) à celle des supernovae massives. Ce sont de véritables bombes nucléaires, à la différence des premières qui tirent leur énergie de la gravitation et que l'on peut appeler dès lors « supernovae gravitationnelles », comme nous l'avons dit.

La caractéristique la plus frappante des SNIa est donc qu'elles arborent un remarquable degré de similitude, bien plus que toute autre classe de supernovae, et que leur évolution spectrale se reproduit d'un événement à un autre. Si l'on écarte quelques brebis galeuses, les courbes de lumière montrent une impressionnante homogénéité. La dispersion des magnitudes absolues est de 0,2 magnitude environ sur tout l'échantillon analysé, bien inférieures à celle des supernovae des autres types. Aussi les SNIa sont-elles considérées comme des étalons de luminosité ou, si l'on préfère, pour reprendre le terme usité en cosmologie, des « chandelles standard ».

La donnée la plus importante pour la cosmologie est précisément la luminosité au maximum de la courbe de lumière, au pic si l'on préfère. Sa détermination est essentielle si l'on veut faire usage des SNIa comme indicateurs de distance. Les courbes de lumière véritablement calibrées (et reproductibles) des supernovae de type Ia sont devenues un outil majeur pour déterminer le taux d'expansion local de l'univers et sa structure géométrique. Une attention considérable a été apportée aux modèles de ces événements au cours des dernières années.

Conformément à une tradition établie, les SNIa relativement proches (z < 0.1) ont été mises à contribution pour mesurer les paramètres de Hubble actuel et local. Le champ de la cosmologie à base de supernovae a connu ces derniers temps un surcroît d'activité. Le taux d'expansion local obtenu est voisin de 60 km par seconde et par mégaparsec, ce qui correspond à 18 km/s par millions d'années-lumière environ.

Des recherches systématiques impliquant des images à grand champ, prises à des intervalles de 3 à 4 semaines, ont permis à deux groupes indépendants — *Supernova Cosmology Project* et *High-Z Supernova Search Team* — de collecter plus de 50 SNIa à des *redshifts* intermédiaires. Le diagramme de Hubble (*redshift*-magnitude) a été étendu jusqu'à z = 1.

On découvre aujourd'hui une certaine diversité dans les SNIa. Avant de s'en servir comme étalons cosmologiques et leur faire tenir la chandelle, il faut s'assurer que leur luminosité maximale reste identique à elle-même, et apporter sinon des corrections *ad hoc* pour les uniformiser. À cette fin, il est nécessaire de rechercher tout écart systématique à la norme et d'exclure les déviants. Ici encore, la théorie est appelée à la rescousse. Il s'agit de distinguer l'écart à la normale du comportement pathologique.

Nombre de connexions ont été trouvées entre maximum de luminosité, forme de la courbe de lumière, évolution de la couleur, apparence spectrale et appartenance à une galaxie de morphologie donnée. Cependant, après 150 jours, l'uniformité reprend ses droits et tous les objets déclinent pareillement et arborent le même spectre.

Grossièrement, les SNIa diffèrent selon leur puissance explosive. On s'aperçoit que les supernovae ayant la plus faible explosion sont moins lumineuses, plus rouges, ont un déclin lumineux plus rapide et une vitesse d'éjection plus lente que celles qui sont plus violentes. La relation entre la durée de la courbe de lumière (largeur) autour du maximum et la brillance au pic est la plus parlante de ces corrélations. Elle a été utilisée pour calibrer la luminosité au pic d'une variété de SNIa et réduire substantiellement la dispersion de la brillance absolue. Cette correction est centrale pour tous les usages cosmologiques. Sans elle, on ne peut utiliser les SNIa comme indicateurs de distance, mais sa nature purement empirique ne peut que laisser insatisfaits les esprits théoriques exigeants. On aimerait connaître l'explication physique de la faiblesse comme de la force de l'explosion et de sa répercussion sur l'apparence de l'objet, ce qui nécessite l'édification de modèles détaillés d'explosion et de transfert du rayonnement dans une enveloppe en expansion, similaires à ceux des bombes atomiques ou d'une bille frappée par des rayons lasers, qui implose puis explose.

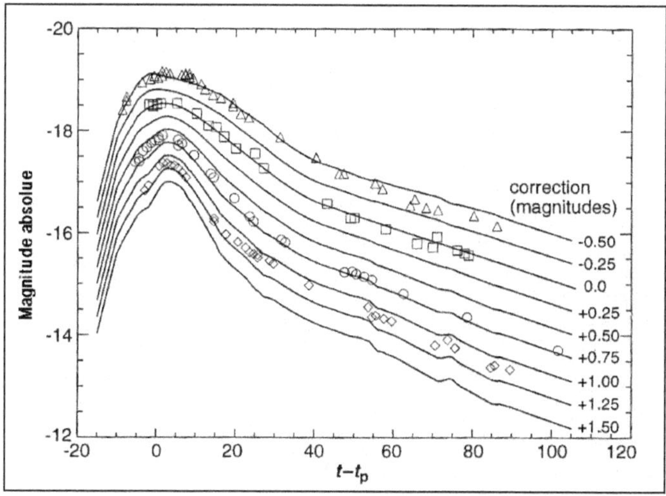

Figure 1 – *Courbes de lumière de diverses SNIa* (d'après Riess).
Familles empiriques de courbes de lumière. Les plus lumineuses prolongent leur éclat, au sommet de leur gloire.

Les corrélations empiriques observées (par exemple entre la durée ou la largeur de la courbe de lumière et son pic) permettent de redresser l'image des supernovae et de les rendre toutes semblables les unes aux autres, de définir un patron, un archétype : *la* supernova de type Ia modèle. Mais cette correction systématique, pour utile et astucieuse qu'elle soit, ne saurait satisfaire totalement l'astrophysicien, toujours en quête d'une compréhension fine des phénomènes.

Pour les théoriciens, ces développements présentent l'opportunité de raffiner et tester leurs plus subtiles constructions et de donner une explication aux corrélations apparentes. Ils saisiront, j'en suis sûr, l'occasion que leur offre le luxe de données accumulées pour choisir, dans une foule de modèles, celui qui rend le mieux compte de la réalité.

Nous allons maintenant donner la part belle à la relation entre physique stellaire (élargie aux supernovae) et cosmologie observationnelle.

Edwin Hubble a laissé son nom à la postérité pour la découverte de l'expansion de l'univers. Moins connu est le diagramme *redshift-magnitude,* qui porte son nom. La magnitude est une mesure de la brillance apparente des objets, et le *redshift* une mesure de leur vitesse et donc de leur éloignement.

Le diagramme, *redshift-magnitude* ou pour simplifier z-m, est devenu un outil classique de la cosmologie car il permet de déterminer les variations du taux d'expansion dans le passé (à travers ce que nous avons coutume d'appeler le « paramètre de décélération »). Toute accélération ou ralentissement de l'expansion peut être ainsi mise en évidence.

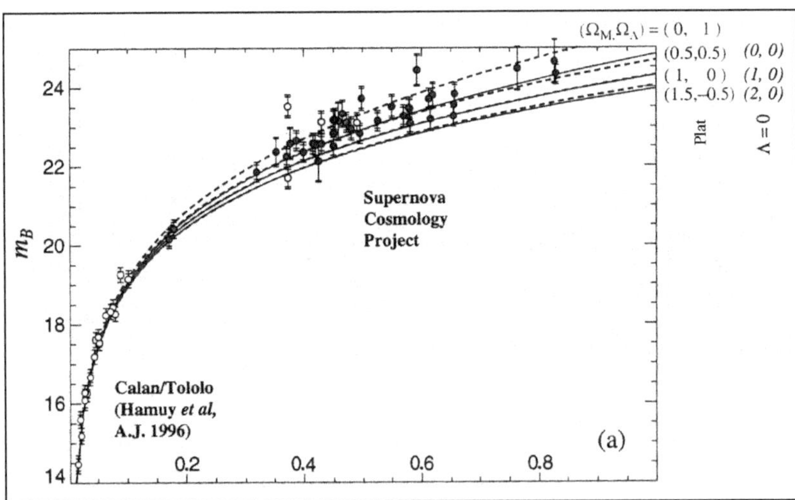

Figure 2 – Diagramme redshift-magnitude (z-m)
(d'après Perlmutter et collaborateurs).

L'analyse est fondée sur 42 SNIa de *redshift* compris entre 0.18 et 0.83, combinées à 18 SNIa proches (z<0.1) découvertes dans le cadre d'une étude systématique (Calan/Tololo *Supernova Survey*). Les distances des supernovae le plus haut *redshift* sont en moyenne de 10 à 15 % supérieures à celles que l'on obtiendrait dans le cas d'un univers de basse densité ($\Omega_m = 0.2$) dépourvu de quintessence.[1]

Il est possible de déterminer les paramètres cosmologiques Ω_m et Ω_Λ à partir du diagramme de Hubble, à condition de disposer de « chandelles cosmologiques » standard bien calibrées et de les observer sur une large gamme de *redshifts*. C'est précisément la méthode employée par Riess *et al.* (1998) et Perlmutter *et al.* (1999) en utilisant les supernovae de type Ia. Pilar Ruiz-Lapuente (Université de Barcelone) et Renald Pain (Université de Paris) ont amplement collaboré à ce programme cosmologique exemplaire.

On en retire une mesure de distance dite « lumineuse » (d_L). L'expression prend la forme suivante en géométrie plate :

$$H_o \, d_L \, / \, c(1+z) = \int_o^z \ [(1+z')^2(1+\Omega_m z')-z'(2+z')\Omega_\Lambda]^{-1/2} \ dz'$$

La distance (et donc la magnitude apparente) est sensible tout à la fois à Ω et Λ. Aux petits z l'expression se réduit à la loi de Hubble bien connue. La déviation par rapport à cette loi s'amplifie à grand z, d'où l'intérêt d'observer des SNIa lointaines pour sélectionner les meilleurs modèles cosmologiques.

Les deux groupes américains aboutissent à $\Omega_m = 0.3$ et $\Omega_\Lambda = 0.7$, environ.

La première exaltation passée, il est important de noter que ce résultat est loin d'être concluant pour cette raison que l'effet mesuré (0,25 magnitude) est minime, et qu'on peut lui attribuer d'autres raisons :

— le paramètre de Hubble (Ho) pourrait avoir une valeur locale élevée ;

— les supernovae, comme tous les objets de l'univers, évoluent, et en dépit des corrections systématiques apportées, cet effet n'aurait été qu'imparfaitement éliminé ;

— la focalisation/défocalisation de la lumière des supernovae par des lentilles gravitationnelles ;
et encore n'avons nous cité que les distorsions les plus évidentes.

Pour la plupart des astronomes, la solution du problème cosmologique réside dans le panachage des méthodes. Le test luminosité-

---

1. Le symbole Ω_m signifie densité de matière divisée par densité critique, de même Ω_Λ est la densité d'énergie associée à la constante cosmologique ou à la quintessence rapportée à la densité critique.

redshift doit être combiné avec d'autres techniques indépendantes : anisotropies du rayonnement cosmologique fossile et étude statistique des lentilles gravitationnelles.

C'est seulement lorsque toutes les données convergeront qu'on pourra déclarer résolue la question des paramètres cosmologiques. Nous en prenons la voie, il ne faut pas perdre patience.

Ici encore, la théorie doit apporter son éclairage, non seulement sur les individus normaux ou moyens, mais également sur les déviants. Car ce qui distingue les apparences a un fondement profond. On ne peut se contenter de relations empiriques, phénoménologiques, pour amener les courbes de lumière à un même patron.

Ce qui signifie que la modélisation théorique des couples d'étoiles mettant fin à leur existence par une explosion cataclysmique reste un des objectifs centraux de l'astrophysique.

Dossier explosif

Lexique

EXCÈS DE NEUTRONS : N-Z.

Équilibre statistique nucléaire

Les noyaux les plus liés (stables et robustes) du pic du fer ne sont pas les confections symétriques rassemblant un nombre égal de protons et de neutrons (Z = N), mais ceux qui possèdent un *excès de neutrons* (N-Z) de 2 à 4. Dans la région du fer, le noyau le plus stable (^{56}Fe) a un nombre de neutrons qui dépasse celui des protons de 4 unités (N + Z +4).

La table d'abondance des éléments et isotopes indique que, dans le système solaire, le fer est plus abondant que ses voisins. L'analyse des spectres stellaires confirme ce résultat pour lui donner une portée universelle.

La fermeté (solidité) des noyaux est théoriquement accrue par les transmutations internes de protons en neutrons sous la férule de l'interaction faible, que ce soit l'émission de positon ($n \rightarrow p + e^+ + \nu$) ou la capture électronique ($n + e^- \rightarrow p + \nu$). Mais l'interaction faible se caractérise par une grande lenteur (par rapport à l'interaction forte). La question est de savoir si elle prendra place à l'intérieur de l'étoile ou à l'extérieur, une fois que la matière en aura été expulsée, c'est-à-dire avant ou après l'explosion. La question n'est pas académique, car selon la réponse qu'on lui donne, on pourra valider par l'observation la nucléosynthèse explosive ou non.

Toute tentative pour comprendre les conditions dans lesquelles ont été créés le fer et ses semblables, et le site astrophysique qui abrite leur naissance, doit être centrée sur le concept *d'équilibre statistique nucléaire*. La situation est l'analogue nucléaire exact de l'équilibre d'ionisation qui s'instaure dans les gaz chauds.

L'abondance de chaque élément est fixée par ses propriétés de solidité (énergie de liaison) et par la température et la densité des protons et neutrons libres qui attaquent ce noyau.

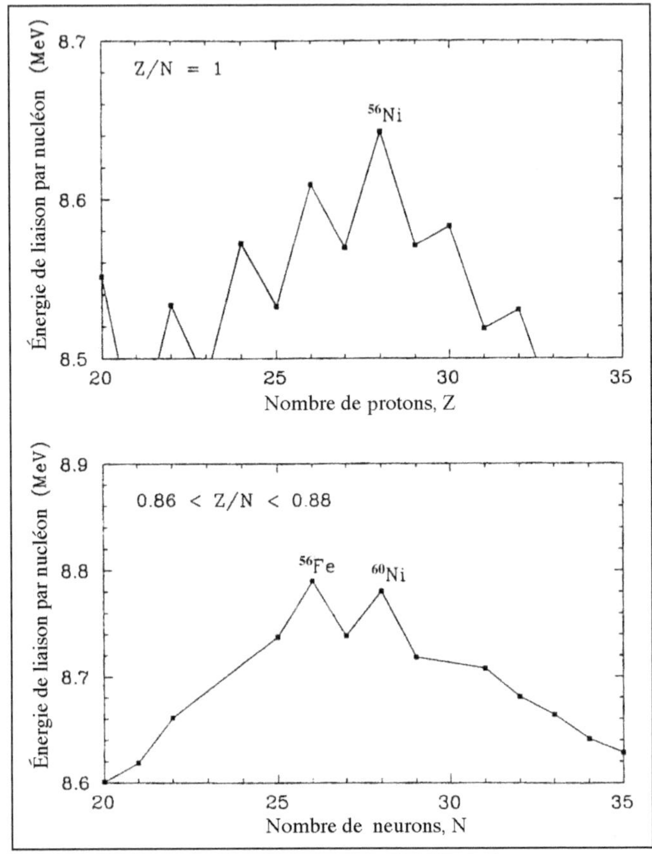

Figure 1 – Énergie de liaison par nucléon pour des noyaux symétriques (Z = N) et dissymétriques (0.86 < Z/N < 0.88).
Le ^{56}Ni est le noyau le plus lié de ceux qui disposent d'un nombre égal de protons et de neutrons, alors que le ^{56}Fe est le plus solide des noyaux de Z/N = 0,87. L'équilibre statistique nucléaire favorise le ^{56}Fe si le rapport neutrons/protons est de 0,87 dans le bain où se fait la nucléosynthèse. En fait, la nature semble avoir choisi d'assembler les noyaux du groupe du fer dans un creuset où Z = N.

Si, comme c'est le cas usuel, l'équilibre nucléaire est atteint avant qu'un nombre significatif de décroissances radioactives ait eu le temps de se produire, on peut imposer une contrainte auxiliaire : la densité numérique totale de protons et neutrons (libres et liés) doit préserver le rapport n/p moyen.

Une petite croissance du rapport n/p affecte grandement la composition du pic du fer. Pour des valeurs très proches de 1, l'isotope le plus abondamment fabriqué, en l'absence de radioactivité β, est le nickel-56. C'est d'ailleurs celui qui, parmi les isotopes symétriques (Z = N), a la plus grande énergie de liaison par nucléon. La nature dominante du ^{56}Fe dans la nature conduit à la conclusion suivante : *Le processus de synthèse s'est produit si rapidement que le noyau majeur produit est le nickel-56 qui décroît par la suite en fer.*

Les conséquences de ce processus sont considérables : elles expliquent les courbes de lumière des supernovae.

Nous savons aujourd'hui que l'équilibre statistique nucléaire dans un bain pauvre en neutrons (p/n = 1,01), dominé par le nickel-56 plutôt que par le fer-56, rend bien compte du tableau des abondances du pic du fer dans son ensemble.

Une telle situation est la conséquence naturelle du brûlage à température très élevée : les temps de combustion correspondant sont si courts que l'interaction faible n'a pas le temps de s'exprimer, si bien que le rapport n/p du cœur de l'étoile (fruit de toute l'histoire nucléaire précédente) n'est pas modifié. Une combustion *explosive* coupera les ailes de l'interaction faible.

Une science de la chaleur

Le facteur critique qui détermine alors le caractère du pic du fer émergent est la *durée de la combustion*. Une pleine appréciation des durées de fusion requiert l'usage d'un modèle hydrodynamique, seul apte à décrire la brutale élévation de température que suscite le passage de l'onde de choc et le refroidissement tout aussi rapide qui s'ensuit.

Le premier calcul de nucléosynthèse accompagnant le passage du choc au travers de la région riche en silicium, effectué par Truran, Arnett et Cameron (1967), fut largement confirmé par la suite. Les noyaux les plus abondamment synthétisés dans ces conditions se révélèrent être le nickel-56 et les noyaux alpha instables au-delà du calcium (^{44}Ti, ^{48}Cr, ^{52}Fe, ^{56}Ni et ^{60}Zn).

Ce résultat est peut-être le plus beau de toute la théorie de la nucléosynthèse, car il démontre que le fer, des chemins de fer et de l'hémoglobine, roi de la création nucléaire, si j'ose dire, n'est pas produit en tant que tel, mais sous forme de nickel radioactif.

Il démontre l'extrême sensibilité des résultats de la nucléosynthèse explosive au rapport n/p.

Pour s'en convaincre, il suffit d'une expérience numérique.

1. Prenons du silicium-28 pur (Z = N) à raison de 2 millions de grammes par cm^3, chauffons-le à 3 milliards de degrés et laissons l'évolution nucléaire qui résulte de cette haute température procéder jusqu'à disparition du silicium ! On obtient une montée en puissance du fer-56 suivie d'une domination finale.

2. Faisons de même mais en débranchant l'interaction faible, on obtient un comportement très différent car l'espèce dominante est maintenant le nickel-56. Le gaz maintient son caractère égalitaire (Z = N).

3. Prenons maintenant 4 milliards de degrés au lieu de trois, et une densité de 20 millions de grammes par cm^3, en laissant branchée l'interaction faible, on voit que de nouveau le nickel-56 prend le pas sur tous les autres noyaux du pic du fer, et cela très rapidement.

La composition des cendres de combustion du combustible (ici le silicium caractérisé par n/p = 1) est une conséquence directe du degré d'enrichissement en neutrons qu'autorise la désintégration β dans le temps imparti à la nucléosynthèse, lui-même fixé par les conditions astrophysiques.

Une pleine appréciation des temps de brûlage requiert :

1. un modèle qui délivre la configuration de l'étoile avant l'explosion d'étoile ;

2. un modèle hydrodynamique apte à suivre la température, la densité et la composition de la matière au cours de l'explosion ;

3. une connaissance des taux de réactions nucléaires et d'interaction faible pour toutes les espèces nucléaires qui participent au processus de transmutation du silicium sous l'effet d'une intense chaleur et l'instauration d'un équilibre statistique nucléaire.

On observe (virtuellement) le comportement des noyaux dans le bain nucléaire comme d'autres le comportement des cellules en couveuse.

La contrainte physique imposée par la durée de brûlage du silicium est simple à comprendre : les cendres du silicium seront d'autant plus riches en neutrons qu'on donnera à l'interaction faible (émission de positons et capture électronique) le temps de produire son œuvre (c'est-à-dire le changement de protons en neutrons et l'enrichissement en neutrons qui s'ensuit).

À très haute température (supérieure à 3 ou 4 milliards de degrés), le silicium se consume si vite que les émissions de positons et les captures électroniques (susceptibles de modifier le rapport n/p) sont court-circuitées. L'interaction faible ne peut convertir une fraction appréciable de protons en neutrons dans la brève période de combustion thermonucléaire. Il s'ensuit que, partant d'une matière initialement dominée par les noyaux qui abritent un nombre égal de neutrons et de protons (^{16}O et ^{28}Si), les produits finaux doivent conserver Z = N, quitte à s'écarter de la stabilité nucléaire au-delà du calcium-40 (dernier élément α stable).

Les espèces nucléaires dominantes formées à une température de 4 à 6 milliards de degrés incluant ^{44}Ti, ^{48}Cr, ^{52}Fe, ^{53}Fe, ^{56}Ni, ^{57}Ni, ^{58}Zn, ^{60}Zn, ^{61}Zn et ^{62}Zn. Les abondances isotopiques qui résultent de la décroissance radioactive (β^+) de ces noyaux sont compatibles avec les mesures terrestres et metéoritiques afférentes au calcium (44), au titane (48), au chrome (52 et 53), au fer (56 et 57) et nickel (58, 60, 61 et 62).

Les proportions de vanadium-51, manganèse-55 et cobalt-59 (formés respectivement en tant que ^{51}Mn, ^{55}Co et ^{59}Cu) par rapport au fer sont également en accord avec les abondances du système solaire.

La cohérence de ce comportement général suggère que les conditions appropriées pour la synthèse du pic du fer sont à rechercher dans les supernovae.

De plus, le fait que le fer est synthétisé en tant que nickel a des implications importantes du point de vue observationnel, cela permet de vérifier le bien-fondé de toute la théorie de la nucléosynthèse explosive. Ces implications sont de deux ordres, comme nous l'avons vu. Elles concernent les courbes de lumière des supernovae et l'émission gamma de ces objets.

Nucléosynthèse stellaire

Lexique

YIELD : quantité de divers isotopes synthétisés et éjectés par une étoile de masse et de métallicité données ; donation nucléaire de chaque étoile.

L'intelligence des hommes des siècles XX et XXI s'est ouverte non seulement à l'*énergie de la matière* et à la recherche de sa maîtrise, mais à l'*origine* et à *l'évolution* des éléments qui la composent.

L'évolution nucléaire précède et détermine celle des espèces vivantes, elle-même précédée par celle des particules. Tel est le grand schème des choses matérielles. Le sentiment d'unité universelle n'en est que plus grand. Dans cette genèse physique, l'étoile joue le rôle d'intermédiaire entre le Big Bang et la vie. Étoiles de toute vie nous vous devons bien de vous connaître !

L'acte de naissance de chacun des membres de la société stellaire porte trois mentions :

Seule ou accompagnée.
Masse.
Métallicité.

La masse court de 0,1 à 100 $M_\odot$ et la métallicité d'un millième de la valeur solaire jusqu'à celle-ci. La métallicité est une question de génération. Répétons comme un leitmotiv que les plus vieilles des étoiles sont aussi les plus pauvres en métaux.

Ainsi se définit la condition stellaire. Les étoiles binaires se comportent différemment des étoiles simples, comme en témoigne le cas précis des supernovae de type Ia (SNIa). Par souci de simplification, nous allons pour l'instant les écarter et ne considérer que les filles uniques.

Pour les étoiles isolées, la connaissance des deux autres attributs — masse et métallicité — suffit à caractériser l'œuvre nucléaire, c'est-à-dire la quantité d'éléments variés qu'elles essaiment dans l'espace, ainsi que la durée de vie.

Les étoiles ne travaillent pas au même rythme ni ne produisent les mêmes espèces nucléaires. Chacune, en fonction de sa masse et dans une moindre mesure de sa métallicité de naissance, déverse dans l'espace son lot spécifique d'atomes de différentes variétés et apporte sa contribution à l'enrichissement chimique général de la société qu'elles constituent. Chaque étoile, donc, donne selon sa masse et sa métallicité de naissance.

L'obole des étoiles est inscrite dans un registre composé à grand-peine par une génération valeureuse d'astrophysiciens nucléaires (Stan Woosley, Ken Nomoto, Karl Friedrich Thielemann, principalement). La table des oboles et donations stellaires s'ajoute, au côté de la table d'abondance des éléments et isotopes, au trésor de connaissances de l'humanité. Elle est toutefois inachevée et comporte, de l'avis même des auteurs, des failles et des incertitudes préoccupantes. Cette table est sans cesse mise à jour et corrigée au regard des progrès de la théorie et des contraintes apportées par l'observation, mais, déjà, sous sa forme actuelle elle permet de retracer les grandes lignes de l'évolution galactique.

La plus grande partie de l'hélium, du carbone, de l'azote et des isotopes mineurs du carbone et de l'oxygène (^{13}C, ^{17}O et ^{18}O), ainsi que les noyaux lourds (A > 100) engendrés par le processus-s, provient des étoiles de masse intermédiaires (2 – 8 $M_\odot$), celles, justement, que l'on situe sur la Branche Asymptotique des Géantes du diagramme HR.

Les étoiles massives sont les chaînes de production et de montage de la plupart des espèces nucléaires. Les éléments intermédiaires (du carbone au calcium) sont principalement produits par la combustion *hydrostatique* (lente, non explosive, « douce ») alors que le fer et les éléments voisins sont issus de l'explosion finale (SN II), et des supernovae de type Ia.

La quantité de chaque espèce nucléaire nouvellement synthétisée et éjectée par chaque étoile, nous l'appelons métaphoriquement « obole » pour ne pas utiliser le terme anglo-saxon « yields ». Les donations peuvent être calculées individuellement ou collectivement.

Les résultats des deux groupes (Thielemann-Nomoto et Woosley-Weaver) sont convergents mais diffèrent sur les détails. Cela tient à des différences de choix de probabilité de réactions aussi bien que d'algorithmes de traitement de la convection interne des étoiles.

Il est important de noter au passage que les rapports O/Fe, Mg/Fe, Si/Fe, Ca/Fe et Ti/Fe dans la matière éjectée sont environ trois fois supérieurs à leurs homologues solaires. Ces excès de *noyaux-α* sont observés dans les étoiles antiques du halo galactique, ce qui laisse penser que l'explosion des étoiles massives (supernovae de type II) en est responsable (chapitre VIII).

Isotope	$m=13\ M_\odot$	$m=15\ M_\odot$	$m=18\ M_\odot$	$m=20\ M_\odot$	$m=25\ M_\odot$	$m=40\ M_\odot$	$m=70\ M_\odot$
^{16}O	1.51E-01	3.55E-01	7.92E-01	1.48	2.99	9.11	2.14E+01
^{18}O	9.44E-09	1.35E-02	8.67E-03	8.68E-03	6.69E-03	1.79E-06	3.80E-03
^{20}Ne	2.25E-02	2.08E-02	1.61E-01	2.29E-01	5.94E-01	6.58E-01	2.00
^{21}Ne	2.08E-04	3.93E-05	2.19E-03	3.03E-04	3.22E-03	2.36E-03	1.14E-02
^{22}Ne	1.01E-04	1.25E-02	2.74E-02	2.93E-02	3.39E-02	5.66E-02	5.23E-02
^{23}Na	7.27E-04	1.53E-04	7.25E-03	1.15E-03	1.81E-02	2.37E-02	6.98E-02
^{24}Mg	9.23E-03	3.16E-02	3.62E-02	1.47E-01	1.59E-01	3.54E-01	7.87E-01
^{25}Mg	1.38E-03	2.55E-03	7.54E-03	1.85E-02	3.92E-02	4.81E-02	1.01E-01
^{26}Mg	8.96E-04	2.03E-03	5.94E-03	1.74E-02	3.17E-02	1.07E-01	2.91E-01
^{27}Al	1.04E-03	4.01E-03	5.44E-03	1.55E-02	1.95E-02	8.05E-02	1.44E-01
^{28}Si	6.68E-02	7.16E-02	8.69E-02	8.50E-02	1.03E-01	4.29E-01	7.55E-01
^{29}Si	7.99E-04	3.25E-03	1.76E-03	9.80E-03	6.97E-03	5.43E-02	1.08E-01
^{30}Si	1.87E-03	4.04E-03	3.33E-03	7.19E-03	6.81E-03	4.32E-02	1.00E-01
^{31}P	2.95E-04	6.55E-04	4.11E-04	1.05E-03	9.02E-04	5.99E-03	2.57E-02
^{32}S	1.46E-02	3.01E-02	3.76E-02	2.29E-02	3.84E-02	1.77E-01	2.05E-01
^{33}S	1.19E-04	9.60E-05	1.48E-04	8.84E-05	2.20E-04	7.49E-04	1.02E-03
^{34}S	1.83E-03	1.49E-03	1.89E-03	1.26E-03	2.77E-03	1.14E-02	1.98E-02
^{35}Cl†	3.70E-05	3.45E-05	8.95E-05	6.05E-05	6.72E-05	4.75E-04	1.76E-03
^{37}Cl†	6.73E-06	9.60E-06	1.04E-05	4.96E-06	1.32E-05	1.17E-04	1.01E-04
^{36}Ar	2.36E-03	5.63E-03	6.13E-03	3.78E-03	6.71E-03	3.11E-02	2.92E-02
^{38}Ar	4.85E-04	6.49E-04	6.29E-04	3.25E-04	7.24E-04	9.14E-03	6.16E-03
^{39}K†	1.95E-05	3.31E-05	3.66E-05	3.24E-05	3.47E-05	3.83E-04	3.84E-04
^{41}K†	1.42E-06	2.37E-06	2.23E-06	1.28E-06	2.79E-06	3.43E-05	2.84E-05
^{40}Ca	2.53E-03	5.29E-03	5.11E-03	3.25E-03	6.15E-03	2.56E-02	2.14E-02
^{44}Ca†	1.22E-04	7.49E-05	1.43E-05	9.15E-05	2.11E-05	2.00E-05	2.97E-04
^{46}Ti†	2.56E-06	6.26E-06	6.72E-06	6.81E-06	6.84E-06	3.56E-05	1.44E-05
^{47}Ti†	5.13E-06	3.75E-06	3.11E-07	1.73E-06	9.11E-07	9.74E-07	6.26E-07
^{48}Ti†	1.68E-04	1.58E-04	8.59E-05	1.85E-04	8.98E-05	1.58E-04	1.42E-04
^{49}Ti†	3.45E-06	6.10E-06	7.54E-06	4.89E-06	6.01E-06	2.17E-05	6.97E-06
^{50}Ti†	3.56E-10	1.21E-09	1.17E-10	1.12E-10	5.90E-10	2.00E-10	2.56E-10
^{50}Cr	2.30E-05	5.15E-05	7.49E-05	3.54E-05	5.01E-05	1.49E-04	1.01E-04
^{52}Cr	1.15E-03	1.36E-03	1.44E-03	8.64E-04	1.31E-03	2.77E-03	6.86E-04
^{53}Cr	9.34E-05	1.35E-04	1.50E-04	7.12E-05	1.39E-04	3.56E-04	1.00E-04
^{54}Cr	3.35E-08	4.09E-08	2.53E-08	6.26E-09	2.41E-08	2.81E-08	7.61E-08
^{55}Mn	3.65E-04	4.74E-04	5.48E-04	2.27E-04	5.02E-04	8.41E-04	3.64E-04
^{54}Fe	2.10E-03	4.49E-03	6.04E-03	2.52E-03	4.81E-03	9.17E-03	5.81E-03
^{56}Fe	1.50E-01	1.44E-01	7.57E-02	7.32E-02	5.24E-02	7.50E-02	7.50E-02
^{57}Fe	4.86E-03	4.90E-03	2.17E-03	3.07E-03	1.16E-03	2.29E-03	3.83E-03
^{59}Co†	1.39E-04	1.22E-04	4.82E-05	1.31E-04	2.19E-05	2.51E-05	1.59E-04
^{58}Ni	5.82E-03	7.50E-03	3.08E-03	3.71E-03	1.33E-03	3.31E-03	9.25E-03
^{60}Ni	3.72E-03	3.36E-03	8.71E-04	2.18E-03	6.67E-04	3.88E-04	1.77E-03
^{62}Ni	1.05E-03	9.50E-04	2.52E-04	7.26E-04	1.70E-04	1.11E-04	1.28E-03

Tableau 4.1 : *Oboles individuelles de différentes étoiles de 13 à 70 $M_\odot$*
(d'après Nomoto).
L'écriture E-03 est équivalente à 10^{-3}, par exemple.

Élément	Masse éjectée (en $M_\odot$)	
	Nomoto-Thielemann	Woosley-Weaver
C	7,93 10^{-2}	1,70 10^{-1}
N	1,56 10^{-3}	6,24 10^{-2}
O	1,80	1,17
F	1,16 10^{-9}	5,61 10^{-5}

Ne	$2,31 \ 10^{-1}$	$1,91 \ 10^{-1}$
Na	$6,51 \ 10^{-3}$	$4,81 \ 10^{-3}$
Mg	$1,23 \ 10^{-1}$	$7,08 \ 10^{-2}$
Al	$1,48 \ 10^{-2}$	$9,7 \ 10^{-3}$
Si	$1,22 \ 10^{-1}$	$1,30 \ 10^{-1}$
P	$1,21 \ 10^{-3}$	$1,59 \ 10^{-3}$
S	$4,12 \ 10^{-2}$	$5,94 \ 10^{-2}$
Cl	$1,20 \ 10^{-4}$	$6,21 \ 10^{-4}$
Ar	$7,99 \ 10^{-3}$	$1,16 \ 10^{-2}$
K	$6,74 \ 10^{-5}$	$3,28 \ 10^{-4}$
Ca	$5,87 \ 10^{-3}$	$6,86 \ 10^{-3}$
Sc	$2,29 \ 10^{-7}$	$3,88 \ 10^{-6}$
Ti	$1,32 \ 10^{-4}$	$2,10 \ 10^{-4}$
V	$1,00 \ 10^{-5}$	$2,65 \ 10^{-5}$
Cr	$1,32 \ 10^{-3}$	$1,70 \ 10^{-3}$
Mn	$3,86 \ 10^{-4}$	$5,88 \ 10^{-4}$
Fe	$9,07 \ 10^{2}$	$1,14 \ 10^{-1}$
Co	$7,27 \ 10^{-5}$	$4,53 \ 10^{-4}$
Ni	$5,97 \ 10^{-3}$	$1,17 \ 10^{-2}$

Tableau 4.2 — *Obole d'une génération d'étoiles.*

Les oboles sont affectées par les incertitudes combinées de la physique de base (réactions nucléaires + convection) entrant dans le calcul de l'évolution pré-supernova et de celles qui caractérisent l'explosion elle-même.

La donation nucléaire des étoiles dépend au premier chef :

a) des *taux de réactions* nucléaires adoptés et de leurs variations en fonction de la température ;

b) du traitement de la *convection* et des divers processus de brassage qui sont à l'œuvre dans les étoiles ;

c) du traitement détaillé de l'explosion et notamment de la détermination de la *coupure* entre cœur effondré et enveloppe envolée, dans le cas des supernovae gravitationnelles.

Nous avons ici affaire à deux ordres de problèmes distincts concernant respectivement a) les taux de réaction nucléaires et b) le traitement mathématique de la convection. Mais leurs effets se conjuguent.

À titre d'exemple, les incertitudes nucléaires et convectives combinées affectent la taille du cœur de carbone + oxygène résultant de la fusion de l'hélium ainsi que le rapport carbone/oxygène dans celui-ci, et par là le rapport des cendres de ces éléments ainsi que la masse du cœur de fer, déterminante pour l'explosion.

Les trois problèmes, *nucléaire, convectif et gordien,* sont de nature et de gravité différentes.

— Les données nucléaires s'affinent progressivement grâce à un travail de titan, même si la réaction $^4\text{He} + {}^{12}\text{C} \rightarrow {}^{16}\text{O} + \gamma$, de toute première importance, est encore une épine dans le pied de la nucléosynthèse, étant donné la difficulté de sa mesure.

— De la coupure dépend la quantité de nickel-56 éjectée et par conséquent, en dernière instance, la brillance des supernovae. On a donc la main sur ce paramètre. Et on peut se contenter, dans un premier temps, de le rajuster pour tenir compte des observations de courbes de lumière des supernovae.

Des trois problèmes, celui de la convection est le plus délicat.

Le traitement adéquat des différents processus de brassage est le problème le plus important de la théorie de l'évolution stellaire. Et ceci nous chagrine tout spécialement car la théorie afférente marque le pas. Brasseurs stellaires, unissez-vous !

La table des oboles sert donc de base à la modélisation de l'évolution chimique de la galaxie (et de toutes les galaxies).

Trois composantes distinctes doivent être spécifiées : l'obole des étoiles massives ($8 - 100 \ M_\odot$) qui deviennent *supernovae de type II,* celle des étoiles de masse intermédiaire et faible ($M = 1\text{-}8 \ M_\odot$) qui fleurissent en *nébuleuses planétaires,* et enfin celle des naines blanches gavées qui donnent naissance à des *supernovae de type Ia.*

DOSSIER 5

Évolution galactique

Lexique

Fonction de masse initiale : répartition en masse des étoiles à la naissance.

Évolution chimique des galaxies

Le maître mot de la théorie moderne du monde est « évolution ». L'impressionnante cohérence de la vision astro-nucléaire du ciel vient à accréditer l'idée d'une *évolution des espèces nucléaires* qui revêt la même importance pour l'astrophysique que *l'évolution des espèces vivantes* pour la biologie.

Elle est elle-même précédée par *l'évolution des espèces corpusculaires,* très brève (moins d'une seconde) mais déterminante, car elle fixe les composantes de base des atomes, c'est-à-dire les particules *stables* qui leur serviront de pierre de construction (protons et neutrons), ainsi que la nature de leur liant.

L'évolution nucléaire précède et détermine toutes les autres (géologique, biologique), ses agents principaux sont les étoiles.

Quatre arguments majeurs peuvent être avancés pour soutenir la thèse d'une généalogie stellaire de la matière atomique, ceux de *l'antique pauvreté,* du *chemin lumineux,* du *grand cycle galactique* et de *l'alchimie stellaire.* Ces arguments ne sont pas indépendants, mais au contraire profondément liés par une dialectique propre entre petit et grand, nucléaire et astronomique.

Notez que je ne dis pas « infiniment petit » car il y plus petit que le noyau d'atome, à savoir la particule élémentaire, et il y a plus grand que l'échelle à laquelle nous nous plaçons ici, c'est-à-dire celle des étoiles et des galaxies.

Argument de l'antique pauvreté

Dans le dernier demi-siècle, on a pu établir avec certitude un fait astronomique de première importance : la composition chimique des étoiles de notre galaxie et des galaxies extérieures connaît des variations et il existe une relation inverse entre l'âge et la teneur en éléments lourds, ou métallicité, ce qui indique à l'envie que le Big Bang ne peut être à l'origine de tous les types d'atomes.

Cette constatation donne le coup de grâce à la thèse de Gamow selon laquelle la température et la pression, au tout début de l'univers, étaient suffisantes pour susciter la nucléosynthèse des éléments au-delà du lithium. La rude réalité des observations aura eu raison d'une des plus belles théories qui soit, celle de l'origine unique des éléments.

La proportion d'éléments lourds varie d'un facteur mille et davantage entre les étoiles de différents âges et selon le degré de développement des sociétés d'étoiles.

En règle générale, donc, au royaume des étoiles, les plus anciennes sont aussi les plus démunies en métaux. Ainsi, au fil du vieillissement, vague de travailleurs stellaires après vague, les galaxies vont s'enrichissant. Les générations d'étoiles les plus récentes sont plus riches que les précédentes en raison du labeur de celles-ci qui se solde par la confection de toute une variété de noyaux et leur distribution et mise à disposition pour usages variés par vents stellaires, envol des enveloppes et explosions interposées.

Argument du chemin lumineux

La gravure propre de chaque étoile sur le parchemin qu'est le diagramme HR est fonction de sa masse et dans une moindre mesure de sa métallicité de naissance. Chaque station sur un trajet évolutif particulier désigne un cycle de fusion thermonucléaire. Le chemin est différent pour chaque étoile ainsi que la vitesse de parcours.

L'explication de la configuration du diagramme HR s'effectue en termes de cycles de fusion nucléaire enchaînés, par exemple : séquence principale = fusion de l'hydrogène, géante rouge = fusion centrale de l'hélium, Branche Asymptotique des Géantes = double fusion en couches de l'hydrogène et de l'hélium.

Le rougissement des étoiles au fur et à mesure qu'elles vieillissent est un signe d'épuisement de l'hydrogène dans leur cœur. La contraction gravitationnelle du cœur d'hélium se double d'une fusion de l'hydrogène en couches autour du cœur alors que la température de celui-ci ne fait que croître. L'étoile entame alors l'ascension de la branche des géantes. On a pu le comprendre grâce au travail de Chandrasekhar, Sandage et Schwarzschild entre 1942 et 1952.

Ainsi, les étoiles vieillissantes virent au rouge (sauf pour les plus massives qui deviennent violettes et même ultraviolettes) et s'écartent progressivement de la séquence principale. Leur température centrale croît de même que leur pression, ce qui rend possible le déclenchement de réactions nucléaires aptes à bâtir, à partir de l'hélium, le carbone, et cela tout au long de la montée de la branche des géantes. Les étoiles brillent parce qu'elles transmutent les éléments.

La construction des espèces nucléaires dans les étoiles massives s'achève en apothéose dans l'explosion des supernovae.

Argument du grand cycle galactique

Le grand cycle d'inspiration et expiration de la matière (condensation, nucléosynthèse, éjection, condensation) sert aujourd'hui de poumon à toutes les études d'évolution des galaxies. Son expression achevée, nous la devons à Fred Hoyle, que l'on rencontre à toutes les étapes de l'édification de la doctrine astro-nucléaire.

Ce schéma de pensée ne fait qu'illustrer ce dire : le monde est en évolution dans toutes ses régions (galaxies) et les moteurs de l'évolution cosmique sont les étoiles, qui naissent au gré des nuages gazeux. Cette vision isolationniste et privée (presque « maternelle », dirons-nous), contrastant avec la vision globale (« paternelle ») d'un univers en expansion, singularise en quelque sorte chaque société d'étoiles pour en faire une cellule séparée du reste, évoluant de son propre chef au rythme de sa reproduction.

Le recyclage de la matière incinérée et transformée par les étoiles et l'enrichissement progressif de la matière en éléments lourds au fil du passage dans les creusets stellaires représente le grand schème qui fonde le thème de *l'évolution nucléaire des galaxies*.

Argument de l'alchimie nucléaire

La démonstration détaillée du fait que la nucléosynthèse peut prendre effet dans les intérieurs stellaires sur toute la gamme des masses atomiques vient étayer tout ce qui a été dit jusqu'ici.

La nucléosynthèse stellaire gagna en crédibilité lorsqu'on put se convaincre que le Big Bang ne pouvait circonvenir par lui-même l'absence de noyau stable de masse 5.

Les premiers développements majeurs dans ce sens sont imputables à Opik (dès 1938) et indépendamment à Salpeter (1952) et Hoyle qui ont pu démonter qu'une réaction triple (3α) était capable, à l'intérieur des étoiles, d'engendrer le carbone. Le saut au-dessus du gouffre qui sépare l'hélium du carbone a modifié profondément le champ de la nucléosynthèse en ouvrant le chemin de la complexité nucléaire, car à partir du carbone la voie est ouverte qui mène à l'uranium.

La démonstration de la fertilité nucléaire des étoiles est fondée sur une combinaison de connaissances appartenant à des domaines *a priori* très éloignés de la physique, à savoir la structure interne des étoiles (température et pression à toutes les profondeurs) d'une part et les probabilités de réactions à diverses énergies de tous les noyaux avec les protons, les neutrons et entre eux d'autre part, dont l'acquisition a été accélérée par la Seconde Guerre mondiale. Toute la beauté de l'astrophysique nucléaire tient dans la réussite de ce mariage et dans la complémentarité des deux disciplines impliquées. Le papillon nucléaire est revenu à sa chrysalide stellaire.

Toute la diversité chimique du monde, reflétée par le tableau de Mendeleïev assorti de la table d'abondance des éléments trouve enfin une explication. Nous sommes aujourd'hui à l'époque de l'étude de l'évolution chimique des galaxies visant à écrire l'histoire de chaque élément (atome) dans son contexte astrophysique propre. Le nom de Béatrice Tinsley, initiatrice de cette vision, morte prématurément, est dans toutes les mémoires.

La confluence de la physique du noyau et de celle des astres est à l'origine du concept d'*évolution cosmique* aussi important pour l'astronomie et la cosmologie que l'évolution des espèces pour la biologie.

Est-ce parce que la révolution a échoué sur Terre que les hommes se sont mis à chercher l'évolution dans le ciel ? Et depuis nous allons clamant que nous sommes poussière d'étoiles, ce qui n'est que partiellement vrai car l'hydrogène est la cendre du Big Bang. *Le cosmos est en évolution.* Nous vivons l'âge d'or de l'astrophysique évolutionniste.

Une image mentale de l'évolution de la galaxie

La base logique du modèle est la suivante : à l'exception des plus légers, l'histoire des éléments dans la galaxie est dominée par la nucléosynthèse de nombreuses générations d'étoiles. Chacun, *a priori*, a une histoire différente de toute autre. Toutefois, les espèces d'origine commune, celles qui sont par exemple produites en abondance par tel et tel type d'étoile, sont susceptibles d'évoluer en parallèle. L'image qu'il s'agit de mettre en scène, ou plutôt en modèle, est donc relativement simple, elle est fondée sur les règles de transformation irréversible suivantes, qui définissent le sens de l'évolution.

Gaz → Étoile

Noyaux simples → Noyaux complexes

Gaz sans étoile → Étoiles sans gaz

Le modèle suppose une évolution en vase clos, avec des générations successives d'étoiles prenant naissance dans le milieu interstellaire. À chaque génération, une fraction du gaz est transformée en métaux et retournée au milieu interstellaire. Le gaz emprisonné dans les étoiles de petites masses et les résidus compacts ne prend plus aucune part à l'évolution galactique. Dans ce modèle, la métallicité ne peut que croître au fil du temps. Voici donc définie la flèche du temps galactique. L'évolution se poursuivra jusqu'à épuisement du gaz.

Outre le temps de vie des étoiles en fonction de la masse initiale, le « kit » d'évolution galactique se compose des trois éléments suivants :

1. la production d'éléments lourds par les étoiles de masse variée qualifiée de « yields » ou « *obole nucléaire* » ;

2. la répartition en masse des étoiles ou *fonction de masse initiale* ;

3. le *taux de formation d'étoiles*.

Parmi ces trois ingrédients, seul le premier se prête actuellement au calcul à partir des principes premiers de la physique, grâce au modèle d'évolution stellaire et de nucléosynthèse forgé au cours des dernières décennies.

Obole et temps de vie sont des propriétés individuelles, variant d'étoile à étoile. Le passage de l'individu à la société implique la connaissance de deux paramètres démographiques, si j'ose dire, concernant, d'une part, la répartition en masse des étoiles à la naissance au sein d'une génération, et d'autre part le rythme de formation d'étoiles, toutes masses confondues, à différentes périodes de la vie de la galaxie.

Le deuxième paramètre, la fonction de masse initiale (FMI) pondère, au sein d'une génération, les contributions des étoiles de différentes masses au prorata de leur nombre. La FMI moyenne a été établie empiriquement et paraît relativement stable au cours du temps. Le nombre d'étoile de masse M est inversement proportionnel au cube de M, en première approximation, si l'on exclut les plus fluettes ($M < 1\ M_\odot$). Au vu de la distribution des masses à la naissance, ainsi établie, on remarque combien les étoiles massives sont rares. On compte environ mille naissances d'étoiles de type solaire pour une naissance d'étoile de $10\ M_\odot$.

En supposant que la FMI est invariable, il est loisible de calculer la production moyenne des différentes générations d'étoiles (nées de même métallicité) et d'estimer ainsi leur contribution à l'évolution galactique (dossier 4).

Les abondances produites par toute une population ne sont pas aussi discontinues et irrégulières que celles que montre la table des oboles individuelles car celles-ci sont moyennées sur la distribution de masse (dossier 4).

Le troisième paramètre des modèles d'évolution chimique de la galaxie, le taux de formation d'étoiles (TFE), en définit pratiquement le rythme d'évolution. Il est malheureusement fort incertain, car il n'existe pas de théorie de la formation d'étoile digne de ce nom. Déclinant au fil du temps, le taux de formation d'étoiles est souvent pris comme proportionnel à la fraction gazeuse de la galaxie qui ne fait que décroître, elle aussi, ou à une certaine puissance de celle ci, inférieure à 2.

Ce paramètre est toutefois contraint par la relation entre âge et teneur en fer des étoiles, le taux de supernova observé qui témoigne du TFE actuel (de l'ordre de 3 par siècle) et par la fraction gazeuse présente. Au terme de 10 milliards d'années d'évolution, la partie de la galaxie que nous décrivons, c'est-à-dire le voisinage solaire, conserve 10 % de gaz environ.

On suppose que la région à laquelle s'applique le calcul n'est pas influencée par un apport de matière extérieure et n'est sujet à aucune perte de substance ; en d'autres termes qu'elle fonctionne en autarcie (modèle de la boîte fermée). Moyennant ces hypothèses résolument simplificatrices, on a la satisfaction de voir se dérouler sur de simples diagrammes toute l'évolution galactique, si l'on se contente, bien sûr, de ses grandes lignes.

Le modèle se complique à souhait lorsqu'on introduit la variation des paramètres au cours du temps (ou de la métallicité qui s'y rapporte).

Tout l'art de l'évolution galactique est de proposer un modèle en rapport avec les données disponibles, compte tenu de leur volume et de leur précision. Ainsi, le modèle d'évolution doit être conçu lui-même de façon évolutive.

Dans l'état actuel de nos connaissances, le modèle le plus simple, si l'on exclut la période encore très obscure de la formation de la galaxie, semble suffisant pour expliquer les grandes tendances déduites de l'observation systématique des étoiles appartenant à diverses populations. Mais cette image ne saurait suffire dans l'avenir, et des simulations numériques bien plus sophistiquées sont à l'étude, qui incluent, en l'occurrence, l'aspect hydrodynamique (violent, turbulent) de l'évolution chimique de la galaxie, ainsi que sa contrepartie lumineuse (photométrique), pour la rapporter à l'évolution de ses semblables, les galaxies spirales.

Mais revenons au modèle simple et robuste de la boîte fermée pour en analyser le fonctionnement. Techniquement, le calcul des quantités physiques opère pas à pas. Intéressons-nous, par exemple, à la quantité de gaz présente dans une vaste région de notre galaxie centrée sur le Soleil et à sa composition. Au premier pas de la valse, la galaxie est complètement gazeuse et vierge de tout noyau complexe. Sa composition est celle du Big Bang. Au nième pas de temps, d'épaisseur dt, on fait le décompte de tout ce qui est gagné et perdu dans le milieu interstellaire dans l'intervalle dt. Les nouveaux noyaux qui apparaissent sont tributaires des étoiles formées aux pas de temps précédents et donc de l'histoire. La portion à défalquer du milieu gazeux est celle qui est transformée en étoiles dans le pas de temps considéré. On passe au pas de temps suivant et ainsi de suite... et de petit pas en petit pas, partant de la matière la plus fruste, on arrive à la magnificence du système solaire, puis du temps présent.

Au titre des profits, on porte tous les noyaux éjectés par les étoiles en fin de vie, c'est-à-dire celles qui sont nées dans des temps plus anciens et qui agonisent précisément au temps t, au prorata de leurs masses. Ainsi, une étoile de masse M qui meurt au temps t est née x années avant, où x est le temps de vie dépendant de la masse.

Par exemple, la donation nucléaire d'une étoile de 20 masses solaires — c'est-à-dire son versement en espèces nucléaires variées — s'effectue 10 millions d'années après sa naissance, lorsqu'elle explose. L'éclosion d'une supernova de type Ia est plus tardive, 100 millions d'années au moins après la formation d'un couple stellaire à vocation explosive dont l'un des membres deviendra naine blanche. Plus extrême encore est le délai de livraison des étoiles de masse comparable à celle du Soleil : celles qui se sont formées au début de la galaxie arrivent à peine à s'ouvrir aujourd'hui et à répandre leur substance en donnant naissance à des nébuleuses planétaires du plus bel effet visuel.

Au titre des pertes gazeuses, on doit faire passer le gaz transformé en étoiles et la matière emprisonnée dans les cadavres stellaires (des trois genres : naines blanches, étoiles à neutrons et trous noirs), les planètes et les étoiles avortées (naines brunes), figés à jamais et définitivement retranchés de l'évolution chimique (nucléaire) de la galaxie.

Au titre des profits est enregistré le gaz rejeté par chaque étoile agonisante (supernovae et nébuleuses planétaires) et réinjecté dans le grand cycle galactique.

Le calcul ne pose aucune difficulté de principe, mais les paramètres sont incertains, nous l'avons dit. De ce fait, il ne faut pas voir l'évolution galactique comme une théorie accomplie, mais plutôt comme un *scénario réaliste*, nous y insistons. En déroulant l'histoire de la Voie lactée jusqu'à la période actuelle, on peut suivre le comportement du gaz, des étoiles et des métaux, dialectiquement liés. On retiendra de cette grande épopée matérielle les mouvements suivants :
— croissance et stabilisation de la métallicité,
— déclin du taux de formation d'étoiles,
— diminution du nombre de supernovae.

La galaxie considérée comme un objet naturellement s'use car aucun objet n'est éternel. L'âge d'or de la nucléosynthèse est révolu. Dans notre région de la Voie lactée, le baby-boom stellaire n'est qu'un souvenir. Le fleuve des naissances stellaires est à l'étiage, car la quantité de gaz restante n'est qu'une modeste fraction du total (10 % peut-être). Et il en est de même en tout lieu de notre galaxie qui a épuisé ses nuages en les monnayant en étoiles, sauf peut-être dans un anneau gazeux situé à un rayon de 13 000 années-lumière environ du centre galactique, où se célèbrent encore de nombreuses naissances d'étoiles.

Le faible taux de supernovae (3 par siècle, environ, dans la galaxie entière) témoigne également d'un fort ralentissement de l'activité de formation d'étoiles faute de carburant. Les rares supernovae à venir ne sauraient modifier notoirement la composition actuelle du milieu interstellaire. L'évolution chimique du disque de la galaxie touche donc à sa fin. Elle se solde par une stabilisation générale des abondances à un niveau comparable à celles du Soleil. Mortel le Soleil ! Mortelle la galaxie ! Il est poignant de voir la Voie lactée jeter ses derniers feux. Elle s'éteint, mais nous nous éteindrons bien avant elle.

Dates clés

1572	Brahé	Supernova
1610	Galilée	Lunette
1731	Messier	Catalogues de « nébuleuses »
1916	Einstein	Univers relativiste : solution statique
1917	de Sitter	Univers relativiste : solution sans matière
1922	Friedmann	Univers relativiste : solution dynamique
1924	Hubble	Découverte de céphéides dans Andomède
1933	Hubble, Humason	Récession des galaxies ($v = Hd$)
1933	Lemaître	Notion de début de l'univers
1939	Bethe	Fusion de l'hydrogène dans les étoiles
1948	Gamow	Prédiction du rayonnement cosmologique fossile
1948	Gamow, Bethe, Alpher	Nucléosynthèse primordiale
1957	Burbidge, Burbidge, Fowler, Hoyle, Cameron	Nucléosynthèse stellaire
1965	Penzias, Wilson	Découverte du fond diffus cosmologique
1999	Perlmuter, Riess, Smith	Accélération de l'expansion de l'univers ?

Constantes et unités

Constantes universelles

Vitesse de la lumière dans le vide : $c = 2{,}99792458 \times 10^{10}$ cm s^{-1}
Constante de la gravitation : $G = 6{,}67\,259 \times 10^{-8}$ cm^3 g^{-1} s^{-2}
Constante de Planck : $h = 6{,}67\,259 \times 10^{-27}$ erg s

Électron, proton, neutron

Charge de l'électron : $e = 4{,}803242 \times 10^{-10}$ esu
$\qquad\qquad\qquad\qquad e = 1{,}60217733 \times 10^{-19}$ coulomb
Masse de l'électron : $m_e = 9{,}1093897\ 10^{-28}$ g
Énergie de masse de l'électron : $m_e c^2 = 0{,}5109906$ MeV $= 8.1871\ 10^{-7}$ erg
Rayon classique de l'électron : $r_e = 2{,}81\,794\,092 \times 10^{-13}$ cm
Longueur d'onde Compton de l'électron : $\lambda_e = 2{,}42\,631\,058 \times 10^{-10}$ cm
Masse du proton : $m_p = 1{,}6\,726\,231 \times 10^{-24}$ g
Masse du neutron : $m_n = 1{,}6\,749\,286 \times 10^{-24}$ g

Constantes physico-chimiques

Nombre d'Avogadro : $N_A = 6{,}022\,137 \times 10^{23}$ mole^{-1}
Constante de Boltzmann : $k = 1{,}380\,658 \times 10^{-16}$ erg K^{-1}

Constantes astronomiques

Année-lumière : a-l $= 9{,}46\,530 \times 10^{17}$ cm
Parsec : pc $= 3{,}085\,678 \times 10^{18}$ cm
$\qquad\qquad = 3{,}261\,633$ a-l
Masse solaire : $M_\odot = 1{,}9\,891 \times 10^{33}$ g
Rayon solaire : $R_\odot = 6{,}9\,599 \times 10^{10}$ cm
Luminosité solaire : $L_\odot = 3{,}8\,268 \times 10^{33}$ erg s^{-1}
Température effective du Soleil : $T_{eff} = 5\,780$ K

Références

ALLÈGRE, C., *De la pierre à l'étoile*, Fayard, 1985, rééd. 1996.

ARNOULD, M. et TAKAHASHI, K., *Nuclear Astrophysics*, Reports on Progress in Physics, 62, 393, 1999.

ARNETT, D., *Supernovae and Nucleosynthesis*, Princeton University Press, 1996.

AUDOUZE, J, MUSSET, P. et PATY, M., *Les Particules et l'univers*, Nouvelle Encyclopédie Diderot, PUF, 1990.

AUDOUZE J. et ISRAËL G., *Le Grand Atlas d'astronomie*, Encyclopaedia Universalis, 1983.

AUDOUZE, J. et VAUCLAIR, S., *L'Astrophysique nucléaire*, PUF (Que sais-je ?).

AUDOUZE, J., *L'Univers*, PUF (Que sais-je ?).

AUDOUZE, J. CASSÉ, M et CARRIÈRE, J.-C., *Conversations sur l'invisible*, Belfond, 1989, Plon, 1998.

AUDOUZE, J. et CAZENAVE, M., *L'Homme dans ses univers*, Albin Michel, 2000.

BAHCALL, J. N., *Neutrino Astrophysics*, Cambridge University Press, 1989.

BARROW, J., *La Grande Théorie*, Albin Michel, 1994.

BRAHIC A., *Enfants du Soleil*, Odile Jacob, 1999.

BROWN, G, KAMIONKOWSKI, M. et TURNER, M., *David Schramm's Universe*, Physics Report, 6, 333, 2000.

CASSÉ, M., *Nostalgie de la Lumière*, Belfond, 1987.

CASSÉ, M., *Du vide et de la création*, Odile Jacob, 1993.

CASSÉ, M., *Théories du Ciel*, Payot, 1999.

CAZENAVE, M., *Dictionnaire de l'ignorance*, Albin Michel, 1999.

CLAYTON, D. D, *Principle of Stellar Evolution and Nucleosynthesis*, University of Chicago Press, 1983.

CRIBIER, M. SPIRO, M et VIGNAUD, D., *La Lumière des neutrinos*, Seuil, 1995.

CROZON, M., *L'Univers des particules*, Seuil, 1999.

DANIEL, J.Y., *Sciences de la Terre et de l'Univers*, Vuibert, 1999.

DAVIES, P. C. W, *The New Physics*, Cambridge University Press, 1989.

DOOM, C., *La Vie des étoiles*, Le Rocher, 1986.

FRIEDMANN A. et LEMAÎTRE, G., *Essais de cosmologie*, précédés de *L'Invention du Big Bang*, par J. P. Luminet.

FORESTINI, M., *Principes fondamentaux de structure stellaire*, Gordon & Breach Science Publishers.

GOLDBACH C. et G. NOLEZ, *L'Astronomie*, 1999.

KALER, J.B., *Stars and their Spectra*, Cambridge University Press, 1997.

KLEIN E. et LACHIÈZE-REY, M., *La Quête de l'unité*, Albin Michel, 1996.

KOLB, E et TURNER, M. S., *The Early Universe*, Addison-Wesley, 1990.

KRAUSS, L., *The Fith Essence : the Search of Dark Matter in the Universe*, Basic Books, 1989.

LACHIÈZE-REY, M., *Connaissance du cosmos*, Albin Michel, 1987.

LASSERRE T., *L'Astronomie*, vol 114, 199.

LEHOUCQ, R. et CASSÉ M., in *Supernovae*, Les Houches 1990, North Holland.

LUMINET, J.-P., *Les Trous noirs*, Seuil, 1992.

LUMINET, J.-P., *Les Poètes et l'univers*, Cherche-Midi, 1996.

MOCHKOVITCH R., « An introduction to the physics of type II supernova explosion », in *Matter under Extreme Conditions*, Springer Verlag, 1994. LÉNA, P., *Astrophysique : méthodes physiques de l'observation*, CNRS Interédition, 1986.

NOTTALE, L., *L'Univers et la Lumière*, Flammarion, 1994.

PAUL, J., *L'Homme qui courait derrière son étoile*, Odile Jacob, 1998.

PEEBLES, P.J., *Principle of Physical Cosmology*, Princeton University Press, 1993.

PHILLIPS, A.C., *The Physics of Stars*, John Willey and sons, 1994.

PRANTZOS, N, VANGIONI-FLAM, E. et CASSÉ, M., *Origin and Evolution of the Elements*, Cambridge University Press, 1993.

PRANTZOS, N. et MONTMERLE, T., *Naissance, vie et mort des étoiles*, PUF (Que sais-je ?), 1998.

RAMATY, R., VANGIONI-FLAM, E., Cassé, M. et Olive K., *Lithium, Beryllium, Boron, Cosmic Rays and Related X and Gamma Rays*, Astronomical Society of the Pacific Conference Series, Volume 171.

REEVES, H., *Patience dans l'Azur*, Seuil, 1986.

REEVES, H., *Dernières nouvelles du cosmos,* Seuil, 1994.

REEVES, H., *La Première Seconde*, Seuil, 1995.

RICARD M. et THUAN T.X., *L'Infini dans la paume de la main*, Fayard, 2000.

RIORDAN, M et SCHRAMM, D.N., *Les Mirages de la création*, Albin Michel, 1998.

ROLFS, C.E. et RODNEY, W.S., *Cauldrons in the Cosmos : Nuclear Astrophysics*, University of Chicago Press.

SCHATZMAN, E., *Les Enfants d'Uranie*, Seuil, 1986.

SCHATZMAN, E et PRADERIE, F., *Les Étoiles*, InterÉdition, 1990.

SEXL, R. et SEXL, H., *White Dwarfs – Black Holes : an Introduction to Relativistic Astrophysics*, Academic Press, 1979.

SHU, F.H., *The Physical Universe*, University Science Books, 1982.

SILK, J., *A Short History of the Universe*, Scientific American Library, 1994.

SILK, J., *Le Big Bang*, Odile Jacob, 1997.

SLEZAK, E. et THÉVENIN, F., *Nucléosynthèse et abondance dans l'univers*, Cépaduès Éditions, 1998.

THUAN, T.X., *La Mélodie secrète*, Fayard, 1988.

THUAN, T.X., *Le Destin de l'univers*, Gallimard (Découverte), 1998.

TUBIANA R. et DAUTRAY R., *La Radioactivité et ses applications*, PUF (Que sais-je ?), 1996.

VALENTIN, L, *Physique subatomique : noyaux et particules*, vol I et II, Collection « Enseignement des sciences », 1982.

VANGIONI-FLAM, E. et CASSÉ, M., *Petite Étoile*, Odile Jacob, 1999.

VAUCLAIR, S., *La Symphonie des étoiles*, Albin Michel, 1996.

VERDET, J.P., *Astronomie et Astrophysique*, Larousse (Textes essentiels), 1993.

VIDAL-MADJAR, A., *Il pleut des planètes*, Hachette, 2000.

VON BALMOOS, P. et KNODLREDER J., *Couleur de l'Espace*, logiciel.

WEINBERG, S., *Les Trois Premières Minutes de l'univers*, Seuil, 1977.

Table

Remerciements 11

PRÉAMBULE : **Lever d'astres dans le ciel
de la connaissance** 13

CHAPITRE I : **Défense et illustration de l'astrophysique
nucléaire** 15

*Buts et motivations de l'astrophysique nucléaire (15) — Histoire de la
théorie du ciel (17) — Astrophysique explosive (21)*

CHAPITRE II : **Lumière des atomes, lumière du ciel** 25

Matière avec et sans lumière (25)

CHAPITRE III : **Visions** 31

*Langage-lumière équivalence couleur — longueur d'onde — température
(32) — Visible/invisible (33) — Voyage rêvé dans le plan température-
luminosité (36) — Notes de lumière (38) — Accélérateurs dans le ciel
(43) — Lumière et mouvement (47) — Vision à trois dimensions (49) —
Histoire de la structuration (50) — Histoire de la chair du monde (51) —
Méthodologie(52) — Archivage cosmique (53) — Télescopes (54) — Télescopes en l'air, au sol et dans le sous-sol (55)*

CHAPITRE IV : **Matière du ciel. Sources et fontaines d'atomes** 67

*Galaxie (69) — Soleil (71) — Nuages cosmologiques (72) — Exégèse de
la table d'abondance (74) — Point de vue économique et biologique
(75) — Point de vue cosmique et mathématique (76) — Analyse raison-
née de la table d'abondance (80) — Jeu de quilles nucléaires (85) —
Poussières de supernovae (88) — Astronomie de la radioactivité (91)*

CHAPITRE V : **Soleils nucléaires** 93

*La référence solaire (93) — Cœur nucléaire (102) — Modèle stellaire
(105) — Cris et chuchotements (108) — Histoire des étoiles : brillante
et sombre (109) — Sources des atomes (111) — Synthèse des nucléosynthèses (113) — Noyaux s et r (118)*

CHAPITRE VI :　**Sociologie des étoiles et des nuages** 123

Galaxies : unités structurelles du cosmos (123) — Dialectique des étoiles et des nuages (126) — Chimie interstellaire (130) — L'hydrogène dans tous ses états (132) — Nébuleuses planétaires (133) — Vestiges de supernovae : un crabe brillant (135) — Rayons cosmiques (136) — Effets secondaires des rayons cosmiques (138)

CHAPITRE VII :　**Histoires** 141

***Histoire du Soleil** (141) — **Histoire du carbone** (154) — **Histoire du fer** (164) — Explosion (167) — Preuves de l'origine explosive et radioactive du fer (169) — Supernovae thermonucléaires (173) — Louanges aux supernovae (177) — Destin ferreux, non féerique (178) — Hypernovae et sursauts gamma (179) — Supernovae et hyper-novae (182) — **Histoire de l'or** (185) — **Histoire du plomb** (187)*

CHAPITRE VIII :　**Étoiles antiques du halo galactique** 201

Indices de l'évolution chimique de la galaxie (201) — Classes laborieu-ses (207) — Résultats (210) — Liste de vœux scientifiques (215) — Li, Be, B : la polémique de l'oxygène et l'origine des éléments légers (216) — Milieu interstellaire : gaz et poussières (218) — Nuages cosmologiques (220)

CONCLUSION 223

DOSSIER 1　*Matière et énergie invisibles* 227
DOSSIER 2　*Supernovae et cosmologie* 245
DOSSIER 3　*Dossier explosif* 251
DOSSIER 4　*Nucléosynthèse stellaire* 257
DOSSIER 5　*Évolution galactique* 263

Dates clés 271
Constantes et unités 272
Références 273
Aide mémoire Galactique 277

Ouvrage publié sous la responsabilité éditoriale de Gérard Jorland

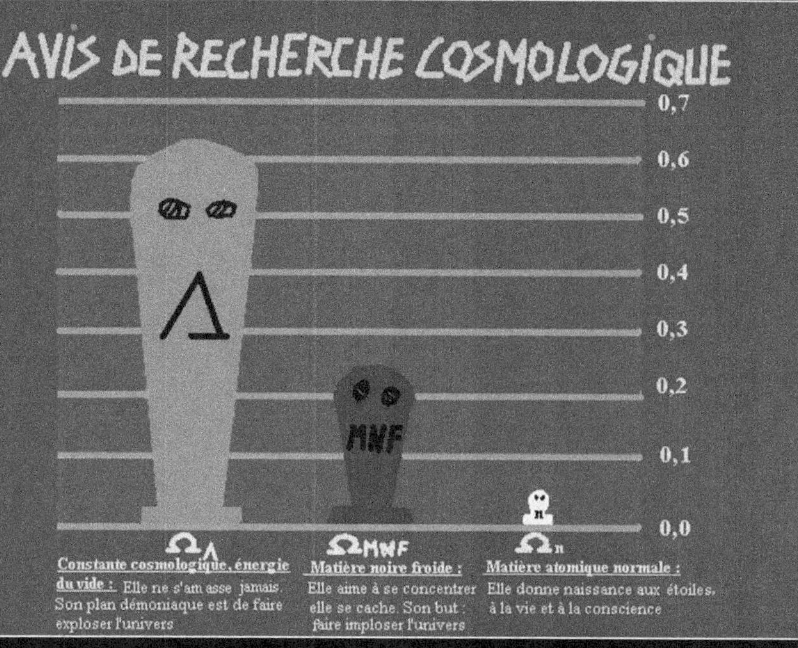
AVIS DE RECHERCHE COSMOLOGIQUE
0,7
0,6
0,5
0,4
0,3
0,2
0,1
0,0
MNF
Ω_Λ
ΩMNF
Ω_n
Constante cosmologique, énergie du vide : Elle ne s'amasse jamais. Son plan démoniaque est de faire exploser l'univers
Matière noire froide : Elle aime à se concentrer elle se cache. Son but : faire imploser l'univers
Matière atomique normale : Elle donne naissance aux étoiles, à la vie et à la conscience

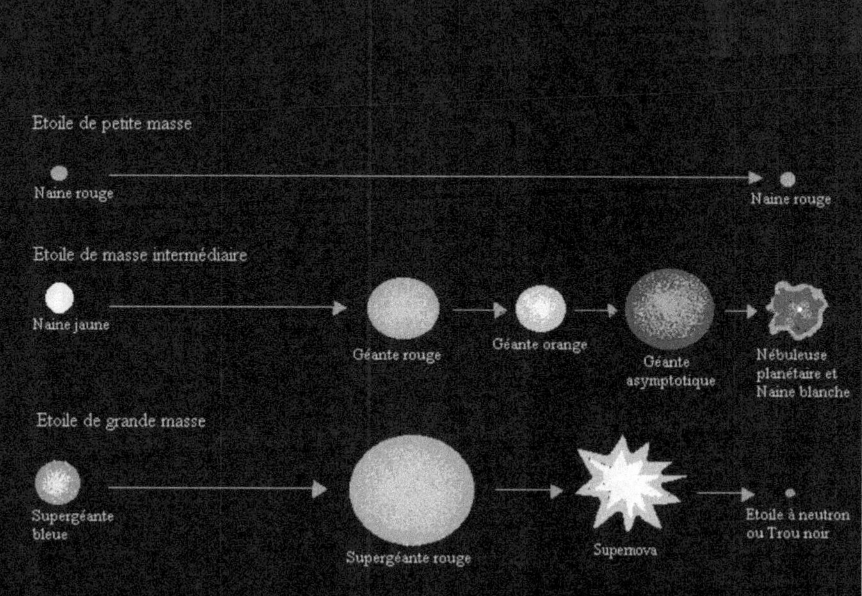
Etoile de petite masse
Naine rouge
Naine rouge
Etoile de masse intermédiaire
Naine jaune
Géante rouge
Géante orange
Géante asymptotique
Nébuleuse planétaire et Naine blanche
Etoile de grande masse
Supergéante bleue
Supergéante rouge
Supernova
Etoile à neutron ou Trou noir

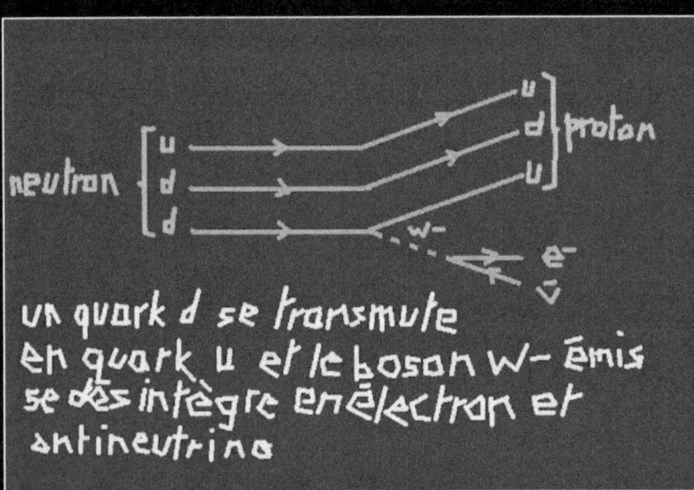

SYNCHROTRON
e⁻

neutron
u
d
d
u
d
u
proton
w⁻
e⁻
ν̄
un quark d se transmute
en quark u et le boson w⁻ émis
se des intègre en électron et
antineutrino

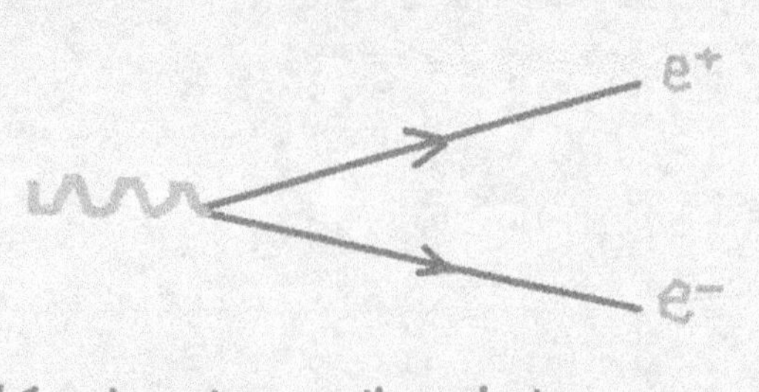

e⁺
e⁻
Matérialisation d'un photon d'au moins
1,2 MeV en paire électron-positron

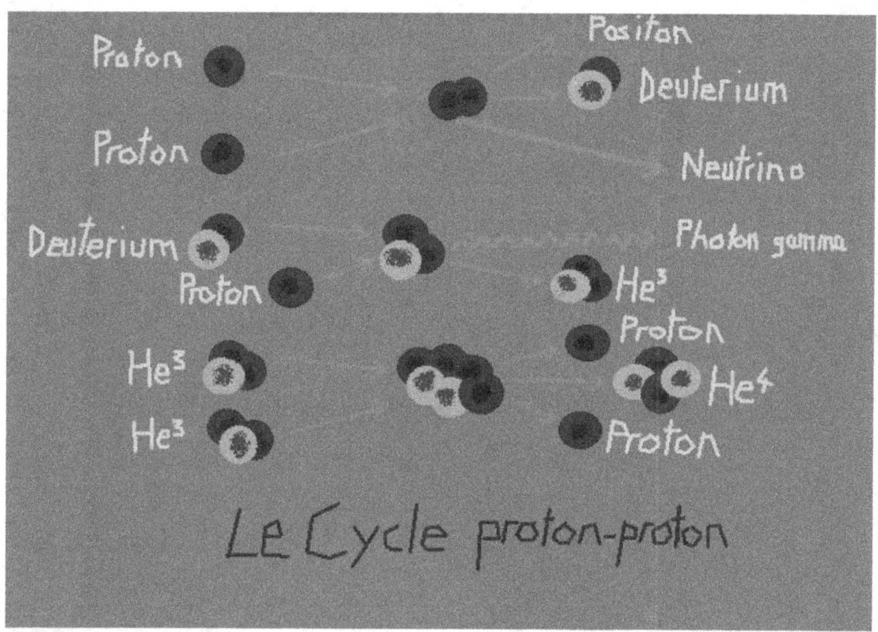

Proton
Proton
Deuterium
Proton
He³
He³
Positon
Deuterium
Neutrino
Photon gamma
He³
Proton
He⁴
Proton
Le Cycle proton-proton

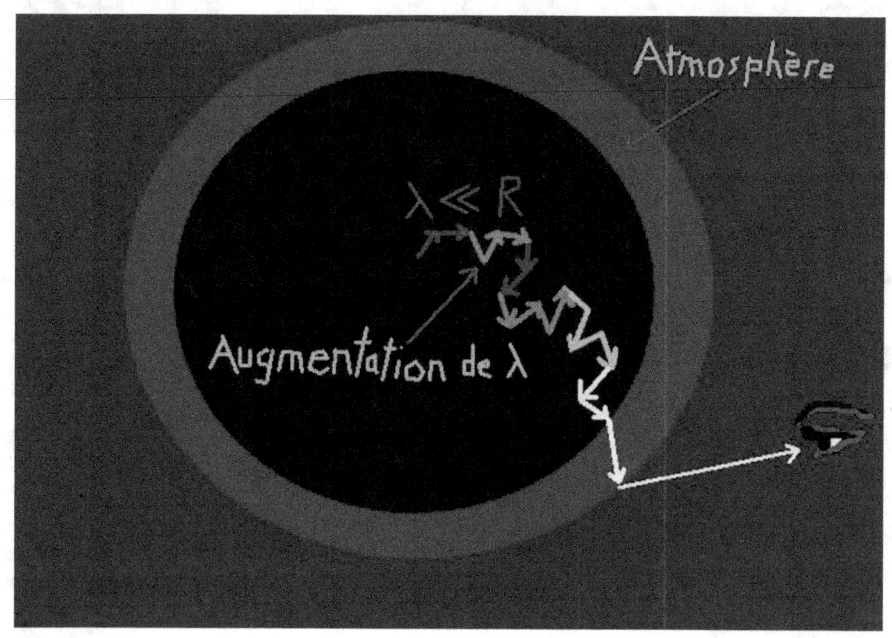

Atmosphère
$\lambda \ll R$
Augmentation de λ

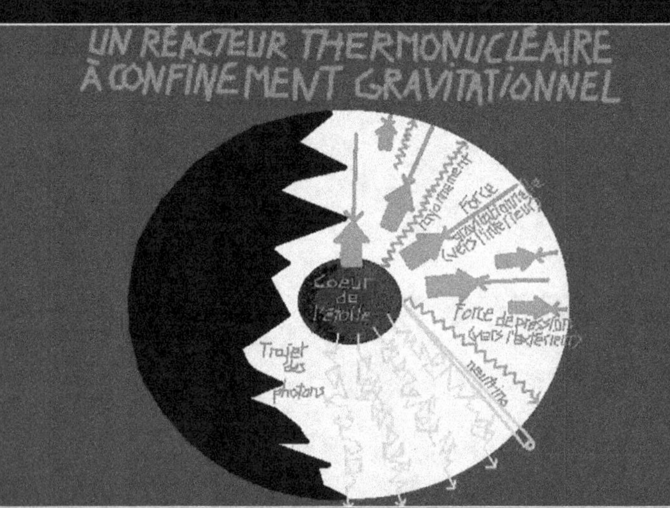
TEMPÉRATURES

UN RÉACTEUR THERMONUCLÉAIRE
À CONFINEMENT GRAVITATIONNEL
Force
rayonnement
Force
gravitationnelle
(vers l'intérieur)
Cœur
de
l'étoile
Force de pression
(vers l'extérieur)
Trajet
des
photons
neutrino

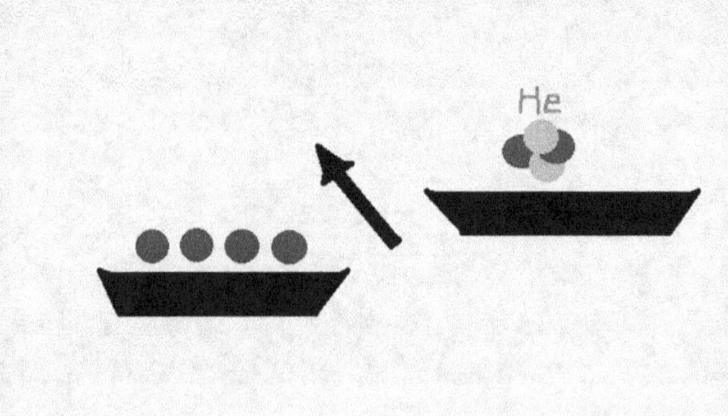
He
Proton
Neutron

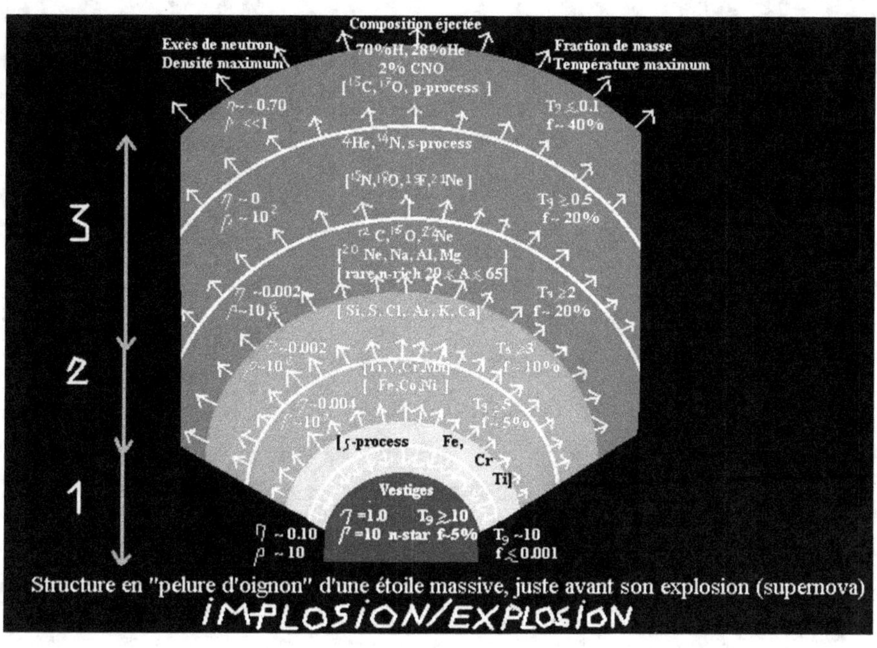

Structure en "pelure d'oignon" d'une étoile massive, juste avant son explosion (supernova)

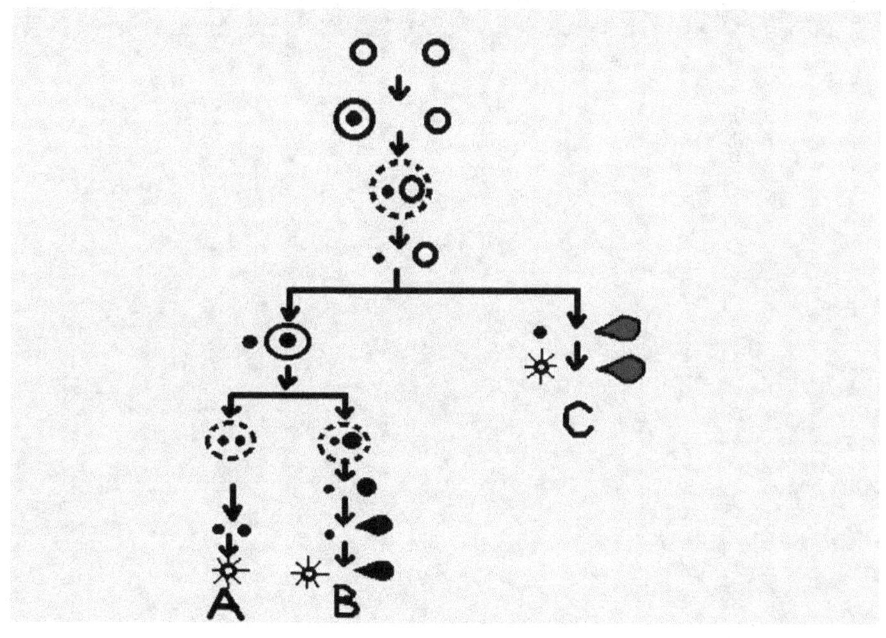

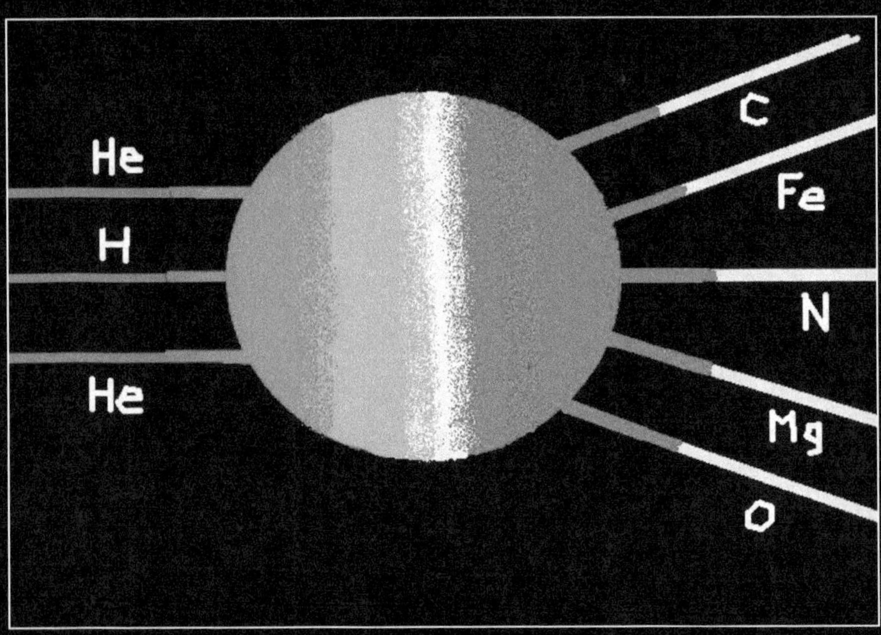

He
H
He
C
Fe
N
Mg
O

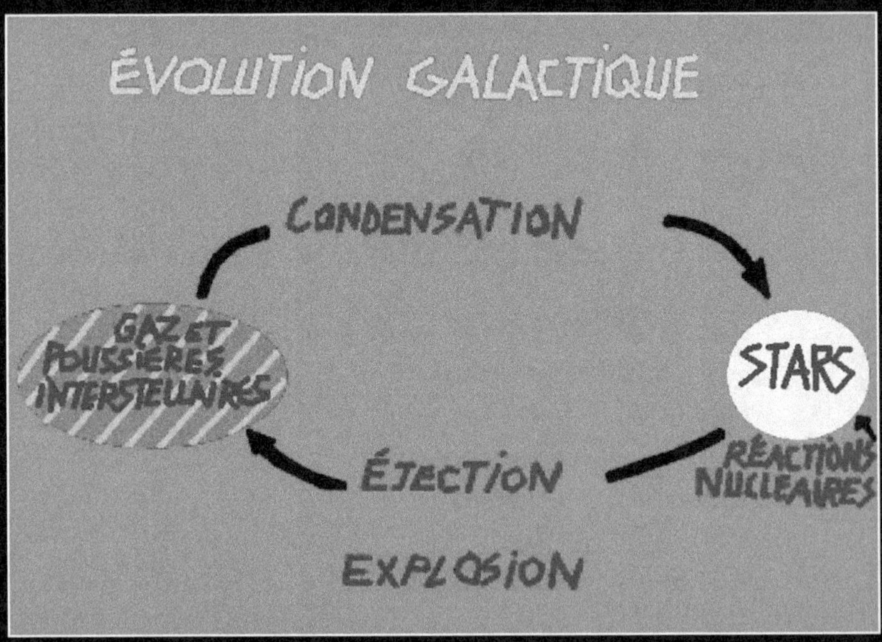

ÉVOLUTION GALACTIQUE
CONDENSATION
GAZ ET POUSSIÈRES INTERSTELLAIRES
STARS
ÉJECTION
RÉACTIONS NUCLÉAIRES
EXPLOSION

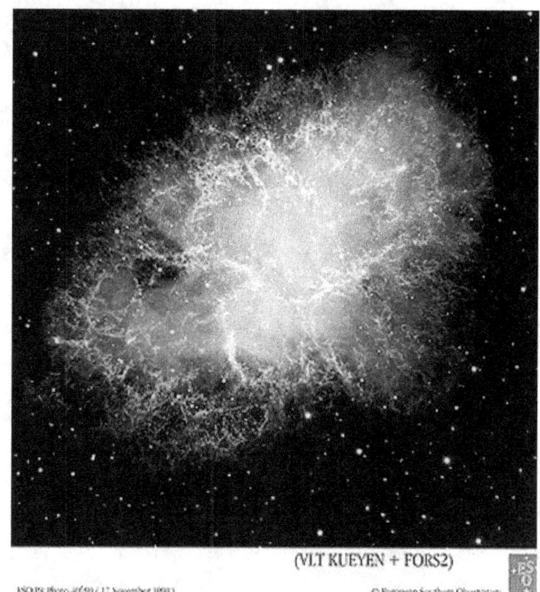

La nébuleuse du crabe dans la constellation du Taureau

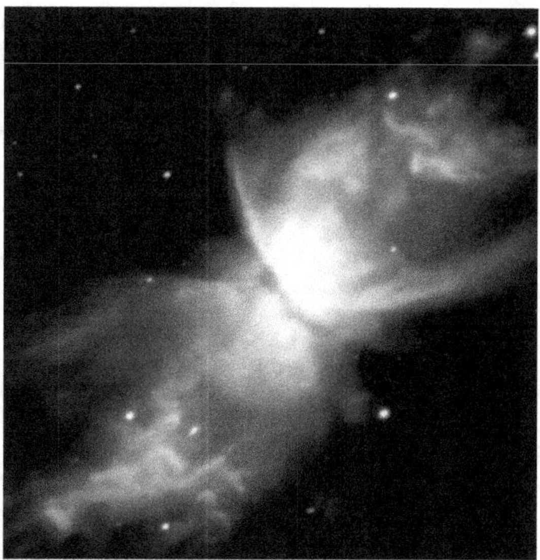

Structure fine de la région de la nébuleuse du Papillon

Le complexe de Caméléon

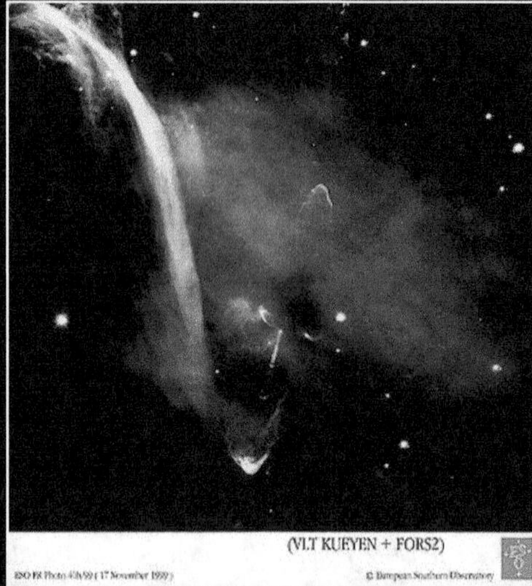

Proto-étoile HH34 dans Orion

Dessins de Laurence Treizenem
Images du VLT / ESO

Imprimé par Lightning Source France
1 avenue Gutenberg
78310 Maurepas

N° d'édition : 7381-0846-Y